Praxishandbuch Agile Organisationsentwicklung

Die Canvases stehen Ihnen zum Download unter folgendem Link zur Verfügung:
https://files.narr.digital/9783739832135/Zusatzmaterial.zip.

**Judith Armbruster** arbeitet als Agile Coachin und Projektmanagerin. Dabei liegt ihr Fokus auf der Gestaltung von Projekten sowie auf der Entwicklung von Organisationen auf der Basis agiler Strukturen und Werte.

Judith Armbruster

# Praxishandbuch Agile Organisationsentwicklung

UVK Verlag · München

Umschlagabbildung: © mattjeacock – iStock
Icons in Abbildung 3 von der Autorin außer „Circle" icon by Markus, „link" icon by Jens Windolf, „progress" icon by alzam, „process" icon by Andrejs Kirma, „team" icon by WEBTECHOPS LLP: alle von thenounproject.com.
Autorinnenfoto: privat

Bibliografische Information der Deutschen Nationalbibliothek
Die Deutsche Nationalbibliothek verzeichnet diese Publikation in der Deutschen Nationalbibliografie; detaillierte bibliografische Daten sind im Internet über http://dnb.dnb.de abrufbar.

DOI: https://doi.org/10.24053/9783739882130


– ein Unternehmen der Narr Francke Attempto Verlag GmbH + Co. KG
Dischingerweg 5 · D-72070 Tübingen



Internet: www.narr.de
eMail: info@narr.de

CPI books GmbH, Leck

ISBN 978-3-7398-3213-5 (Print)
ISBN 978-3-7398-8213-0 (ePDF)
ISBN 978-3-7398-0618-1 (ePub)

# Inhalt

# 1 Einleitung

„Blüht eine Blume,<br>zeigt sie uns die Schönheit.<br>Blüht sie nicht,<br>lehrt sie uns die Hoffnung."<br>Chao-Hsiu Chen

Veränderung ist alltäglich und allgegenwärtig. Vielleicht werden Sie dieser Tatsache direkt zustimmen, vielleicht kommen Ihnen auch zahlreiche Veränderungen direkt in den Sinn, z. B. ein Umzug, der Start in einem neuen Job oder aber auch weniger Positives wie ein Unfall, eine Krankheit oder eine Naturkatastrophe. Diese großen Veränderungen sind einschneidend und bleiben uns in Erinnerung.

Parallel dazu entwickelt sich jedoch auch alles auf der Welt, einschließlich der kleinsten Zellen des Menschen, jeden Tag ganz natürlich ein kleines bisschen weiter. Diese Veränderung in unzählbar vielen Dingen nehmen wir nicht bewusst wahr. Dies liegt nicht nur daran, dass den kleinsten Schritten wenig Bedeutung beigemessen wird, sondern vielmehr, dass diese Veränderungen sich so gut in einen Rhythmus einfügen.

Gerade in der Natur wird dies sichtbar: Pflanzen wachsen, Blumen blühen, Früchte reifen. Dabei hat jede Pflanzenart ihren eigenen Takt und gleichzeitig folgen die Pflanzen dem gemeinsamen Rhythmus der Jahreszeiten. Übertragen auf die persönliche Entwicklung von Menschen sowie auch die Entwicklung in Unternehmen, so folgen auch diese einem eigenen Takt. Stetig im Fluss ist Weiterentwicklung ein Prozess, der niemals abgeschlossen sein wird. Die Herausforderung besteht darin, sich der stetigen Veränderung zu stellen, diese zu antizipieren und die darin liegenden Chancen zu sehen und zu nutzen.

### Wovon handelt dieses Buch?

Wie das Zusammenwirken von Veränderungen selbst ist auch die Antwort darauf – das Thema Agilität – komplex. Die Notwendigkeit zur Anpassung hat unter dem Begriff „Agilität" eine Konkretisierung erfahren und wird als Antwort gegeben auf den immer schneller werdenden Kreislauf des Wandels. Innovationen, die das Marktumfeld von Unternehmen mit größeren Auswirkungen verändern, werden in immer kürzeren Zyklen entwickelt. Neben diesen gewachsenen, längerfristigen Veränderungen stellen zudem kurzfristige Ereignisse Unternehmen vor immense Herausforderungen.

Diese Rahmenbedingungen fordern von Unternehmen nicht nur eine schnelle Anpassungsfähigkeit, sondern auch die Etablierung einer Sensitivität für Veränderung. Die Auseinandersetzung mit Agilität ist deshalb vielschichtig. Sie reicht von agilen Werkzeugen und Methoden, die das Arbeiten mit kurzzyklischen Prozessen und flachen Strukturen einfordern, bis hin zum agilen Mindset, das mit veränderungsoffenen Grundannahmen die Basis für diese modernen Arbeitsweise bildet. Zudem hat sich das Thema in den vergangenen Jahrzehnten sowohl in der Theorie als auch der Praxis weiterentwickelt und inzwischen Einzug in alle Ebenen des organisatorischen Handelns und Denkens erhalten. Das Thema selbst entwickelt sich also schnell und ständig weiter.

Auch in den Unternehmen hat das Umdenken bereits begonnen und viele haben sich auf den Weg gemacht, um eine agile Organisation zu werden. Jedoch sind es vor allem die mittleren und kleineren Unternehmen (KMU), die am Thema Agilität noch wenig partizipieren und nicht die entsprechenden Ressourcen haben, um sich damit auseinanderzusetzen. Sie stehen in diesen Entwicklungen den großen Unternehmen und Konzernen nach. Doch es ist für KMU nicht zu spät, sich mit dem Thema Agilität und den darin liegenden Chancen zu beschäftigen. Mit einem Fokus auf ihre besonderen Eigenschaften können sie dabei sowohl ihre Stärken betonen als auch sich anpassungsfähig aufstellen und dabei Mitarbeitende und Kunden in das Zentrum des Handelns zu rücken. Für diesen Prozess gibt Ihnen dieses Buch Impulse und Beispiele, die Sie für die Arbeit in Ihren Unternehmen nutzen und auf die Situation in Ihren Unternehmen übertragen können.

### Was erwartet Sie?

Dieses Buch liefert Impulse. Egal wie intensiv Sie sich bereits mit dem Thema Agilität auseinander gesetzt haben, Sie werden in den verschiedenen Teilen des Buches Neues entdecken und nach dem Lesen das Handeln und Wirken des Unternehmens, in dem Sie arbeiten oder das Sie führen, mit einem leicht geänderten Blickwinkel betrachten. Dieser Abschnitt dient damit gleichermaßen zur Steigerung Ihrer Vorfreude auf die kommenden Seiten und Inhalte sowie auch als Warnhinweis. Denn wenn Sie eine seichte

Lektüre suchen, die einfach zu konsumieren ist und die Sie möglichst wenig tangieren soll, dann sollten Sie dieses Buch direkt weglegen.

Für die Arbeit in den KMU und dabei allen voran für kleine Unternehmen gelten besondere Merkmale, die zu beachten sind, um das Thema Agilität in KMU mehr zu verankern. Besonders prägend ist neben der zentralen Position der Unternehmerpersönlichkeit auch die flachen Strukturen, die langfristige Ausrichtung der Strategie sowie das familiäre Miteinander in der Zusammenarbeit. Basierend auf diesen Eigenschaften dient das Modell der Agilen Blüte als passende Herangehensweise für die Entwicklung einer agilen Organisation in KMU. Die Agile Blüte macht die Themen im Rahmen der Organisationsentwicklung begreifbar und erlebbar.

Mit dem begleitenden Set an Plakaten, einem so genannten Canvas-Set, wird ein anwendbares Werkzeug vorgestellt, das schnell verständlich und anwendbar ist. Damit kann der Weg hin zu mehr gelebter Agilität von den Unternehmen selbst passend gestaltet werden. Gleichzeitig wird das Thema Agilität für die Unternehmen im Tagesgeschäft anwendbar. So werden Ihr Mut und die Lust gefördert, um sich mit dem Thema der Agilität auseinander zu setzen und den Weg der Veränderung zu starten. Schließlich sollen und müssen Sie selbst erarbeiten und erleben, welcher Mehrwert hinter agilem Arbeiten steckt.

Dieses Buch spannt einen großen Bogen rund um das Thema der Entwicklung einer agilen Organisation für KMU auf. Die drei Teile des Buches setzen dabei unterschiedliche Schwerpunkte und verknüpfen dabei zunehmend die Theorie mit der Praxis. Durch Fragen zur Reflexion schafft dieses Buch zudem einen Raum, um Ihren persönlichen Standpunkt zu erfassen und das neu angelesene Wissen ganz praktisch auf seine Funktion bzw. Rolle im Unternehmen anzuwenden und einzuordnen.

Im ersten Teil werden die theoretischen Grundlagen zum Thema Agilität zusammengefasst und eingeordnet, um ein Verständnis für das Thema als Ganzes zu schaffen. Dabei wird ein Einblick in die Hintergründe und Treiber des Themas Agilität gegeben. Darüber hinaus erfahren Sie, was eine agile Organisation ist und was hinter dem Begriff der agilen Organisationsentwicklung steht. Zudem wird den besonderen Eigenschaften kleiner Unternehmen auf den Grund gegangen und erklärt, warum sie im Grunde von Natur aus schon agil sind.

Einen Fokus auf die Anwendung der Theorie und die Gestaltung von Veränderung in Organisationen legt der zweite Teil des Buches. Er widmet sich der Vorstellung des Modells der Agilen Blüte. Dieses Modell zeigt auf, wie der Prozess der Organisationsentwicklung in KMU gestaltet werden kann. Jedes Kapitel stellt eine der Wirkungskräfte und die darin wirkenden Dimensionen im Detail vor und zeigt gleichzeitig Anwendungsmöglichkeiten durch Beispiele aus der unternehmerischen Praxis.

Tiefer in die Praxis taucht Teil 3 dieses Buches ein. Er stellt die Anwendung des Modells mithilfe des Canvas-Sets, einem Set an Plakaten, in den Mittelpunkt. Dieser Teil befähigt Sie, die mitgelieferten Canvases in Ihrer Arbeit einzusetzen. Dafür werden sowohl Prinzipien für die Arbeit mit dem Canvas-Set vorgestellt als auch Tipps für deren konkreten Einsatz im Rahmen von Workshops gegeben. Wie einfach die Anwendung von Canvases ist, können Sie selbst am Ende jedes Kapitels ausprobieren, wo jeweils Fragen im Sinne eines Canvas zur Reflexion des Kapitels einladen. Damit dient dieses Buch alles in allem als Rat- und Impulsgeber mit Tipps zur direkten Umsetzung der agilen Organisationsentwicklung in der täglichen Praxis der Unternehmen.

Für die agile Organisationsentwicklung gibt es keine Blaupause. Deshalb lebt das Thema gleichsam von Beispielen aus der Praxis. Um ein Verständnis dafür zu schaffen, was der Weg der agilen Organisationsentwicklung für ein kleines Unternehmen bedeutet und die eher abstrakten theoretischen Inhalte greifbar zu machen, erzählt dieses Buch auch „aus der Praxis" die Geschichte eines Unternehmens, das sich auf dem Weg der Veränderung hin zu einer agilen Organisation befindet.

**Aus der Praxis** | Ein Unternehmen auf dem Weg zur agilen Organisation

iT Engineering Software Innovations hat in seiner mehr als 20-jährigen Unternehmensgeschichte zahlreiche Entwicklung erlebt, sowohl im externen Marktumfeld als auch in der internen Aufstellung. Das Unternehmen wurde als Entwicklungsbüro gegründet mit der Überzeugung, dass Software im Maschinenbau immer wichtiger werden wird und damit auch deren Anteil an der Wertschöpfung im industriellen Umfeld maßgeblich steigen wird. Der Erfolg gab den beiden Gründern Recht und so konnte das Unternehmen stetig wachsen und durch eine Aufspaltung in zwei eigenständige Unternehmen ihr Angebotsspektrum fokussieren und spezialisieren. Daraus entstand im Jahr 2018 das Unternehmen iT Engineering Software Innovations (iTE SI).

Die Kernkompetenz von iTE SI liegt im Bereich der individuellen Softwareentwicklung für ein technisches Marktumfeld. Dabei liegt der

Schwerpunkt der angebotenen Dienstleistungen auf der Entwicklung von Softwareanwendungen mit verschiedensten Technologien. Die Kunden stammen hauptsächlich aus dem Bereich des Maschinen- und Anlagenbaus. Digitalisierung und Industrie 4.0 sind Themen, die als starke Treiber die Branche beschäftigen.
Bei iT Engineering Software Innovations sind über zwanzig hochqualifizierte Softwarespezialisten aus den Bereichen Informatik, Mechatronik und Automatisierungstechnik beschäftigt. Sie kombinieren gerne ihre Fachkompetenz mit der Erfahrung aus zahlreichen Softwareprojekten, um für die Kunden passende Lösungen zu entwickeln. Dabei entstehen innovative, wiederverwendbare und nachhaltige Anwendungen, die die Anforderungen der Kunden im industriellen Umfeld passend beantworten.
Als mittelständisches Unternehmen mit flachen Hierarchien und kurzen Entscheidungswegen sind Flexibilität sowie stetige Weiterentwicklung tragende Säulen der Kultur. In projektorientierten Kompetenzteams wird mit verschiedenen agilen Methoden und Vorgehensmodellen gearbeitet, gleichzeitig bieten übergreifende Strukturen Raum zum Austausch zwischen den Mitarbeitenden. Mit Kunden und Partnern wird eine partnerschaftliche und dauerhafte Zusammenarbeit gepflegt.

## Für wen ist dieses Buch?

Dieses Buch ist für Lesende mit Freude an Veränderung: Dieses Buch ist für Sie geschrieben. Sie, das sind alle Mitarbeitenden, die in den Unternehmen vorangehen und mit neuen Ideen und offener Denkhaltung die Art und Weise der Zusammenarbeit stetig weiterentwickeln. Sie, das sind also alle Personen, die Interesse und Lust haben, Veränderung in ihren Unternehmen zu gestalten.

Dabei braucht es weder agiles Vorwissen noch ist es nicht wichtig, welche Position im Unternehmen besetzt wird. Es braucht weder Erfahrung mit der Umsetzung von Projekten noch mit der Führung von Personen oder Leitung von Gruppen. Das einzig Wichtige ist eine Offenheit für Neues und die Lust, mit frischen Ideen im eigenen Wirkungsfeld zu agieren. Denn es sind gerade die bewussten Handlungen im alltäglichen Tun sowie auch die Anstöße und Impulse jedes einzelnen Mitarbeitenden, die für die Unternehmen wichtig sind, um mit vielen kleinen Schritten den Weg der Veränderung zu gehen. Diese kleinen Schritte werden durch die kleinen Häppchen an Inhalten unterstützt, die Sie in den verschiedenen Teilen dieses Buches finden. Sie sind herzlich eingeladen, dieses Buch nicht zu lesen, sondern damit zu arbeiten, darin zu schmökern, durchzublättern oder wild zwischen den Seiten hin und her zu springen. Starten Sie mit der Theorie als Basis in Teil 1, tauchen Sie direkt mit Teil 2 in das Modell der agilen Blüte ein oder beginnen Sie mit praktischen Tipps zur Anwendung in Teil 3. Es ist erlaubt, was Spaß macht und Ihnen weiterhilft.

Sie stehen vor einer komplexen Aufgabenstellung. Denn genau das ist die agile Organisationsentwicklung. Einerseits werden dabei zahlreiche Themen und Fragestellungen angesprochen und neu gedacht werden, andererseits sind früher oder später alle Mitarbeitenden in den Unternehmen betroffen. Schließlich muss jeder Einzelne sein Handeln anpassen, wenn die Strukturen der Zusammenarbeit verändert werden. Dabei sind zwar alle im Unternehmen involviert, jedoch nicht alle gleich engagiert. Deshalb werden Sie sich als vorangehende Person genauso auch in einer wertschätzenden Kommunikation sowie dem Umgang mit Zweifeln, Ängsten und Rückschlägen üben müssen. Aber keine Sorge, auch für diese Fragestellungen wird dieses Buch Ihnen Impulse zur Anregung und zum Weiterdenken geben.

Agile Organisationsentwicklung ist schließlich eine gemeinschaftliche Aufgabe und Leistung. Sie ist darauf ausgelegt, nicht eine Veränderung zu verordnen, sondern diese zu gestalten. Die Veränderung muss in kleinen Schritten und aus der Organisation heraus geschehen, um nachhaltig ein verändertes Bewusstsein in der Organisation zu etablieren. Somit will dieses Buch Wissen und Erfahrungen teilen und damit Ihnen als engagierte, vorangehenden Mitarbeitenden von heute und morgen in den Unternehmen Mut und Lust machen, Neues auszuprobieren und neue Wege einzuschlagen. Die Agile Blüte bietet Ihnen dabei ein anschauliches und unterstützendes Handwerkszeug.

**Aus der Praxis** | Wer sind die Lesenden?
Sie, die Lesenden dieses Buches sind genauso vielfältig und individuell in Ihren Erwartungen, wie auch jedes Team und die gesamte Belegschaft in einem Unternehmen. Doch Sie verbindet eine Eigenschaft, nämlich das Interesse am Thema Agilität. Durch Ihre Neugier gepaart mit ihrer Offenheit für Veränderung sind Sie motiviert, in Ihren Unternehmen etwas zu bewirken. Dieses Praxisbuch ist dabei

ein Wegbegleiter, Motivator und Sparringspartner. Mit Beispielen aus der Praxis, Impulsen zur Reflexion und Materialien für die Praxis erleichtert es Ihren Weg und hilft, den Dialog in Ihrem Unternehmen zu starten.
Auf diesem Weg sind Sie nicht allein. Zahlreiche Personen stellen sich dieselben Fragen und beschäftigen sich mit denselben Themen. Drei weitere fiktive Lesende dieses Buches möchten sich Ihnen vorstellen. Diesen drei sogenannten Personas werden Sie auch später im Buch immer wieder begegnen, wenn diese im Dialog sind und dabei Fragen, Situationen und Problemstellungen austauschen. Carola, Hilbert und Birgit laden Sie also ein, gemeinsam weiterzublättern und die agile Blütenpracht zu entdecken.

**Persona 1** | Birgit Binder, Marketingmitarbeitende, engagierte Mitarbeitende

„Mir macht meine Arbeit Spaß und ich lerne gerne dazu. Dieses Wissen und meine Stärken möchte ich gerne im Unternehmen einbringen, sodass wir uns auch als Team gemeinsam weiterentwickeln."

Über mich:

- Ich bin gut gelaunt, wenn ich mitbekomme, dass es im Unternehmen vorwärts geht. Deshalb bin ich gerne im Austausch mit anderen.
- Ich bin frustriert, wenn ich nicht gehört werde oder wenn mein Engagement bzw. meine Offenheit, Ideen zu teilen, nicht wertgeschätzt wird. Denn ich hege nicht den Anspruch, dass alles so umgesetzt werden sollte, wie ich es sage.
- Ich bin motiviert, wenn ich mit meiner Arbeit Kollegen unterstützen kann. Deshalb mache ich meine Hilfe möglich, wenn ich gefragt werde.

Für die Praxis: Birgit möchte ganz grundlegend in das Thema Agilität starten und startet deshalb mit Teil 1 dieses Buches. Sie arbeitet dieses Praxisbuch einmal von vorne nach hinten durch und bekommt dabei viele Ideen, was in ihrem Unternehmen an Veränderung geschehen sollte. Sie nimmt das Buch mit zu den anderen Mitarbeitenden in ihrem Team, um gemeinsam über verschiedene Themen zu sprechen und erste Maßnahmen zur Veränderung zu initiieren.

**Persona 2** | Hilbert Hirte, Geschäftsführer, Agilitätsbekenner

„Wir arbeiten schon agil bzw. mit agilen Methoden. Hier können und müssen wir aber auch noch besser werden, damit wir als Unternehmen als Ganzes wachsen und am Markt bestehen können."

Über mich:

- Ich bin gut gelaunt, wenn die Sonne scheint, ich Zeit für meine Familie habe oder Sport mache. Deshalb genieße ich diese Momente besonders.
- Ich bin frustriert, wenn die Aufgaben auf meiner To-do-Liste mehr statt weniger werden und ich nicht genau weiß, was ich zuerst machen soll. Deshalb mache ich dann zumeist Pause oder Feierabend.
- Ich bin motiviert, wenn ich mich in ein neues Thema einarbeiten kann oder wir ein neuartiges Projekt starten können. Das fordert uns als Unternehmen und mich persönlich heraus. Deshalb habe ich großes Interesse an neuen Technologien und Methoden, und ich versuche immer wieder, neue Wege und Formate zu finden, bei denen wir uns als kleines Unternehmen platzieren können.

Für die Praxis: Hilbert hat zwar wenig Zeit zu lesen, jedoch großes Interesse am Thema. Er möchte direkt mit dem Praxisteil starten und beginnt deshalb bei Teil 2. Zu manchen Themenaspekten möchte er mehr Hintergrundinformationen, dann blättert er zurück. Teil 3 hält er vor allem für seine engagierten Mitarbeitenden interessant und empfiehlt ihnen das Buch deshalb direkt weiter.

**Persona 3** | Carola Coach, Scrum Masterin/Projektmanagerin, moderierende Mitarbeiterin

„Ich brenne für das Thema Agilität und sehe darin unglaublich viel Potential. Aber mir fehlt ein fachlicher Sparringspartner, um Aspekte des Themas sowie nächste Schritte in der agilen Transformation zu besprechen."

Über mich:

- Ich bin gut gelaunt, wenn neue Methoden gut angenommen werden bzw. von anderen Mitarbeitern aufgegriffen werden.
- Ich bin frustriert, wenn ich in einem Thema nicht vorwärtskomme. Deshalb suche ich regelmäßig Austauschmöglichkeiten mit Personen vom Fach oder suche Input aus Büchern.
- Ich bin motiviert, wenn man ein Thema gemeinsam gestalten und weiterentwickeln kann. Deshalb umgebe ich mich gerne mit Menschen, die sich für dieselben Themen begeistern wie ich.

Für die Praxis: Carola liest dieses Praxisbuch nicht linear. Sie interessiert sich dafür, immer wieder neue Impulse für ihre tägliche Arbeit zu bekommen. Sie startet deshalb in Teil 3 und nimmt dort Ideen für ihren nächsten Workshop mit. Gerade die Arbeit mit den Canvases findet sie sehr spannend, da sie dadurch Zeit in der Vorbereitung von Meeting spart.
Carola ist nicht nur Leserin, sondern begegnet im zweiten Teil dieses Buches auch als Erzählende. Sie berichtet von ihren Gesprächen im Unternehmen und gibt praktische Hinweise für den Dialog mit Mitarbeitenden.

# Teil I: Die Grundlagen - Die Agile Blüte verstehen

„Und es kam der Tag, da das Risiko,
in der Knospe zu verharren,
schmerzlicher wurde
als das Risiko zu blühen.“
Anais Nin

# 2 Der Startpunkt: Agilität

**Reflexion zum Start** | Machen Sie sich Ihr aktuelles Verständnis bewusst und reflektieren Sie: Was beschreibt das Wort „agil“ bzw. wofür steht „Agilität“ für mich, für mein Team und für mein Unternehmen?

### Kernaussagen des Kapitels

- Agilität beschreibt die Kompetenz, anpassungsfähig zu sein und die Sensibilität zu besitzen, die Notwendigkeit für Anpassung frühzeitig zu erkennen.
- Die Notwendigkeit zur Anpassung basiert auf unterschiedlichen Treibern, die im externen Umfeld sowie in den internen Strukturen eines Unternehmens verankert sind. Technische, soziale, ökonomische und ökologische Treiber machen ein verändertes Handeln der Unternehmen notwendig.
- Agilität ist ein vielschichtiger Begriff, der in drei Dimensionen unterteilt werden kann: Agile Werkzeuge und Praktiken stützen sich auf agile Prinzipien und Werte. Den Kern bildet das agile Mindset, eine persönliche Haltung, die stets offen für Veränderung und Weiterentwicklung ist.

Agilität fasziniert, polarisiert und bewegt. Hinter diesem kurzen und unscheinbaren Begriff liegt eine ganz Welt. Als Themenkomplex ist Agilität genauso vielschichtig und tief wie vielseitig und breit. Deshalb ist es wichtig, ein gemeinsames Verständnis für den Begriff zu schaffen und einen Einblick zu geben, warum die Auseinandersetzung mit dem Thema lohnt – für Organisationen, für Teams und für jeden Menschen persönlich.

## 2.1 Was ist Agilität?

In vielen Unternehmen gilt ein neuer Grundsatz: Es soll agil gehandelt, gedacht und gearbeitet werden. Der Begriff Agilität wird im Sprachgebrauch des unternehmerischen Alltags zumeist flexibel eingesetzt und in der Häufigkeit der Verwendung überstrapaziert. Dabei wird einerseits ein Irrglauben gefestigt, indem der Begriff agil als Synonym für maximale Flexibilität verwendet wird, andererseits bleibt eine klare Definition des Wortes oft aus und damit auch das Anwendungsgebiet unklar.

In der ursprünglichen Bedeutung steht Agilität abgeleitet vom lateinischen Wort ‚agilis' für Regsamkeit und Wendigkeit, also dafür, dass etwas „von großer Beweglichkeit zeugt" (Duden 2022a). In der Literatur finden sich zahlreiche Definitionen des Begriffs Agilität. Grundsätzlich gemein haben diese, dass Agilität als Eigenschaft einer Organisation beschrieben wird, sich schnell an ihren unsicheren, komplexen und dynamischen Kontext anzupassen (vgl. Förster & Wendler 2012: 33; Weber et al 2018: 28; Hofert 2018: 5; Kienbaum 2015: 7).

Doch auch die Definition des Begriffs Agilität unterlag in den vergangenen Jahrzehnten einer Weiterentwicklung. Während in einer frühen Veröffentlichung im Jahr 1982 (Brown & Agnew) noch ein starker Fokus auf die notwendige Anpassung von Prozessabläufen gelegt wird, verschiebt sich dieser im zeitlichen Verlauf zunehmend auf Kundenzentrierung und -zufriedenheit. Die für die Agilität wichtigen Aspekte passen sich somit selbst an die sich ändernden Rahmenbedingungen an. (vgl. Sharifi & Zhang 2001: 773; Yusuf & Gundasekaran 2002: 1357; Förster & Wendler 2012: 33).

**Info** | Fünf Irrtümer über Agilität

**Erster Irrtum: Agilität ist dasselbe wie Flexibilität.**

Falsch. Richtig ist: Agile Strukturen streben nach einer Balance zwischen Stabilität und Instabilität. Agilität ist somit stetig im Fluss und strebt trotzdem nach Beständigkeit. Unter Flexibilität wird mehr eine immer vorhandene, direkt anwendbare Elastizität verstanden. Bildlich gesprochen ist Agilität eher eine zähe fließende Masse, die sich an ihr Gefäß bzw. gegebene Rahmenbedingungen anpasst, während Flexibilität eine einfach verformbare, jedoch eher formstabile Art von Knetmasse ist.

**Zweiter Irrtum: Agilität ist skaliertes Scrum.**

Falsch. Richtig ist: Scrum ist eine bekannte Methode für agiles Arbeiten und macht die Anwendung von Agilität in Projekten greifbar. Durch Scrum werden die grundlegenden Prinzipien des agilen Arbeitens erlebbar. Trotzdem steht noch eine Vielzahl anderer Methoden und Werkzeuge als passende Alternativen für Teams und Unternehmen zur Verfügung.

**Dritter Irrtum: Agilität passt für alle, überall.**
Falsch. Richtig ist: Oft wird Agilität nur auf den Einsatz agiler Methoden reduziert. Dabei ist es ein Irrtum, dass agile Methoden sämtliche Prozesse besser und effizienter machen. Jegliches Handeln muss an die gestellten Anforderungen angepasst sein, so auch der Einsatz agiler Methoden und Werkzeuge.
Agilität im Sinne von Anpassungsfähigkeit als unternehmerische Kompetenz passt jedoch für alle. Die Ausbildung anpassungsfähiger Strukturen ist für jedes Unternehmen von Vorteil – egal welcher Größe oder in welcher Branche.

**Vierter Irrtum: Agilität ist ein Patentrezept.**
Falsch. Richtig ist: So individuell wie ein Unternehmen, dessen Struktur und Kultur ist, so individuell ist auch die Umsetzung von Agilität. Es gibt keine Schablone, die auf jede Art von Unternehmen übertragen werden kann, um erfolgreich eine passende Umsetzung zu finden.
So unterschiedlich wie die Unternehmen sind auch die Menschen, die in ihnen arbeiten und die letztlich die Strukturen mit Leben füllen. Für sie muss ein passender Weg hin zur Agilität gefunden werden.

**Fünfter Irrtum: Agilität ist ein Ziel.**
Falsch. Richtig ist: Agilität, im Sinne von Anpassungsfähigkeit ist kein Ziel, das jemals erreicht werden kann. Deshalb ist Agilität vielmehr der Weg, um Organisationen passend zu ihrem sich verändernden Marktumfeld aufzustellen. Es braucht Ausdauer, diesen Weg beharrlich zu gehen und Mut, Themen und Strukturen, die aufgebaut wurden, immer wieder auch zu hinterfragen und umzubauen. Jedes Ziel wird damit zu einem Durchgangspunkt für den nächsten Schritt der Veränderung.

**Reflexion zum Weiterdenken** | Warum ist das Thema Agilität für mich persönlich wichtig bzw. für mein Team und für mein Unternehmen?

## 2.2 Welche Dimensionen hat das Thema Agilität?

Die inhaltliche Auseinandersetzung mit dem Thema Agilität ist vielschichtig und mehrdimensional, denn neben der Breite an Aspekten, die mit dem Thema einhergehen, hat Agilität auch eine inhaltliche Tiefe. Als Veranschaulichung hat sich dafür die agile Zwiebel als gängige Darstellung der verschiedenen Bedeutungsebenen etabliert (Abbildung 1).

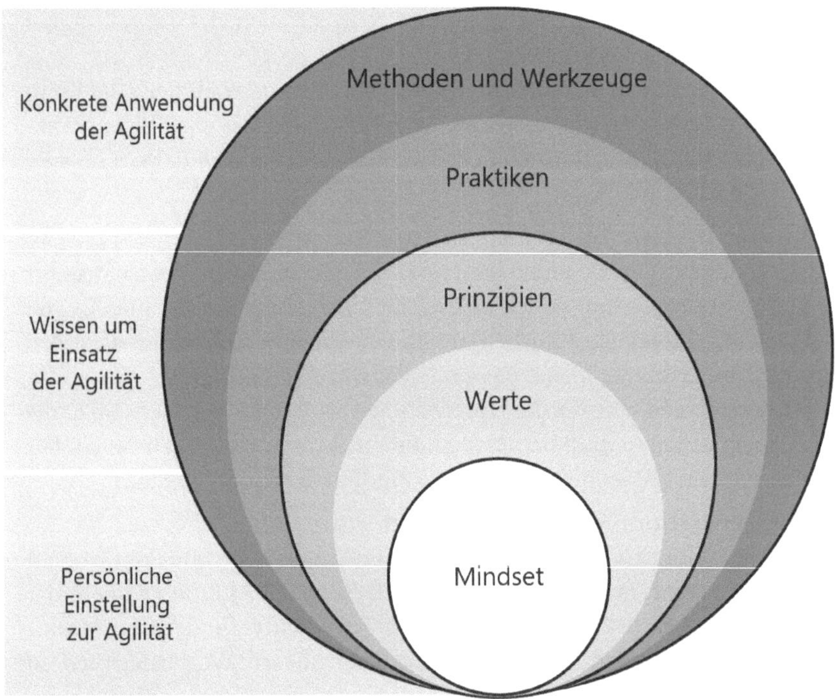


Abb. 1: Agile Zwiebel (eigene Darstellung nach Powers 2016)

Die verschiedenen Dimensionen der Agilität lassen sich dabei in drei Hauptdimensionen unterteilen:

- die agilen Werkzeuge, Methoden und Praktiken
- die agilen Prinzipien und Werte
- das agile Mindset

Übertragen auf die Agilität als Fähigkeit von Organisationen findet sich auf der äußeren Ebene die konkrete Anwendungsebene, auf der mittleren Ebene steht das Wissen, wie man diese Fähigkeit am besten einsetzt, und die innere Ebene spiegelt die Einstellung, diese Fähigkeit überhaupt lernen und einsetzen zu wollen. Während die äußeren Dimensionen, allen voran die agilen Werkzeuge und Methoden, eine neue Art der Zusammenarbeit vorstellen, sind es die inneren Schichten, die diesen eine Grundlage und einen tieferen Zusammenhang geben. Je weiter es in der agilen Zwiebel zur Mitte hin geht, desto weniger sichtbar und greifbar werden die Themen. Gleichzeitig werden diese weniger einfach zu erlernen, dafür umso wirkungsstärker, da sie Teil des ureigenen menschlichen Daseins sind.

### Agile Werkzeuge, Methoden und Praktiken

Agile Werkzeuge, Methoden und Praktiken sind konkrete Helfer und Vorgehensweisen, die Personen und Teams in ihrer Arbeit unterstützen und durch ihre Rahmenbedingungen eine Anleitung für angewendete Agilität ermöglichen. Gerade an Werkzeugen gibt es eine nahezu unendliche Auswahl. Als kleine Helfer vereinfachen Werkzeuge verschiedenste Aufgabenstellungen und unterstützen das menschliche Handeln. Es braucht das passende Werkzeug zur Aufgabe. Gleichzeitig macht ein gutes Werkzeug noch keinen guten Anwender. Jedes Werkzeug braucht Übung in der Handhabung und ein Wissen darum, was und wie es am besten einzusetzen ist.

**Für die Praxis** | Welche agilen Werkzeuge gibt es?
Hammer, Zange und Schraubendreher sind aus dem Werkzeugkasten des Heim- und Handwerkens bekannt. Sie sind nur einige der Helfer, die die anfallenden Tätigkeiten vereinfachen. Auch für das agile Arbeiten gibt es zahlreiche Werkzeuge, die diese Art des Arbeitens unterstützen, sowohl im analogen als auch in digitalen Umgebungen.

**Analoge Werkzeuge:** Mit die wichtigsten Werkzeuge sind Post-its, Flipchart und Whiteboards. Sie ermöglichen einerseits, dass Ideen aufgeschrieben werden können, andererseits erlauben sie schnelle Ergänzungen, Korrekturen und das Gruppieren von Gedanken. Auch Uhren oder Timer sind wichtige Begleiter für z. B. Timeboxing.

**Digitale Werkzeuge:** In der virtuellen Zusammenarbeit gibt es zahlreiche Softwareanwendungen, die sich entweder auf einzelne Themenaspekte in der Zusammenarbeit, z. B. Kommunikation, Visualisierung, Dokumentation, fokussiert haben oder die größere, ganzheitliche Lösung mit Kombinationen daraus anbieten.

Während Werkzeuge als einzelne Helfer unterstützen, geben Methoden und Praktiken eher größere Rahmen vor. Sie beschreiben strukturierte Vorgehensweisen, die sich bewährt haben und die dabei helfen, bestimmte Ziele zu erreichen. Agile Methoden sind z. B. Prozessrahmen (engl. Frameworks) aus der Softwareentwicklung, wie Scrum, Kanban und Extreme Programming. Auch Arbeitsweisen aus anderen Bereichen, wie Beyond Budgeting aus dem Controlling sowie agile Mitarbeitergespräche im Bereich Human Ressources (HR) haben sich als Methoden etabliert.

**Für die Praxis** | Welche agilen Methoden gibt es?
Es gibt eine Vielzahl an bekannten agilen Methoden und Frameworks. Um die passende Methode auszuwählen, ist es wichtig, sowohl das eigene Ziel als auch die Stärken der Methode zu kennen. Vier bekannte agile Methoden und Rahmenwerke werden hier in Kürze vorgestellt.

**Scrum**
Stärken: Lösen komplexer Problemstellungen durch schrittweise Lösungsentwicklung, schnell greifbare Ergebnisse, kontinuierlicher Weiterentwicklungsprozess der Ergebnisse
Einsatzmöglichkeiten: Lösungs- und Produktentwicklung, Neu- und Weiterentwicklung

**Kanban**
Stärken: Visualisierung von Arbeitspaketen, Aufdecken von Engpässen in Prozessen, Transparenz von Status, einfache Kombination mit anderen Methoden
Einsatzmöglichkeiten: Wiederkehrende, operative Aufgaben

**Design Thinking**
Stärken: Viele Ideen finden und erlebbar machen, Kunden-/Nutzerorientierung
Einsatzmöglichkeiten: Ideenfindung und -evaluierung, Startphase von Projekten

**Extreme Programming (XP)**
Stärken: Fokus auf Kundenwünsche, kurze Zyklen
Einsatzmöglichkeiten: Softwareentwicklung

Neben den Methoden ist eine Praktik eine eher allgemeingültige Arbeitsweise, die nicht einer bestimmten Methode zugeordnet wird. Darüber hinaus gibt es Praktiken, die von verschiedensten Methoden aufgegriffen und unterstützt werden. Praktiken sind somit eher methodenunabhängig und bilden quasi eine Art grundlegendes Handlungsset.

**Für die Praxis** | Was sind agile Praktiken?
Es gibt verschiedene Praktiken, die die Umsetzung von Agilität unterstützen. Einige wichtige agile Praktiken sind:

**Visualisierung von Arbeit:** Um einen transparenten Status über den Fortschritt zu haben sowie ein gemeinsames Verständnis aller Beteiligten zu bekommen, ist es maßgeblich sowohl die Aufgaben selbst als auch die Arbeitsergebnisse visuell festzuhalten. Damit wird zudem der gemeinsame Dialog ergebnisorientiert geleitet und konstruktives Feedback möglich.

**Geplante Feedbackschleifen:** Durch festgesetzte Zeiträume und dazu passend gesteckten, kleinen Zielen wird die Komplexität der Rahmenbedingungen reduziert. Zusätzlich wird in diese Iterationen Feedback als wichtiger Teil des Prozesses eingeplant. Eine stetige Weiterentwicklung ist damit möglich.

**Offener Austausch:** Für die Kommunikation in den Teams sind zwei Aspekte elementar: einerseits die Zusammensetzung als interdisziplinäre Teams mit verschiedenen Fachrichtungen und Expertisen, andererseits die bewusste Schaffung von Räumen zum Austausch. Dadurch wird sichergestellt, dass der Informationsfluss zwischen allen Beteiligten schnell verläuft sowie dass Entscheidungen zeitnah und unter Berücksichtigung verschiedener Ansichten getroffen werden.

Die reine Anwendung von Werkzeugen, Methoden oder Praktiken macht noch keine Agilität. Auch wenn Werkzeuge, Methoden und Praktiken grundsätzlich einfach zu finden, zu verstehen und anzuwenden sind, so entsteht durch deren Umsetzung noch keine agile Organisation. Um diese anhaltend im Arbeitsalltag einzusetzen und einen Mehrwert daraus zu generieren, braucht es Erfahrung und Übung sowie ein Verständnis der tieferliegenden Ebenen der agilen Zwiebel. Illustriert wird dies durch ein Zitat der Autoren des Scrum Guide, dem Regelwerk für das Rahmenwerk

Scrum, die schreiben: „Scrum ist leichtgewichtig und einfach zu verstehen, aber schwierig zu meistern" (Schwaber & Sutherland 2017: 3).

**Reflexion zum Weiterdenken** | In welchen Handlungsfeldern sehe ich Potential für die Anwendung von agilen Methoden, Werkzeugen und Praktiken?

### Agile Prinzipien und Werte

Die nächste Dimension mit den beiden Ebenen Prinzipien und Werte ist deutlich weniger greifbar. Allgemein betrachtet sind Werte gelernte Grundüberzeugungen oder Wesensmerkmale einer Person, die als erstrebenswert erachtet werden. Sie existieren im Unterbewusstsein des Menschen und sind die Grundlage für darauf basierende Prinzipien, Entscheidungsrichtungen. Diese wiederum sind die Basis für Handlungen. Werte sind damit als Handlungsrichtung maßgeblich dafür verantwortlich, wie eine Person denkt und handelt. Das Prinzip beeinflusst das Handeln selbst und somit auch die erzielten Ergebnisse (vgl. Sauer 2021; Hofert 2018a: 10; Hofert 2018b: 16).

Als Basis agiler Werte und Prinzipien gilt das agile Manifest, das vier Leitsätze und zwölf Prinzipien herausstellt, die gleichzeitig Grundlage für eine Vielzahl von agilen Methoden bilden. Im Kern des agilen Manifests steht die schnelle und stetige Wertschöpfung für den Kunden. Dies wird nach den Leitsätzen des agilen Manifests ermöglicht durch eine Arbeitsweise, bei welcher Menschen und Interaktionen, funktionierende (Teil-)Ergebnisse, das Miteinbeziehen des Kunden und schnelle Reaktionsfähigkeit auf sich ändernde Anforderungen im Zentrum stehen (vgl. Beck et al 2001a).

**Info** | Was ist das „agile Manifest"?
Wie kann ein besserer Weg zur Entwicklung von Software aussehen? Als Antwort auf diese Frage formulierte eine Gruppe von 17 Softwareentwicklern im Jahr 2001 das agile Manifest. Basierend auf ihrer Arbeit, schätzen sie:
*Individuen und Interaktionen mehr als Prozesse und Werkzeuge*
*Funktionierende Software mehr als umfassende Dokumentation*

*Zusammenarbeit mit dem Kunden mehr als Vertragsverhandlung*
*Reagieren auf Veränderung mehr als das Befolgen eines Plans*
Mit diesen vier Leitsätzen stellt das agile Manifest die zentralen Themen heraus, um gute Ergebnisse zu erreichen. Dabei stellt es verschiedene Tätigkeiten zueinander in Relation, schließt jedoch keine aus.
Weiterführend beschreiben die Autoren zwölf Prinzipien für das agile Arbeiten. Gemeinsam mit dem agilen Manifest bilden sie bis heute die Grundlage für agiles Arbeiten und stellen eine Art Verhaltensregeln für agile Teams dar (vgl. Beck et al 2001a).
Durch das Rahmenwerk Scrum wurden für die Arbeit in agilen Entwicklungsteams die Werte Selbstverpflichtung (Commitment), Mut, Fokus, Offenheit und Respekt genannt. Etwas verallgemeinert von diesem einzelnen Framework haben sich auch Rückmeldung (Feedback), Kommunikation und Einfachheit als wichtige agile Werte etabliert (vgl. Schwaber & Sutherland 2020; Hofert 2018a: 10).

**Für die Praxis** | Was bedeuten agile Werte für die Teamarbeit?
Werte sind Grundüberzeugungen von Personen, die sich in deren Handlungen widerspiegeln. Die benannten agilen Werte zeigen sich entsprechend in der Arbeit agiler Teams.

**Fokus:** Eine Fokussierung im Thema geschieht in den Teams durch die Festlegung von kleinen Zielen für geplante Zeitabschnitte. Dabei wird ein Augenmerk darauf gelegt, eine Aufgabe abzuschließen, bevor eine nächste begonnen wird. Eine stetige Priorisierung von Aufgaben ist deshalb von hoher Wichtigkeit.

**Respekt:** Alle Teammitglieder begegnen sich mit Respekt und schätzen das Wissen und den Einsatz aller Beteiligten, auch über die Teamgrenzen hinaus. Durch das Zusammenwirken aller Personen werden gemeinsame Ergebnisse geschaffen, die bestmöglich in die gegebenen Rahmenbedingungen passen.

**Offenheit:** Transparenz im Status und Fortschritt der Aufgaben sowie auch konstruktives Feedback werden durch eine offene Kommunikation möglich. Dafür bildet eine wertschätzende Arbeitsweise im Team die Basis, um Ideen früh zu teilen und gemeinsam weiterzuentwickeln. Zudem braucht es eine Offenheit für neue Lösungsansätze, die schließlich für neuartige Problemstellungen gefordert sind.

**Mut:** Mut und Experimentierfreude sind wichtig, um Lösungsideen erstmalig auszuprobieren. Darüber hinaus brauchen auch die einzelnen Teammitglieder Mut, um in den Austausch zu gehen, Bedenken und Risiken, die gesehen werden, zu benennen sowie Ideen weiterzuentwickeln.

**Commitment:** Es braucht jedes einzelne Teammitglied, um die gemeinsam festgelegten Ziele zu erreichen. Deshalb sind persönliches Engagement und Motivation für ein gutes Ergebnis unerlässlich.

Im Zusammenspiel entwickeln Werte und Prinzipien ihre Kraft. Sie werden jedoch beeinflusst vom Mindset, der Denk- und Handlungslogik eines Menschen, die sich wiederum auf Grundannahmen stützt. Grundsätzlich ist eine Denk- und Handlungslogik ein neutrales Konstrukt, das in unterschiedlichste Richtungen ausgeprägt sein kann.

**Reflexion zum Weiterdenken** | Welche Prinzipien und Werte der Agilität sind mir besonders wichtig? Wie kann ich mich in der Anwendung der agilen Prinzipien und Werte weiterentwickeln?

### Agiles Mindset

Zentral bleibt die Frage nach dem Kern der Agilität: dem agilen Mindset. Das agile Mindset setzt auf den persönlichen Grundannahmen auf, dass nichts wirklich festgeschrieben ist, sondern jederzeit verändert werden kann. Dies bedeutet, dass jeder Mensch sich zu jeder Zeit entwickeln kann, wenn er sich dazu entscheidet. Somit ist jedes Ziel gleichzeitig ein Start und wird zu einem Durchgangspunkt. Der Status quo ist ein Zustand, den es permanent in Frage zu stellen gilt, denn das Bestehende ist dafür gemacht, um es zu verwandeln und zu erneuern (vgl. Hofert 2018b: 24; Olbert & Prodoehl 2019: 4).

Ein agiles Mindset kann man im Gegensatz zu Methoden und Werkzeugen nicht verordnen. Jahrelang erlebte und gelebte Werte prägen Menschen und Organisationen. Damit Agilität ihre volle Wirkungskraft entfaltet, ist es notwendig alle Dimensionen der agilen Zwiebel im Blick zu haben und an allen Dimensionen zu arbeiten. Nur wenn agile Prinzipien und Werte verinnerlicht werden und von allen gelebt und erlebt werden, entsteht ein agiles Mindset, eine agile Kultur. Das ist gelebte Agilität, ein tiefes Verständnis der agilen Prinzipien und Werte, sodass sich diese gefestigt im persönlichen Denken und Handeln widerspiegeln. Dann kann eine Organisation Eigenschaften und Fertigkeiten ausbilden, die sie nachhaltig am Markt erfolgreich sein lassen. Im Wechselspiel zum Marktgeschehen entwickeln sich Organisationen entsprechend mit ihrer Umwelt mit.

**Reflexion zum Weiterdenken** | Welche Personen kenne ich, die ein agiles Mindset haben und die mich inspirieren und auf meinem Weg begleiten können?

## 2.3 Warum braucht es Agilität?

Unsere Umwelt und das Umfeld von Unternehmen verändern sich ständig. Dies wiederum führt zu neuen Entwicklungen und somit zu einem Kreislauf des Wandels, welcher in den vergangenen Jahrzehnten stetig an Geschwindigkeit gewann. Kontinuierlicher Wandel ist somit ein stetiger Begleiter, der sich durch alle Bereiche des Lebens und unternehmerischen Handelns zieht. Dabei war das Tempo an Veränderungen noch nie so hoch wie im 21. Jahrhundert und wurde deshalb bereits im Akronym VUCA institutionalisiert. Die vier Buchstaben stehen dabei für Volatilität (engl. volatility), Unsicherheit (engl. uncertainty), Komplexität (engl. complexity), Mehrdeutigkeit (engl. ambiguity).

Die erlebten Veränderungen werden durch verschiedene Treiber vorangetrieben und begünstigt. Diese lassen sich unterscheiden in externe, also vom Unternehmen nicht beeinflussbare sowie interne, im Unternehmen selbst begründete Faktoren. Zudem lassen sich die Treiber inhaltlich in vier Kategorien einteilen.

### Technologische Treiber

Technische Erfindungen und Entwicklungen treiben seit jeher das unternehmerische Handeln voran, denn sie erlauben nicht nur stets das Entstehen neuer Produkte, sondern haben ebenfalls Einfluss auf deren Produktionsprozesse und -methoden mit dem Ziel, effizienter zu produzieren. Dass dabei neuere Maschinen und Anlagen ältere Vorgehensweisen in ihrer produzierten Qualität und den einzusetzenden Kosten bei Weitem übertrumpfen, zeigte sich bereits früh während der industriellen Revolution. Seither haben sich die Einführungszyklen neuer Technologien bzw. die Produktlebenszyklen drastisch verkürzt. Durch die Einführung von Software sowie neuen IT- und Hardwaretechnologien revolutionieren digitale Technologien inzwischen die gesamte Wertschöpfungskette von Unternehmen. Neben kürzeren Innovationszyklen sind es auch immer wieder disruptive Veränderungen und Innovationen, die Märkte und Branchen grundsätzlich restrukturieren.

Die Digitalisierung ist inzwischen in Form von digitalen Geräten und Lösungen in allen Bereichen des Lebens angekommen. Immer mehr und immer leichter stehen damit Informationen zur Verfügung, die verarbeitet werden müssen. Immer mehr Akteure und Variablen gilt es dabei zu integrieren. Mit der Digitalisierung entstehen eine erhöhte Komplexität und Unsicherheit bei Entscheidungen in Unternehmen, da Ergebnisse schwieriger vorherzusagen und Entwicklungen weniger berechenbar werden. Das Prinzip der Vernetzung beherrscht den Wandel in allen Bereichen und lässt grundlegend neue Muster im Verhalten Einzelner, in Kulturen und in unserer gesamten Gesellschaft entstehen (vgl. Dove 1992: 3; Sharifi & Zhang 1999: 16; Häusling & Kahl 2018: 18; GfUK 2018: 7).

### Ökonomische Treiber

Die Globalisierung ist dabei aus dem heutigen Marktgeschehen nicht mehr wegzudenken und bringt gleichzeitig Chancen und Risiken für Unternehmen. Der Bedarf von Kunden kann durch zahlreiche Anbieter überall auf der Welt erfüllt werden. Unternehmen, die früher nur nationalem Wettbewerb ausgesetzt waren, müssen inzwischen gegen globale Wettbewerber bestehen. Zudem kommen stetig neue Wettbewerber auf den Markt, die oft kleiner und schneller sind.

Mit der Globalisierung und Digitalisierung steigen gleichzeitig die Transparenz und Möglichkeiten der Vergleichbarkeit stetig an. Auch Marktstrukturen verändern sich zunehmend schneller, neue Nischenmärkte entstehen und wachsen, wodurch Bedarf und Nachfrage weniger planbar sind. Durch die vielen Möglichkeiten und das breite Angebot, das Kunden zur Verfügung steht, stellen sie höhere Ansprüche an die Produkte und sind weniger markentreu.

Mit diesen geänderten externen Faktoren steigt der Druck auf interne Prozessveränderungen und Umstrukturierungen in Unternehmen (vgl. GfUK 2018: 7; Häusling & Kahl 2018: 20, Zukunftsinstitut 2022).

### Ökologische Treiber

Auch ökologisches Denken ist inzwischen ein wichtiger Treiber für unternehmerisches Handeln. Die ersten Schritte in diesem Umdenken, also weg vom reaktiven Handeln der Unternehmen hin zum verantwortungsbewussten, werteorientierten Wirtschaften, wurden hauptsächlich bestimmt vom Aufkommen rechtlicher Bestimmungen. Während früher rechtliche Durchsetzung notwendig war, um den Einsatz von Ressourcen für adäquate Abfall- oder sogar Giftentsorgung oder das Akzeptieren der entsprechenden Konsequenzen zu erwirken, ist es inzwischen mehr das Wissen um das hinterlassene Erbe, das das ökologische Denken zu einem ethisch-moralischen Thema macht.

Mit jungen Generationen entsteht eine Kunden- und Mitarbeitendengruppe, die weder Produkte kauft, die schlecht für die Umwelt sind, noch für ein Unternehmen arbeiten möchte, das auf irgendeine Art und Weise zu einer Verschlechterung der Umweltsituation beiträgt (vgl. Dove 1992: 5, Wenzel et al 2009: 30).

### Soziale Treiber

Basierend auf den Veränderungen im Marktgeschehen ist ein verändertes Kundenverhalten zu beobachten. Das globale Angebot hat die Auswahl an verfügbaren Produkten vergrößert, aber auch den von den Kunden erwarteten Standard an gelieferte Qualität, Lieferzeiten und Innovationsgrad erhöht. Zudem wurde den Kunden durch die Digitalisierung auch ein einfacher Informationszugang ermöglicht, wodurch diese, nun besser informiert über das breite Angebot sowie verfügbare Optionen, selbstbewusst ihre Anforderungen kundtun. Entsprechend wird durch Personalisierung von Produkten und Services eine individuell zugeschnittene Lösung auf ihre persönlichen Bedürfnisse erwartet.

Darüber hinaus wirken soziale Faktoren auch intern in den Unternehmen als treibende Kraft für notwendige Veränderungen. So sind es demographische Entwicklungen, die qualifizierte Nachwuchskräfte für die Unternehmen rar machen. Gleichzeitig zeigt sich zwischen den verschiedenen Generationen an Mitarbeitenden ein Wertewandel. Junge Mitarbeitende legen großen Wert auf kulturelle Passung mit dem Unternehmen und wollen ein flexibles Arbeitsumfeld sowie Wertschätzung der eigenen Leistung. Während sie zudem gesteigerten Wert auf ein modernes Führungsverständnis legen, sind es eher die älteren Mitarbeitenden, die eigene Ideen einbringen möchten und eine Anerkennung ihrer bisherigen beruflichen Leistungen und ihres Erfahrungsschatzes wünschen. Mit ihren Routinen und Erfahrungen bringen diese älteren Mitarbeitenden eine andere Sicht auf Leistung, Wachstum und Innovation sowie Einschätzung ins Unternehmen, was richtig und wichtig ist. Für Unternehmen ist es eine Herausforderung diesem Pluralismus an individuellen Anforderungen gerecht zu werden (vgl. Gatterer 2020; GfUK 2018, Häusling & Kahl 2018: 20, Sharifi & Zhang 1999: 15).

Die einzelnen benannten Treiber wirken unterschiedlich stark auf und in Organisationen. Zudem wirken sie wechselseitig, verstärken und bedingen sich gegenseitig. Als Antwort darauf wird Agilität für Unternehmen als Lösung gesehen, um die eigene Anpassungsfähigkeit zu erhöhen und um dadurch nachhaltig am Markt erfolgreich sein zu können. Agilität als Unternehmenskompetenz gilt deshalb zunehmend als Überlebensfaktor statt nur als Wettbewerbsvorteil.

**Reflexion zum Weiterdenken** | Welche Treiber für Veränderung spüre ich im Team oder Unternehmen aktuell stark? Wo liegen Chancen und Herausforderungen?

**Aus der Praxis** | Digitalisierung als Motivator und Möglichmacher
*„Die Digitalisierung durch Software durchdringt, verändert und bewegt unsere Welt.“*
Die Entwicklung intelligenter Software für Maschinen und die Vernetzung der Produktion ist ein spannendes Zukunftsfeld. Deshalb hat sich iT Engineering Software Innovations seit jeher dem Thema verschrieben. Geschäftsführer Wolfram Schäfer hat in der Kombination von Software und Maschinen seine Leidenschaft gefunden und das Unternehmen seit seiner Gründung vor mehr als zwanzig Jahren aufgebaut.
iT Engineering Software Innovations agiert als Entwicklungspartner bei der Gestaltung digitaler Produkte und Softwarelösungen im in-

dustriellen Marktumfeld. In diesem Kontext sind Digitalisierung und der Einsatz von Softwarethemen starke Treiber, die die Branche beschäftigen. Industrie 4.0 oder auch IIoT, das industrielle Internet der Dinge werden dabei als Chance gesehen, um die Digitalisierung im industriellen Kontext zu voranzutreiben. IIoT steht im Mittelpunkt der vernetzten Produktion, mobile Vernetzung und Cloud Computing ermöglichen ebenfalls neue Arbeitsweisen und Geschäftsmodelle.
iT Engineering Software Innovations geht es darum, mit den eigenen Produkten und Dienstleistungen einen Mehrwert zu bieten. Digitalisierung ist dabei gleichzeitig Motivator und Möglichmacher für die Umsetzung zukunftsweisender Softwareanwendungen. Nur wer sich bereits heute darauf vorbereitet und offen, flexibel sowie lernbereit für Veränderungen bleibt, wird auch morgen noch erfolgreich sein. Deshalb ist auch die Auseinandersetzung mit dem Thema Agilität für iTE Engineering Software Innovations alternativlos.

**Reflexion zum Abschluss des Kapitels**
**Lernen:** Was habe ich in diesem Kapitel gelernt?
**Reflektieren:** Was bedeutet das für mich?
**Anwenden:** Was bedeutet das für mein Team, mein Unternehmen, meine Organisation?
**Verändern:** Welchen (kleinen) Schritt der Veränderung kann ich bewirken?

# 3 Das Ziel: Agile Organisation

**Reflexion zum Start** | Agilität im Kontext von Unternehmen: Wie stelle ich mir Agilität im Kontext meines Unternehmens vor? Was zeichnet meiner Meinung nach eine agile Organisation aus?

## Kernaussagen des Kapitels

- Eine agile Organisation zeichnet sich aus durch zwei zentrale Fähigkeiten: Anpassungsfähigkeit und Sensitivität für das Marktgeschehen.
- Die wesentlichen Elemente einer Organisation sind die Themen Vision, Struktur und Kultur. Das Wechselspiel von Stabilität und Instabilität ergänzt als vierter wichtiger Themenaspekt im Sinne einer agilen Organisation.
- Es ist der Kern der unternehmerischen Agilität stets einer permanenten Transformation der Umwelt ausgesetzt zu sein und gleichzeitig die eigene Organisation auf permanente Veränderung auszurichten.
- Im Zentrum einer agilen Organisation stehen deren Akteure – Mitarbeitende, Führungskräfte und Kunden –, die gemeinschaftlich gegebene Räume mit Leben füllen und diese gleichzeitig mit veränderungsoffener Haltung hinterfragen.
- Es gibt zahlreiche Vorteile, weshalb es sich lohnt, eine agile Organisation zu werden, unter anderem sind dies motivierte Mitarbeitende, zufriedene Kunden und Partner, effiziente Prozesse und Strukturen, minimierte Risiken und erfolgreiche Projekte.

Agilität muss im Unternehmen als neue Kompetenz ausgebildet werden. Um den externen und internen Treiber, die die Notwendigkeit zur Veränderung erfordern und fördern, adäquat begegnen zu können, brauchen agile Organisationen zwei wichtige Fähigkeiten: Sensitivität und schnelles Reaktionsvermögen. Einerseits müssen relevante Treiber erkannt werden, um darauf reagieren zu können, andererseits ist nicht jede Organisation dazu in der Lage, passend zu reagieren, selbst wenn notwendige Veränderungen frühzeitig erkannt wurden. Um folglich als agile Organisation zu agieren, braucht es neue Handlungsweisen und Strukturen.

## 3.1 Was ist eine agile Organisation?

Aktuell sind in den Unternehmen eher hierarchisch geprägte Strukturen vorherrschend, welche zu langsam und ineffektiv sind, um in den gänzlich neuen Strukturen der Unternehmensumwelt des 21. Jahrhunderts zu überleben. Die traditionellen und modernen Organisationen, die für stabile Märkte ausgelegt sind, basieren auf vertikalen Strukturen mit klaren Hierarchien und Verantwortlichkeiten. Entscheidungen und Ziele werden im oberen Managementlevel festgelegt und in das Unternehmen kommuniziert. Lineare Planung und Kontrolle halten die starken Strukturen auf Linie, während Entscheidungswege starr und wenig flexibel sind. Im Gegensatz dazu bedeutet Agilität für eine Organisation, die eigenen Strukturen, Prozesse und die Kultur zu adaptieren. Es bedingt eine neue Art zu planen, andere Organisationsstrukturen sowie einer geänderten Interaktion mit Stakeholdern, allen voran Kunden, Mitarbeitenden und Partnern. Agilität bedeutet für Organisationen maßgeblich schneller, flexibler und anpassungsfähig zu werden.

Somit ist Agilität mehr als schnelle Ad-hoc-Reaktionen auf externe Veränderungstreiber, Agilität bedeutet, dass sich Unternehmen auf eine Fähigkeit zur Veränderung statt Erhaltung ausrichten. Dadurch kann die agile Organisation und gleichsam das agile Unternehmen die gegebene Komplexität und Volatilität des Marktgeschehens in die eigene Wertschöpfung übertragen. Damit wird aus dem externen Getriebensein ein internes Treiben.

**Info** | Agile Teams vs. agile Organisationen
Die Anwendung von Agilität ist nicht auf bestimmte Handlungsfelder beschränkt. Zwar sind die agilen Werkzeuge und Methoden zumeist auf den Einsatz in agilen Teams ausgelegt, trotzdem reichen deren Wirkung weit darüber hinaus. Denn durch die Verankerung in den persönlichen Grundannahmen strahlen die agilen Werte und Prinzipien in jeder Handlung auch in die Organisationen und das Unternehmen hinein aus.

Dennoch ist es für einen zielgerichteten Einsatz von agilen Methoden wichtig, zwischen verschiedenen Wirkungsfeldern zu unterscheiden. Im Unternehmen sind dies hauptsächlich die zwei Ebenen des Teams sowie der Organisation als Ganzes:

**Das agile Team:** Das agile Team hat ein gemeinsames Ziel, z. B. ein Produkt zu entwickeln. Dabei sind möglichst alle unterschiedlichen Kompetenzen, die es dazu benötigt, im Team vorhanden. Jedes Teammitglied bringt seine eigene Expertise und Stärken ein, um ein gemeinschaftliches Ergebnis zu erzielen. Agile Methoden, wie beispielsweise Scrum oder Kanban, unterstützen die Teams in ihrer Arbeit.

**Die agile Organisation:** Die agile Organisation ist die rahmengebende Struktur für die agilen Teams. Damit die agile Arbeitsweise der Teams bestmöglich unterstützt wird, braucht es auch passende unternehmensweite Strukturen. Die agilen Werte, wie Transparenz, Fokus und Commitment werden dadurch umso mehr gefördert und stärken das Miteinander. Dadurch wird verhindert, dass agile Teams wiederum zu Silos werden oder sich Reibungen an Schnittstellen zwischen Teams ergeben. Auch für skalierte agile Arbeitsweisen gibt es verschiedene Methoden, die jedoch sorgfältig auf ihre Passung zum Unternehmen ausgewählt werden müssen. Sie haben einen großen Einfluss auf die Art und Weise des Arbeitens im Unternehmen.

**Reflexion zum Weiterdenken** | Welches Ziel möchte ich für mich, mein Team und mein Unternehmen durch mehr Agilität erreichen?

## 3.2 Was sind die Eigenschaften einer agilen Organisation?

Eine agile Organisation ist reagibel, sensibel, veränderungsoffen und innovationsfreudig. Dabei sind interne Prozesse und Strukturen so gestaltet, dass sie einfach und mit wenig Aufwand veränderbar sind und eine interne Kultur der Kollaboration und Transparenz gelebt wird.

Eine agile Organisation transformiert sich nicht von einem Zustand in einen anderen, sondern stellt sich so auf, dass sie permanent adaptionsbereit ist und Veränderungen in ihrem Handeln mit wenig Planung und Aufwand umgesetzt werden können.

Dafür baut eine agile Organisation auf dem Fundament des systemischen Denkens, also einer ganzheitlichen Sichtweise der Wechselwirkungen zwischen einzelnen Akteuren in einem System sowie deren Auswirkungen auf den Gesamtzusammenhang.

**Info** | Was bedeutet „systemisches Denken"?
Im Umgang mit Komplexität hat sich die Systemtheorie nach Niklas Luhmann als wichtige Grundlage des Denkens und Handelns herausgestellt. Dabei wird das Denken in übergreifenden Zusammenhängen, dem Beobachten aus einer gewissen Flughöhe, in den Mittelpunkt gestellt, was sich vom analytischen Denken, der Betrachtung von Details, abgrenzt.
Durch systemisches Denken wird es möglich, die wesentlichen Aspekte eines Systems zu verstehen und zu hinterfragen. Der Fokus liegt auf weitstirnigem, fächerübergreifendem Denken. Dabei werden zukünftige Entwicklungsmöglichkeiten als Ziele ins Visier genommen, anstatt auf eine Fortschreibung aktueller Zustände zu bauen (vgl. Kreutzer 2022).

Auf dieser Basis sind folgende vier Themenaspekte wichtige Säulen einer agilen Organisation (vgl. Zerfass & Dühring 2018: 43; Wolf et al. 2018: 10; Kruse 2007; GfUK 2018: 9, Coldewey 2012, Prodoehl 2019: 38):

- **Vision:** Dadurch, dass langfristige Planung und kleingliedrige Steuerung in einer komplexen Umwelt weniger gut angewendet werden können, ist eine Vision, die begeistert und den Mitarbeitenden ein Zielbild gibt, unabdingbar. Darüber hinaus wird durch das Verwurzeln der Agilität in der Vision des Unternehmens, das Bekenntnis für die Agilität nicht nur ein wichtiger Faktor bei der Steuerung des Unternehmens, sondern auch transparent in der Kommunikation.
- **Strukturen, Prozesse und Methoden:** Eine weitere wichtige Grundlage für Schnelligkeit und Flexibilität sind agile Strukturen und Prozesse sowie Methoden und Werkzeuge, die diese Arbeitsweise einfordern und fördern. Deshalb setzen agile Organisationen auf flache Hierarchien und horizontale Strukturen sowie Dezentralisation. Iterative Prozesse mit Retrospektiven und kurze Projektzyklen ermöglichen zudem einen

effizienten Einsatz von Ressourcen, schnelle Entscheidungen, direkte Entscheidungsumsetzung sowie eine neue Haltung, um mit Risiken umzugehen, z. B. bei der Entwicklung neuer Produkte, Services oder Geschäftsmodellen. Methoden, wie Scrum, Kanban und Design Thinking sowie Werkzeuge zum Wissensmanagement, für digitales Projektmanagement oder als Kollaborationsplattform unterstützen diese Arbeitsweise.

- **Kultur und Menschen:** Im Mittelpunkt dieser Strukturen und somit der agilen Organisation steht zentral der Mensch. Führungskräfte und Mitarbeitende müssen gleichsam persönlich eine Offenheit für Veränderung mitbringen sowie neue Kompetenzen entwickeln, um Selbstorganisation und die Arbeit in crossfunktionalen Teams umzusetzen. Kollaboration, Risikotoleranz und positive Fehlerkultur sind weitere Kernaspekte einer agilen Unternehmenskultur, in der alle Mitarbeitende aktiv miteinbezogen werden und die Arbeit mitgestalten. Die Individualität der Mitarbeitenden bereichert das Unternehmen als Ganzes.
  Für das Arbeiten nach agilen Grundsätzen und in agilen Strukturen muss auch in der Art der Führung eine Veränderung stattfinden. Die Führungskraft agiert in der Rolle als Coach anstatt als Leader. Dabei wird Agilität sowohl von den Führungskräften vorgelebt als auch bei den Mitarbeitenden gefordert und gefördert.
  Als zentraler Stakeholder steht auch der Kunde in der agilen Organisation im Fokus. Kundenzentrierung gilt als Ausgangspunkt des unternehmerischen Handelns und ist somit ein wesentlicher Erfolgsfaktor einer agilen Organisation. Das Unternehmen ist bereit, den Kunden als Partner in die Prozesse miteinzubeziehen, um aus dessen Feedback seine Anforderungen und Wünsche zu identifizieren, zu analysieren und in die Entwicklung passender Produkte und Services direkt einfließen zu lassen.
- **Transformationsfähigkeit:** Durch das Schaffen von mehr oder weniger lang bestehenden stabilen Rahmen und Räumen, die kreativ ausgestaltet werden können, meistern agile Organisationen das Paradoxon, stabil und instabil zugleich zu sein. Dieses Wechselspiel von Stabilität zu Instabilität schafft die notwendige innere Flexibilität für die Transformationsfähigkeit. In einer Phase permanenter Stabilität geht die Kreativität verloren, während in Phasen der Instabilität die Produktivität und das Schaffen von Ergebnissen durch Neuausrichtung und Unsicherheiten gehemmt sind. Deshalb erfordert ein erfolgreicher Umgang mit hoher Komplexität im Marktgeschehen die Fähigkeit, eine gezielte Balance zwischen Stabilität und Instabilität herzustellen. Es ist

der Kern der unternehmerischen Agilität sowohl einer permanenten Transformation der Umwelt ausgesetzt zu sein als auch gleichzeitig die eigene Organisation auf permanente Transformation auszurichten.

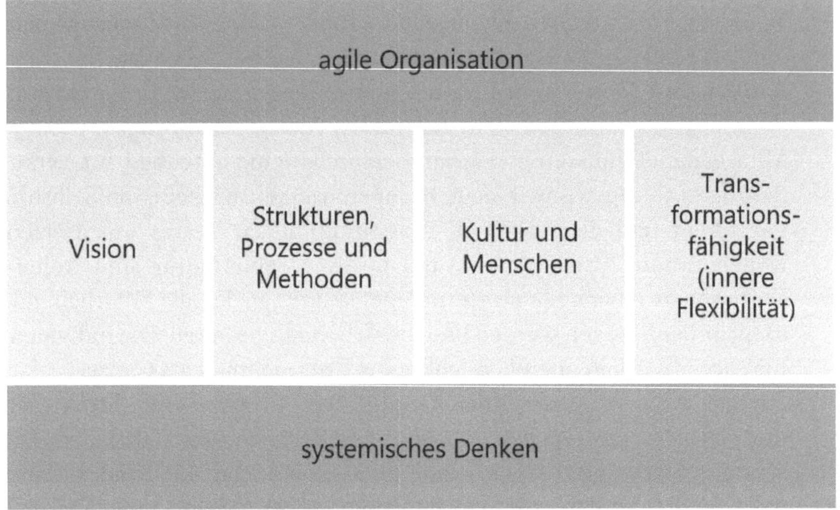


Abb. 2: Säulen einer agilen Organisation (eigene Abbildung nach Coldewey 2012: 15)

**Info** | Was ist der Unterschied zwischen einer klassischen und einer agilen Organisation?

| | klassische Organisation | agile Organisation |
|---|---|---|
| **Strukturen** | Strukturen sind durch starke Hierarchien geprägt. Führung bedeutet Macht zu haben und diese auch einzusetzen. | Strukturen sind auf Mitbestimmung und Gleichberechtigung ausgerichtet. Führung bedeutet Unterstützung zu geben und zu befähigen. |
| **Prozesse** | Prozesse sind Regelwerke, die genau einzuhalten sind. Sie sind auf Kontrolle und Standardisierung ausgerichtet. | Prozesse sind Rahmenwerke, die eine Führung geben und trotzdem anpassbar sind. Sie sind auf Feedback und Interaktion ausgerichtet. |

| | klassische Organisation | agile Organisation |
|---|---|---|
| | Entscheidungen werden von zentralen Positionen oder Personen getroffen und an die beteiligten Personen kommuniziert. | Entscheidungen werden unter Miteinbeziehung der beteiligten Personen getroffen und möglichst von den Personen, die das größte Wissen um die jeweiligen Auswirkungen besitzen. |
| **Vision** | Die Vision ist ein zentrales Element zur Führung des Unternehmens. Von ihr werden systematisch Strategien und Ziele abgeleitet, die zur Umsetzung gebracht werden sollen. | Die Vision dient der Ausrichtung der Organisation und gibt ihr einen Sinn, eine Daseinsberechtigung. Sie dient allen Mitgliedern dazu, ihr Handeln im Sinne der Organisation auszurichten. |
| **Megatrends** | Eine klassische Organisation strebt nach Stabilität und Sicherheit. Veränderung und einer unsicheren Umwelt wird deshalb eher mit Angst und Sorge begegnet. | Eine unsichere Umwelt wird als Chance und Herausforderung betrachtet, eine agile Organisation ist stets auf der Suche nach Möglichkeiten und ist offen für Veränderung. Eine agile Organisation möchte Veränderung aktiv gestalten. |
| **Kommunikation** | Die Kommunikation unterstützt die auf Kontrolle und Hierarchie ausgerichteten Strukturen und ist deshalb durch Berichte und Dokumentation geprägt. Mitarbeitende kommunizieren mit ihren Vorgesetzten, die entsprechende Informationen weiterverteilen. | Die Kommunikation basiert auf einem wertschätzenden Dialog. Es ist wichtig, offen zu sprechen und sich gegenseitig zuzuhören. Auf dieser Basis werden Ideen geteilt und miteinander ausgearbeitet sowie Fehler als Möglichkeit zum Lernen angenommen. |

| | klassische Organisation | agile Organisation |
|---|---|---|
| **Kollaboration** | Die Strukturen sind aufgabenorientiert ausgerichtet, wobei Positionen und Stellen klare Verantwortlichkeiten zugeordnet sind. Mitarbeitende sind dazu angehalten, diese genauestens zu erfüllen. | Zentraler Aspekt, um eine passende Lösung für eine Aufgabe oder Problem zu finden und diese umzusetzen. Nur das Zusammenbringen verschiedener Menschen und ihrer Kompetenzen führt zum Erfolg. |

Tab. 1: Ein Überblick über die Unterschiede von klassischen und agilen Organisationen

Dieses Bild von klassischen und agilen Organisationen ist bewusst überzeichnet, um die Unterschiede deutlich herauszustellen. Jedes Unternehmen ist anders, handelt und arbeitet in einer individuell passenden Weise, die auch in einzelnen Dimensionen eher klassisch oder eher agil ausgeprägt sein kann.

Im Vergleich zu Modellen einer traditionellen Organisation, welche auf die wesentlichen Säulen Vision, Struktur und Kultur baut, ist die vierte Säule, das permanente Wechselspiel zwischen Stabilität und Instabilität, für die agile Organisation von großer Relevanz. Die agile Organisation hinterfragt die eigenen Strukturen und Prozesse in regelmäßigen Zyklen und ist offen für notwendige Anpassungen. Eine agile Organisation schafft damit jeweils eine zu den eigenen Ressourcen und Kompetenzen passende Antwort auf gegebene Rahmenbedingungen.

Agilität bietet viele Chancen für Unternehmen, bringt gleichzeitig aber auch Risiken mit sich. Insbesondere ein unreflektiertes Übernehmen von Methoden oder Werkzeugen oder auch das Kopieren der Vision oder der Vorgehensweise anderer Unternehmen birgt das Risiko, den individuellen Anforderungen von Kunden oder Mitarbeitenden nicht gerecht zu werden. Damit werden den Menschen Themen übergestülpt anstatt diese intrinsisch, also in der Organisation, zu leben. Es bedarf also ein individuelles, unternehmensspezifisches Füllen der verschiedenen Säulen mit Leben.

**Info** | Welche Modelle für agile Organisationen gibt es?
Für die Arbeitsweise einer agilen Organisation haben sich verschiedene Strukturen und Handlungsweisen bereits bewährt. Diese verschiedenen Modelle beschreiben Möglichkeiten, wie die Zusammenarbeit in agilen Organisationen funktionieren kann.

**Evolutionäre Organisation:** Die evolutionäre Organisation basiert auf einer Idee von Frédéric Laloux. Er beschreibt diese Organisation mit der Metapher des lebenden Organismus, der, angetrieben durch eigene innere Kräfte, sich ohne zentrale Autorität oder Entscheidungsfunktion entwickelt. Dabei sind die Selbstführung, die Ganzheit und der evolutionäre Sinn die drei zentralen Säulen der Organisation. Selbstführung bedeutet die kollektive Intelligenz der Organisation durch flache Strukturen und verteilte Autorität zu fördern. Dabei soll im Sinne der Ganzheit jeder Einzelne mit seinem ganzen Selbst, ohne professionelle Maske, agieren. Der evolutionäre Sinn ist die Daseinsberechtigung der Organisation, welcher allen einen inhaltlich erfüllenden Zweck bietet (vgl. Laloux 2017: 55, 64, 82).

**Soziokratie:** Basierend auf der Umstrukturierung seines eigenen Unternehmens entwickelte der Gründer Gerard Endenburg diese Organisationsform. Vier Basisprinzipien geben dabei den Handlungsrahmen vor (vgl. Strauch & Reijmer 2018: 21; Rüther 2018: 18).:

1. Konsent-Prinzip: Bei Entscheidungen wird die für den Moment sinnvollste Lösung gesucht. Jeder trägt dabei gleichwertig zur Lösungsfindung bei und eine Lösung kann nur beschlossen werden, wenn keiner einen schwerwiegenden Einwand hat.
2. Kreisstruktur: Die soziokratische Organisation ist in Kreisen aufgebaut, die die Mitglieder z. B. eines Bereichs, einer Abteilung oder eines Teams einschließen.
3. Doppelte Kopplung: Es gibt Kreise in verschiedenen Ebenen des Unternehmens. Dabei sind jeweils zwei Personen als Delegierte der unteren Kreise Teil eines höheren Kreises. Damit wird der Informationsfluss zwischen den Kreisen möglichst objektiv, und Entscheidungen werden von allen getragen.
4. Die offene Wahl: Die zeitlich begrenzte Zuordnung von Personen zu Rollen und Aufgaben, wie beispielsweise als Delegierter in einen höheren Kreis, geschieht durch eine offene Wahl und nach dem

Konsent-Prinzip, wodurch Transparenz und offener Austausch gelebt werden.

Mit einer über 40-jährigen Praxis, ist die Soziokratie bereits ein etabliertes Modell, das sich selbst bereits in verschiedene Formen z. B. die „Soziokratie light", „Soziokratie 2.0" und „Soziokratie 3.0" weiterentwickelt hat.

**Holokratie:** Die Holokratie geht auf den Gründer Brian Robertson zurück, der auf der Suche nach einer passenden Organisationsform für sein Unternehmen die Soziokratie entdeckte, diese nach der Einführung weiterentwickelte und durch Elemente aus anderen Methoden ergänzte. Die Holokratie basiert auf einer klaren Definition von Rollen, die in Kreisen organisiert sind, wodurch eine verteilte Autorität in der Organisation ermöglicht wird. Zudem gibt es Prozesse, die sowohl die Steuerungs- und Kontrollmechanismen vorgeben als auch die operativen Prozesse regeln, damit die Rollen und Kreise sowohl intern als auch übergreifend in Übereinstimmung bleiben und effektiv zusammenarbeiten können. Alle Handlungsanweisungen sind dabei in der holokratischen Verfassung aufgeschrieben, die zum Start des Handelns als holokratische Organisation unterschrieben wird (vgl. Robertson 2016: 11, Rüther 2018: 165, HolacracyOne 2021, Wiedermeier & Compagne 2017).

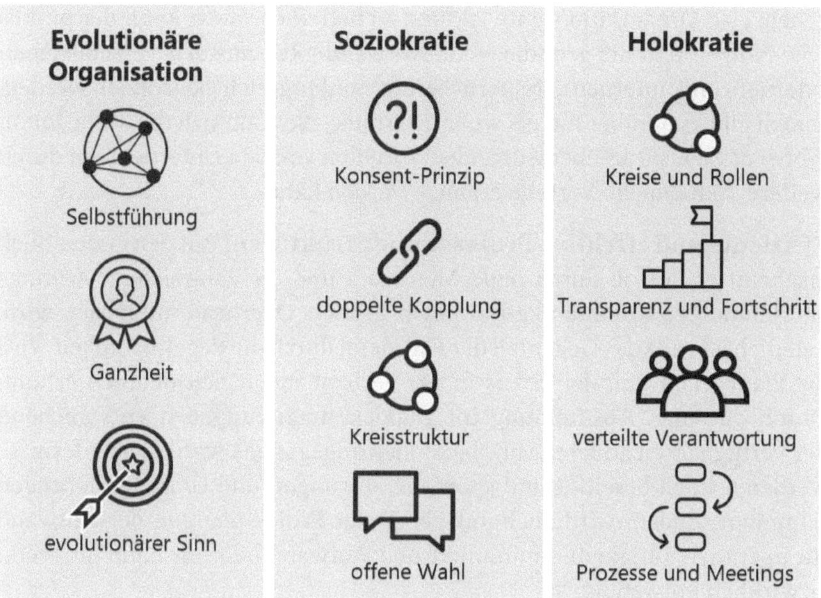


Abb. 3: Die wichtigsten Prinzipien verschiedener Modelle für agile Organisationen (eigene Abbildung)

**Reflexion zum Weiterdenken** | Welche Vorteile ergeben sich für mein Unternehmen aus dem Weg hin zu einer agilen Organisation?

## 3.3 Was sind die Vorteile einer agilen Organisation?

Für die meisten Unternehmen ist es eine bewusste Entscheidung, eine agile Organisation zu sein. Zwar gibt es Start-ups, die sich direkt bei und nach der Gründung in ihren Strukturen entsprechend aufstellen, für die meisten traditionsreichen und gewachsenen Unternehmen bedeutet die Auseinandersetzung mit dem Thema Agilität ein Umdenken gewohnter Arbeitsweisen.

Eine Änderung von Verhaltensweisen kostet Energie, denn es braucht Ressourcen, sowohl personell als auch finanziell, es braucht Disziplin und Durchhaltevermögen, und es kostet Kraft, um den Weg der Veränderung zu gehen, also Organisationsentwicklung zu betreiben. Zwar kann der praktische Nutzen und die grundlegende Notwendigkeit aus den verschiedenen externen und internen Treibern bereits umfangreich begründet werden, jedoch gibt es darüber hinaus weitere Gründe, weshalb sich die Mühe lohnt. Wobei diese Liste an überzeugenden Vorteilen von den Unternehmen durch weitere, individuelle Vorteile ergänzt werden kann.

**Effiziente und effektive Prozesse und Strukturen:** Auf den ersten Blick erscheint es, als ob durch agile Methoden und die zahlreichen Meetings als Räume zur Kommunikation einen großen Overhead aufgebaut wird. Letztlich ist ganz das Gegenteil der Fall, denn durch die Regelmäßigkeit wird die Planbarkeit und der Fokus in der verbleibenden Zeit deutlich erhöht. Durch die enge Abstimmung im Team können Aufgaben entsprechend der Verfügbarkeit anderer Mitarbeitenden angegangen werden, Hindernisse werden schnell beseitigt und spontane Störungen und Umpriorisierungen minimiert. Zudem wird auch auf Ebene der Projektplanung der Aufwand für operative Tätigkeiten minimiert und Aufwand fällt nur dann an, wenn er wirklich notwendig ist.
Durch den Blick auf stetige Verbesserung bestehen Prozesse und Strukturen nur so lange, wie sie auch als sinnvoll erachtet werden und werden geändert, wenn die Notwendigkeit dazu besteht.

**Motivierte Mitarbeitende:** Durch das Wissen um die gemeinsame Vision und das Ausrichten an gemeinschaftlichen Zielen, erleben die Mitarbeitenden einen Sinn in ihrer Arbeit. Dies spiegelt sich in einer hohen Motivation der Mitarbeitenden wider. Zudem wird die Bindung der Mitarbeitenden zum Unternehmen durch das eigene Mitwirken erhöht, wenn diese merken, dass ihre Meinung zählt und eine Wirkung hat, die erlebbar wird.

**Zufriedene Kunden und Partner:** Die Kunden und ihre Bedürfnisse stehen bei agilen Methoden im Fokus. Sie werden dabei eng in die Prozesse miteingebunden, um deren Feedback früh und regelmäßig miteinbeziehen zu können. Die Kunden wiederum schätzen diese Art der Zusammenarbeit, denn sie bekommen nutzenstiftende Lösungen, deren Anforderungen durch die Zusammenarbeit herausgearbeitet wurden. Doch nicht nur dadurch bauen agile Organisationen gute Beziehungen zu Kunden und Partnern auf. Durch das Verständnis der Organisation als Netzwerk, welches sich gleichermaßen auch über die Unternehmensgrenzen weiter erstreckt, werden Beziehungen wertgeschätzt und gepflegt.

**Minimierte Risiken:** Durch offene Kommunikation und Austausch können Projektrisiken in Form von Ausfällen einzelner Mitarbeitenden minimiert werden, indem Informationen transparent sind und alle im Team den grundsätzlichen Status von Aufgaben kennen. Auch für den Fall des Weggangs eines Mitarbeitenden bietet ein explizites Rollenverständnis, die bewusste Entwicklung von Mitarbeitenden sowie das gegenseitige voneinander Lernen eine große Chance, entstandene Lücken schnell und passend wieder zu schließen. Andere Mitarbeitende können dadurch kurz- oder mittelfristig Aufgaben übernehmen oder es entstehen komplett neue Rollen und Positionen, wodurch ein neues Teammitglied mit seiner eigenen Persönlichkeit und seinen Fähigkeiten wieder einen passenden Platz im Unternehmen findet.

**Erfolgreiche Projekte:** Agile Organisationen sind in ihren Strukturen variabel aufgestellt, um verschiedenartige Projekte durchzuführen. Dabei ist ihnen bewusst, dass nicht jede Aufgabe passend für agile Methoden ist. Agile Organisationen setzen vielmehr ihre innere Komplexität ein und fragen, welcher Ressource die Aufgabe bestmöglich anvertraut werden kann, um mit der gegebenen Ausgangslage ein Ergebnis mit Mehrwert zu entwickeln.

**Info** | Wie sieht innere Flexibilität in agilen Organisationen aus?
Eine agile Organisation versucht der zunehmenden äußeren Komplexität eine passende innere Flexibilität entgegenzustellen, denn die Notwendigkeit für Kommunikation und Kooperation im Unternehmen kann nicht mehr vorhergesagt oder langfristig geplant werden. Wie auch der amerikanische Geschäftsmann und Geschäftsführer von General Electric Jack Welch (o. J.) sagte: „If the rate of change outside exceeds the rate of change inside the end is in sight."
Deshalb müssen Zusammenarbeit, Verantwortlichkeiten und Entscheidungen in komplexen und dynamischen Kontexten situativ verteilt und ausgestaltet werden. Unternehmen müssen intern stetig ihre Möglichkeiten sondieren, um je nach Zeitpunkt und vorhandenem Wissen adäquat auf eine gestellte Aufgabenstellung reagieren zu können. Dabei ist je nach Vielfältigkeit und Unvorhersehbarkeit der Aufgabe eine andere Kompetenz gefragt.

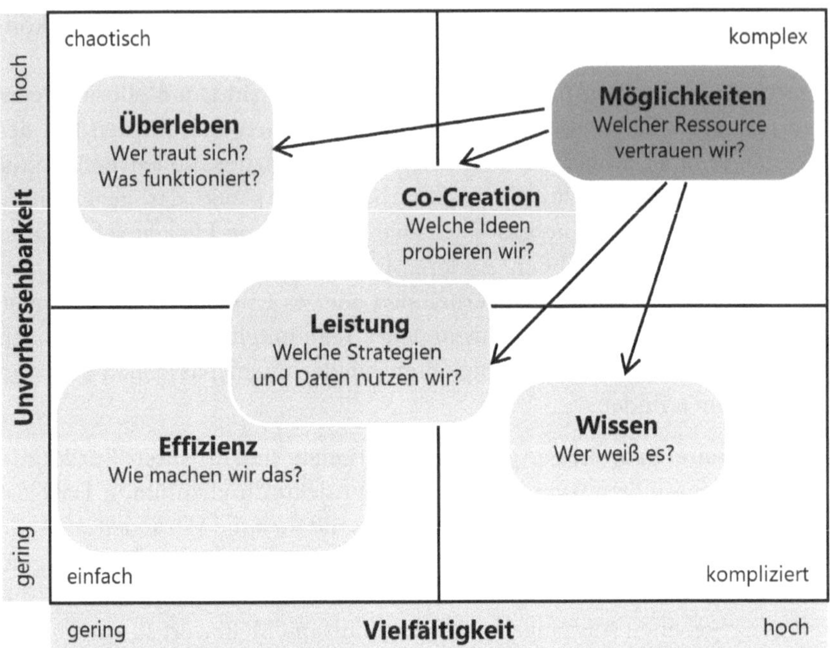


Abb. 4: Situatives Handeln in agilen Organisationen (eigene Abbildung nach Oestereich & Schröder 2019: 7)

**Reflexion zum Weiterdenken** | Wie stelle ich mir mein Unternehmen als agile Organisation vor? Wie sieht die innere Flexibilität meiner Organisation aus?

**Aus der Praxis** | Eine agile Organisation als Zielbild
*„Wir arbeiten nach unserer Vision: Digitalisierung gemeinsam gestalten."* Auch für iT Engineering Software Innovations als Unternehmen ist spürbar, wie komplexe Problemstellungen die Handlungen zunehmend beherrschen. In den Projekten gibt es immer weniger klare Anforderungen, die übersetzt in Lasten- und Pflichtenheften abgearbeitet werden können. Intern sind die Anforderungen an die Koordination der Zusammenarbeit und den Austausch zwischen Mitarbeitenden und Teams durch das stetige Wachstum des Unternehmens ebenfalls

gewachsen. Daraus ist die Notwendigkeit, eine agile Organisation zu werden, sichtbar geworden.
Die Veränderung hin zu einer agilen Organisation ist deshalb der richtige Weg, um auch zukünftig am Marktgeschehen teilhaben zu können. Damit wird zudem das eigene Zielbild gestützt, nicht nur reaktiv zu agieren, sondern den eigenen Wirkungsraum als Unternehmen auch aktiv mitzugestalten. Die Vision des Unternehmens ist, mit Kunden partnerschaftlich den Weg in die Digitalisierung zu gestalten und gemeinsam für deren Problemstellungen passende Lösungen zu entwickeln. Dafür ist es einerseits notwendig, die technologischen Entwicklungen zu beobachten, neue Werkzeuge zu evaluieren und einsetzen zu wissen, andererseits braucht es ein gelebtes Miteinander sowie die passenden Methoden, um den Produktentstehungsprozess zu moderieren sowie mit Expertise und Umsetzungsstärke tatkräftig voranzubringen.
Diese Kenntnisse sind es, die unter anderem durch die Umgestaltung und Veränderung der organisationalen Strukturen im Sinne einer agilen Organisation aufgebaut und gestärkt werden sollen. So wird über das eigene interne Handlungsfeld hinaus Agilität als zunehmend verstandene und gelebte Fähigkeit entwickelt, so dass diese auch nach außen sichtbar wird. Für Kunden und Partner wird die Zusammenarbeit durch neue Impulse und Ideen geprägt, die wiederum in verschiedene Richtungen wirken. Zudem ist und bleibt das Unternehmen ein attraktiver Arbeitsplatz für die Mitarbeitenden.
Es soll zum gemeinsamen und gelebten Verständnis werden, dass jeder Mitarbeitende sich engagiert mit seinem Wissen und seiner Erfahrung in die Arbeit einbringt. Schließlich schaffen sie als Umsetzende den Übertrag von bestehendem Wissen auf neue Anforderungen und kennen die Einsatzmöglichkeiten spezieller (Software-)Werkzeuge im Detail. Als gemeinsam verantwortliches Team werden somit bestmögliche Entscheidungen getroffen und nutzenstiftende Ergebnisse geformt. Alle tragen zum gemeinsamen Erfolg bei.

**Reflexion zum Abschluss des Kapitels**
**Lernen:** Was habe ich in diesem Kapitel gelernt?
**Reflektieren:** Was bedeutet das für mich?
**Anwenden:** Was bedeutet das für mein Team, mein Unternehmen, meine Organisation?
**Verändern:** Welchen (kleinen) Schritt der Veränderung kann ich bewirken?

# 4 Die Rahmenbedingungen: Agilität in KMU

**Reflexion zum Start** | Der Unterschied zwischen klein und groß: Was sind meiner Meinung nach die besonderen Eigenschaften von kleinen und mittleren Unternehmen?

## Kernaussagen des Kapitels

- Das Arbeiten und Handeln in KMU ist durch das zentrale Wirken der Unternehmerpersönlichkeit geprägt, was sich in der Struktur, Kultur und Vision des Unternehmens widerspiegelt.
- Die besonderen Eigenschaften von KMU sind flache Hierarchien, eine familiäre Kultur und geringe Ressourcen für übergreifende Themen und Aufgaben im Unternehmen.
- KMU sind von Natur aus anpassungsfähig und haben damit eine immanent gelebte Agilität.
- Die persönliche Einstellung und Veränderungsbereitschaft der Unternehmerpersönlichkeit entscheidet über die Ausprägung der agilen Werte, Prinzipien und Mindsets im Unternehmen.
- Die häufig eher informell geprägte Kommunikation und wenig formalisierten Prozesse hemmen die erforderliche Transparenz auf dem Weg zur agilen Organisation.

Kleine und mittlere Unternehmen haben in Deutschland eine wichtige Bedeutung in und für die Wirtschaft und werden deshalb auch als Wirtschaftsmotor Mittelstand bezeichnet (vgl. BMWI 2022).

KMU lassen sich auf Basis unterschiedlicher Eigenschaften von anderen Unternehmen abgrenzen. Dabei werden oftmals quantitative Faktoren wie Umsatzzahlen oder die Anzahl der Mitarbeitenden als Merkmale herangezogen (vgl. Europäische Kommission 2022). Darüber hinaus sind es jedoch hauptsächlich auch qualitative Faktoren, die das Arbeiten in KMU sowie deren Handeln am Markt besonders prägen.

## 4.1 Was sind die Besonderheiten von KMU?

Die zentrale, prägende Eigenschaft von KMU ist die Einheit von Eigentum und Leitung (IIfM 2022). Dieses zentrale Wirken der Unternehmerpersönlichkeit spiegelt sich im wirtschaftlichen Handeln der Unternehmen unter anderem in folgenden Eigenschaften wider (vgl. Weigelt 2016: 2; Wolf et al 2019: 4; Becker & Ulrich 2011: 61; Lindner 2019: 6):

- Eine **langfristige Ausrichtung der Strategie** ist geprägt durch die Lebensplanung der Unternehmerpersönlichkeit. Nachhaltige Entwicklungen haben deshalb zumeist Vorrang vor kurzfristiger Gewinnerzielung.
- Eine **geringe Ressourcenausstattung,** vor allem hinsichtlich finanzieller Mittel schränkt das strategische Handeln der Unternehmen ein. Deshalb sind KMU zumeist auf regionale oder Nischenmärkte fokussiert. Darüber hinaus steht vor allem für grundlegende Themen, wie beispielsweise Digitalisierung, zumeist wenig Budget zur Verfügung und rentables Tagesgeschäft wird vorgezogen.
- **Flache Strukturen und familiäres Miteinander** sind bedingt durch die geringe Beschäftigtenzahl. Die Mitarbeitenden arbeiten zumeist in breiten Aufgabengebieten. Prozesse zur Kontrolle sind eher indirekt und informell vorhanden, da die Arbeiten von der Unternehmerpersönlichkeit leicht zu überblicken sind. Die Mitarbeitenden gelten zumeist eher als erweiterte Familie und das soziale Miteinander wird durch ein starkes Zugehörigkeitsgefühl und lange Bindung zum Unternehmen erwidert.

Die Unternehmerpersönlichkeit prägt somit in ihrer Art und Weise alle grundlegenden Elemente der Unternehmen: Struktur, Kultur und Strategie. Ihr Denken und Handeln sind grundlegend für die Organisation als Ganzes und schafft damit für das Unternehmen ein individuelles Marktumfeld. Um die darin liegenden Chancen bestmöglich zu nutzen, lohnt es sich für KMU besonders, sich mit dem Thema Agilität zu beschäftigen.

| Chancen | Herausforderungen |
|---|---|
| • wenige Handlungsebenen und flache Hierarchien ermöglichen schnelle Kommunikation und kurze Entscheidungswege<br>• geringer Formalisierungsgrad gibt Freiheit für die Gestaltung der Prozesse und Strukturen<br>• rasche Anpassung an Kundenwünsche<br>• Erhaltung der strukturellen Flexibilität<br>• familiäre Unternehmenskultur, geprägt durch Loyalität, Sicherheit und Vertrauen<br>• Identifikation und Einsatzbereitschaft der Mitarbeitenden<br>• Einzelinitiativen können schnell eine große Wirkung haben<br>• Bündelung der Ressourcen durch Fokussierung | • Einsatz neuer Technologien fördern<br>• geringe Managementressourcen werden leicht zum Nadelöhr<br>• Ausloten des Spannungsfeldes zwischen Flexibilität und Effizienz<br>• operative Tätigkeiten verdrängen Zeit für strategische Planung<br>• Traditionen und Bewährtes mit der Offenheit für Neues kombinieren |

Tab. 2: Chancen und Herausforderungen von KMU für den Weg der agilen Transformation

Dabei sind die besonderen Eigenschaften der Unternehmen als Rahmenbedingungen gesetzt und dürfen auf dem Weg der Veränderung nicht außer Acht gelassen werden. Allen voran wirkt die Größe als wichtige Strukturdimension einschränkend auf den Handlungsraum und lässt dennoch genügend Optionen, um zu gestalten.

**Info** | Was sind die Handlungsebenen in kleinen Unternehmen?
Die Strukturen und Prozesse eines Unternehmens sind die Grundlage für das unternehmerische Handeln. Die verschiedenen Handlungsebenen sind in Unternehmen jeglicher Größe vorhanden, wenngleich diese vor allem bei kleinen Unternehmen weniger klar abgegrenzt und sichtbar sind.
Im kleinen Unternehmen lassen sich zwei zentrale Handlungsebenen unterscheiden:

**Strategisch-taktische Ebene zur Ausrichtung und Planung:** Die Ebenen der strategischen und der taktischen Planung sind in kleinen Unternehmen zumeist eng miteinander verschmolzen, denn beide wer-

den zentral durch die Unternehmerpersönlichkeit verantwortet. Entsprechende Entscheidungen werden durch sie getroffen.
Dabei stehen unter anderem folgende Fragen in Mittelpunkt:
Wofür stehen wir als Unternehmen? Was ist unser Angebot am Markt? Für welche Kunden arbeiten wir? In welcher Reihenfolge bearbeiten wir die Aufträge und Projekte?

**Operative Ebene zur Umsetzung:** Die operative Ebene bezieht sich auf die Arbeit in den Teams an Produkten oder in Projekten. Sie kümmern sich darum, dass Ergebnisse entstehen.
Dabei sind es unter anderem folgende Fragen, die es zu beantworten gilt:

- Was brauchen wir, um das Ziel in die Realität umzusetzen?
- Wie gehen wir in der Bearbeitung vor?

Die Besonderheit in kleinen Unternehmen liegt neben den flachen Strukturen zudem in der Zentralisierung auf die Unternehmensleitung. Sie wechselt regelmäßig zwischen strategisch-taktischen und operativen Aufgaben. Damit geht einher, dass viele Entscheidungen sowohl operativ als auch strategisch in der Hand der Unternehmensleitung liegen. Wenn Feedback oder Entscheidungen gebraucht werden, ist sie zumeist die erste Anlaufstation für die Mitarbeitenden.

Die Marktsituation von KMU ist eine besondere: zumeist fachlich spezialisiert versuchen sie ihren Spielraum zwischen Innovation und Wettbewerb sowie Regionalisierung und Globalisierung bestmöglich zu nutzen. Dabei konnten sie sich in der Vergangenheit durch qualitativ hochwertige Produkte und Lösungen für wenige langjährige Kunden eine gute Reputation erarbeiten. Auch eine rasche Anpassung auf Kundenwünsche, beispielsweise in der Varianz von Produkten oder Sonderlösungen, sind Stärken von KMU, die zukünftig mehr denn je gefordert sind (vgl. Wolf et al 2019: 4; Weigelt 2016: 2; Kaschny et al 2015: 216).

Um in Zukunft die eigene Wettbewerbsfähigkeit zu erhalten, müssen KMU auf die grundsätzlichen Merkmale dieser Unternehmensform sowie ihre individuellen Werte bauen, während sie gleichzeitig die Unternehmensstärken modern interpretieren und ausgestalten müssen. Damit definieren sie ihre eigenen Erfolgsrezepte anstatt die Spielregeln anderer, allen voran großer Unternehmen, zu kopieren.

**Reflexion zum Weiterdenken** | Welche Eigenschaften und Handlungsweisen meines Unternehmens empfinde ich als besonders positiv? Was sind unsere Stärken, mit denen wir am Markt profitieren?

## 4.2 Status quo: Wie agil sind KMU?

Kleine Unternehmen sind in ihren Strukturen von Natur aus anpassungsfähig und pflegen eine Kultur, die von einem sozialen Miteinander geprägt ist. Bedingt durch ihre geringe Größe und flachen Hierarchien können sich mittelständische Unternehmen per se schneller an neue Anforderungen anpassen als große Unternehmen. KMU sind darauf spezialisiert, kundenspezifische Lösungen anzubieten. Kundenorientierung wird als wichtiger Erfolgsfaktor bewertet. Somit folgen KMU in ihrem Alltag bereits teilweise agilen Prinzipien, ohne sich dessen bewusst zu sein. Sie haben quasi eine immanente, unbewusste Agilität (vgl. Schulke & Jütte 2019: 5; Roffmann & Bogdahn 2017: 7; Lindner 2017).

Die immanent gelebte Agilität in KMU lässt sich in die drei Ebenen der agilen Zwiebel einordnen.

| | |
|---|---|
| **Agile Methoden und Werkzeuge** | • In der operativen Arbeit in den Unternehmen ist größtenteils einzig Scrum als agile Methode bekannt.<br>• Scrum dient vielen Unternehmen als Einstiegspunkt in agile Arbeitsweisen.<br>• Grundlegende Elemente von Scrum sind bekannt und werden basierend auf diesem Grundlagenwissen eingesetzt, dahinterliegende Prinzipien werden jedoch weder verstanden noch gelebt.<br>• Andere Methoden und Prozesse sind wenig bekannt.<br>• Methoden werden selten in ihrer Reinform eingesetzt. |
| **Agile Werte und Prinzipien** | • Kultur ist durch ein gutes, soziales Miteinander geprägt.<br>• Mensch steht als Kunde und Mitarbeiter im Fokus.<br>• Mitarbeiter verspüren eine starke Zugehörigkeit zum Unternehmen und sind engagiert. |

| | |
|---|---|
| | • Werte sind im KMU spürbar, jedoch nicht explizit formuliert.<br>• Werte werden durch die Unternehmerpersönlichkeit verkörpert.<br>• Vision ist durch die persönlichen Vorstellungen der Unternehmensleitung geprägt und selten explizit formuliert.<br>• Transparenz wird wenig gelebt, denn Zusammenarbeit ist durch situative und informelle Kommunikation sowie wenig formalisierte Prozesse geprägt. |
| **Agiles Mindset** | • Es herrschen zumeist eher hierarchisch geprägte Grundannahmen.<br>• Prägende Grundannahmen sind eng mit der Unternehmerpersönlichkeit gekoppelt. |

Tab. 3: Gelebte Agilität in KMU

**Anknüpfen** | Die agile Zwiebel
Die agile Zwiebel veranschaulicht die verschiedenen Ebenen der Agilität. Dieses Bild wird in Kapitel 2 im Detail vorgestellt.

Die unbewusste Agilität, also die Flexibilität und Anpassungsfähigkeit von KMU, zeigt sich vor allem in deren Pragmatismus. KMU sind gut darin, schnelle, teilweise pragmatische Lösungen für aktuelle Probleme zu finden. Dabei wird umgesetzt, was gerade hilft. Da Entscheidungs- und Kommunikationswege kurz sind, gestaltet sich in kleineren Unternehmen auch eine Einführung von neuen Methoden einfacher. Jedoch fehlt es ihnen aufgrund von fehlenden Fachpersonen in übergreifenden Fachgebieten am methodischen Wissen und der Expertise für einen guten und nachhaltigen Methodeneinsatz. Dies hemmt die Unternehmen in der konsequenten Anwendung und Durchsetzung agiler Methoden und Prinzipien.

Ein weiteres Hindernis, das gleichzeitig auch erklärt, weshalb sich in KMU wenige Methoden finden, die in ihrer Reinform umgesetzt werden, ist die zumeist informelle Kommunikation und der geringe Formalisierungsgrad interner Prozesse. Dadurch wird der agile Wert der Transparenz weniger stark gelebt bzw. ist durch Einzelinitiativen und Impulse der Mitarbeitenden im Unternehmen geprägt. Zudem fehlt es KMU, bedingt durch ihre Größe und teilweise feste Einbindung in bestehende Wertschöpfungsketten, zusätzlich an entsprechenden Projekten und den Freiräumen, um die Methoden passend ausprobieren oder einsetzen zu können.

Neben der unbewussten Agilität hat auch die bewusste Auseinandersetzung mit dem Thema Agilität in KMU begonnen. Vor allem bekannte Methoden, wie Scrum werden ausprobiert und eng mit dem Thema Agilität in Verbindung gebracht. Auf diesem Weg ist es ebenfalls die zentrale Wirkungskraft der Unternehmerpersönlichkeit, welche die herrschenden Grundannahmen vorlebt. Ihre persönlichen Werte bilden den Kern eines KMU, die entsprechend über die Ausrichtung und das Maß an Kontrolle und Vertrauen entscheiden. Somit ist die Ausprägung der agilen Werte und Prinzipien je nach persönlicher Einstellung der Unternehmensführung unterschiedlich ausgebildet. Die Veränderungsbereitschaft im Unternehmen geht damit einher.

Agilität als Thema ist eng mit den Menschen im Unternehmen verbunden und wächst mit deren Verständnis und Offenheit für Neues sowie gegenseitiger Wertschätzung. Diese persönliche Einstellung zur Agilität muss zusammen mit einem verbreiteten Wissen um die verschiedenen Aspekte der Agilität in jedem Unternehmen, im Kleinen wie im Großen, geschaffen werden.

Somit steckt in einer weiteren Durchsetzung des Themas für KMU aller Größen ebenso viel Potential wie für große Unternehmen. Die Voraussetzungen und Herausforderungen für eine agile Transformation sind jedoch eigene und bedürfen einer eigenen Herangehensweise an die agile Organisationsentwicklung.

**Reflexion zum Weiterdenken** | Welche Aspekte, Prinzipien und Werte der Agilität setzt mein Team oder Unternehmen bereits um?

**Anknüpfen** | Das Modell der Agilen Blüte
Wie können wir als KMU den Weg hin zu einem agilen Unternehmen gestalten? Dieser Frage nimmt sich das Modell der Agilen Blüte an. Wer also direkt mit frischen Impulsen für Veränderung und Ideen zur Umsetzung starten möchte, ist eingeladen, direkt in Kapitel 6 das Modell der Agilen Blüte kennenzulernen.

**Aus der Praxis** | Ein agiles mittelständisches Unternehmen
*„Wir sind ein mittelständisches Unternehmen mit flachen Hierarchien und einem familiären Miteinander. Hier fühlen wir uns wohl."*
Stetiges Wachstum, langfristige Ausrichtung und der Aufbau zuverlässiger Verbindungen zu Partnern und Mitarbeitern, diese Erfolge sind neben abgeschlossenen Kundenprojekten wichtige sichtbare Ergebnisse für iT Engineering Software Innovations als mittelständisches Unternehmen. Möglich wurde dies durch die zentrale und stetige Steuerung durch den Gründer und Geschäftsführer Wolfram Schäfer. Er zeigt sich sowohl für die strategische Ausrichtung als auch für zahlreiche Entscheidungen im operativen Projektgeschäft verantwortlich – es ist diese zentrale Eigenschaft eines KMU, die sich in den Errungenschaften des Unternehmens widerspiegelt.
Auch andere für KMU typische Eigenschaften können im Unternehmen beobachtet werden: Die Strukturen sind flach, die Prozesse wenig formalisiert. Es wird ein gemeinschaftliches Miteinander gelebt, es herrscht eine familiäre, sozial geprägte Kultur, in welcher man sich um das Wohlbefinden eines jeden einzelnen kümmert. Die übergreifenden Themen werden durch einzelne Fachkräfte in den Bereichen HR, Marketing, Buchhaltung sowie Projektmanagement ausgeübt, während ein Großteil der Mitarbeitenden im wertschöpfenden Bereich der Softwareentwicklung arbeitet. Auch haben viele Mitarbeitende eine langjährige Unternehmenszugehörigkeit.
Da eine Vielzahl an Entscheidungen durch den Unternehmer gefällt wird, spiegeln diese auch dessen persönlichen Werte und Einstellung wider. Als Leitlinie und Grundlage des unternehmerischen Handelns dient die Vision des Unternehmens. Die Mitarbeitenden verbindet der innovative Geist, der durch den Unternehmer gelebt wird und sich in der Bearbeitung moderner Technologiefelder, wie beispielsweise Webtechnologien und KI, zeigt.
Die Arbeit im Bereich der Softwareentwicklung ist durch viele mittlere und kleine Projekte, hauptsächlich auch kundenindividuelle Projektkonstellationen geprägt. Die Mitarbeitenden teilen sich je nach Projekt in verschiedene Teams auf und entwickeln allein oder in kleinen Teams für die Kunden und deren Anforderungen passende Lösungen. Flexibilität und schnelle Reaktionszeiten sind dabei eine besondere Stärke in der Arbeitsweise des Unternehmens.

Bereits seit einigen Jahren ist auch das Thema Agilität im Rahmen des Einsatzes agiler Arbeitsmethoden im Unternehmen präsent. Mitarbeitende wurden im Einsatz von Scrum sowie anderen agilen Arbeitsmethoden geschult und einzelne Projekte in die Taktung von Sprints gebracht. Damit wurde die bewusste Auseinandersetzung mit dem Thema Agilität stetig ausgebaut – sowohl im internen Handeln als auch in der Arbeit nach außen in Netzwerken und Verbänden. Als vorangehender Mitarbeiter wirkt maßgeblich der Unternehmer selbst, der die Notwendigkeit einer Veränderung hin zu einer agilen Organisation erkannt hat und Entwicklungen im Unternehmen vorantreibt. Getreu dem Unternehmensmotto „Agil. Innovativ. Zuverlässig." möchte sich das Unternehmen dadurch passend für zukünftige Anforderungen aufstellen und weiterhin als kompetenter Partner wahrgenommen und wertgeschätzt werden.

**Reflexion zum Abschluss des Kapitels**
**Lernen:** Was habe ich in diesem Kapitel gelernt?
**Reflektieren:** Was bedeutet das für mich?
**Anwenden:** Was bedeutet das für mein Team, mein Unternehmen, meine Organisation?
**Verändern:** Welchen (kleinen) Schritt der Veränderung kann ich bewirken?

# 5 Das Vorgehen: Agile Organisationsentwicklung

**Reflexion zum Start** | Ein eher abstraktes Thema: Was assoziiere ich mit dem Begriff „Organisationsentwicklung"?

## Kernaussagen des Kapitels

- Agile Organisationsentwicklung setzt auf eine iterative Vorgehensweise, eine erlebare Veränderung und deren partizipativen Gestaltung.
- Agile Organisationsentwicklung sichert die Überlebensfähigkeit eines Unternehmens, indem sie den Fokus auf eine bewusste, strategische Gestaltung der Übergänge zwischen instabilen Zuständen setzt.
- Agile Organisationsentwicklung unterstützt einen internen Kulturwandel, welcher die Menschen in den Unternehmen befähigt, mit gegebenen Modellen und Werkzeugen eigene passende Lösungen zu entwickeln.
- Die agile Organisationsentwicklung in KMU hat eigene inhaltliche Handlungsfelder, die auf Formalisierung von Prozessen und Dezentralisierung der Strukturen bauen.
- Agile Organisationsentwicklung setzt auf Modelle, Methoden und Werkzeuge, die darauf ausgelegt sind, als Organisation den Fokus variieren zu können.

Organisationen, wie Vereine oder Unternehmen, sind nicht aus unserem Alltag wegzudenken und bestimmen tägliches Handeln, Reagieren und Agieren. Dabei unterliegen diese Organisationen einem ständigen Wandel. Denn die wechselseitige Beziehung zwischen einer Organisation und ihren Mitgliedern führt zu einem stetigen Entwicklungsprozess.

Das Thema Agilität hat in Organisationen, besonders im Kontext von Unternehmen Einzug gefunden. Damit nicht genug, es ist das Ziel der Unternehmen der steigenden äußeren Komplexität eine passende innere Flexibilität entgegenzustellen.

## 5.1 Was bedeutet Agilität im Bereich der Organisationsentwicklung?

Um diese innere Flexibilität aufzubauen und damit in komplexen und dynamischen Kontexten zu bestehen, müssen Zusammenarbeit, Verantwortlichkeiten und Entscheidungen situativ verteilt und ausgestaltet werden. Zudem zieht sich ein kurzzyklisches Vorgehen als Basis durch alle Formen der agilen Methoden und Modelle, sowohl innerhalb der Projektarbeit als auch der Organisation als Ganzes.

Ihren Ursprung hat die Organisationsentwicklung in den Sozialwissenschaften, weshalb die Partizipation der Mitglieder ein wichtiger Bestandteil dieses Veränderungskonzeptes ist. Die Prozesse zur Veränderung der Organisation sollen durch deren Mitglieder selbst gelenkt und getragen werden. Dadurch wird nicht nur das Problemlösungspotential erhöht, sondern der Veränderungsprozess auch maximal authentisch gestaltet, da er auf den Werten der Organisation basiert. Ein langfristig angelegter und transparenter Veränderungsprozess ist deshalb eines der grundlegenden Prinzipien sowie zentraler Erfolgsfaktor (vgl. Werther & Jacobs 2014: 45; Anderl & Reineck 2018: 14).

Mit den neuen Anforderungen an die Unternehmen, die sich im stetigen Wandel befinden, braucht es auch neue, agile Modelle für die Gestaltung der Veränderung von Organisationen, kurzum deren Organisationsentwicklung. Dabei sind dies keine Modelle und Werkzeuge, die einen souveränen Umgang mit Komplexität und Dynamik ermöglichen, sondern sie sind darauf ausgelegt, als Organisation den Fokus variieren zu können, um in komplexen Situationen spezifische und adäquate Antworten zu finden (vgl. Oestereich & Schröder 2019: 7).

So individuell wie die Unternehmen sind auch deren Wege der Veränderung. Für die agile Organisationsentwicklung gibt es deshalb keine fertigen Blaupausen. Es gilt, die gegebenen Werkzeuge und Prinzipien zu verstehen und eigene Lösungen zu finden. Dazu braucht es Menschen, die das Handwerk, somit die Agilität, verstehen und eine Offenheit aller Beteiligten, sich gemeinsam auf den Weg der Veränderung zu machen – dann ist auch die Organisation als Ganzes für ein nachhaltiges Wirken in einer komplexen Umwelt gerüstet. Der Weg dorthin ist eine agile Transition, ein kompletter Kulturwandel, umgesetzt durch agile Organisationsentwicklung.

**Reflexion zum Weiterdenken** | Welche Vorteile der agilen Organisationsentwicklung sehe ich?

**Info** | Was ist Transformation vs. Transition?
In der Auseinandersetzung mit dem Thema Veränderung, wird der Begriff „Transformation" häufig verwendet und ist nahezu omnipräsent. Doch wofür steht dieser Begriff?
Eine **Transformation** ist eine Reaktion auf äußere Umstände. Wenn Kräfte auf ein Objekt wirken, kann dies eine Transformation in Gang setzen und sich beispielsweise deren Struktur oder Form ändern. Eine Transformation ist eine imposante Aufgabe und es scheint, als ob das transformierte Objekt eine eher passive Rolle einnimmt.
Ergänzend dazu steht die **Transition,** eine Veränderung, die mehr als Übergang verstanden und gelebt wird. Dabei wird die Gestaltung neuer Strukturen in aufeinander aufbauenden Etappen und aus eigenem Antrieb vorangetrieben (vgl. Andresen 2019: 10).
Die agile Organisationsentwicklung hat beide Themen im Blick. Die Veränderung aus dem Inneren heraus macht ein effizientes und effektives Reagieren auf äußere Umstände möglich. Eine transformationsfreudige Struktur ist somit das Ziel, welches durch Transition erreicht werden soll.

## 5.2 Was bedeutet agile Organisationsentwicklung für KMU?

Die Auseinandersetzung mit dem Thema Agilität findet zunehmend in Unternehmen jeder Größe statt. Dabei ist die Beschäftigung mit dem Thema in KMU hauptsächlich durch externe Treiber veranlasst. Agilität wird eher reaktiv als proaktiv betrieben und weniger durch interne Initiativen gefördert. Deshalb ist das Wissen über Agilität unterschiedlich stark ausgeprägt und zahlreiche Unternehmen haben die Notwendigkeit zur Veränderung noch nicht erkannt. Gerade in kleinen Unternehmen zeigt sich hier eine Verständnis- und Wissenslücke (vgl. Schulke & Lütte 2019: IV; Lindner 2017: 19; Futurum 2019).

Häufig wird Agilität auf agile Projektmanagementmethoden reduziert und ist daher nur geringfügig im Sinne der organisatorischen Agilität bekannt. Dies wird dadurch gefördert, dass das Prozessframework Scrum häufig für ein Kennenlernen und einen ersten Einstieg in agiles Arbeiten verwendet wird. Durch die geringe Ressourcenverfügbarkeit bleibt darüber hinaus wenig Zeit, um die Prinzipien und Werte hinter den vorgegebenen Abläufen zu entdecken und Agilität ganzheitlich zu verstehen.

Dabei wird bereits deutlich, dass KMU trotz ihrer unbewussten Agilität zahlreichen Herausforderungen gegenüberstehen, um durch die Organisationsentwicklung den Schritt in eine bewusst gelebte Agilität zu gehen. Gerade in der tatsächlichen Umsetzung auf operativer Ebene werden grundlegende Faktoren der Agilität übergangen. Zentral ist dabei einerseits fehlendes Bewusstsein und Fachwissen über Agilität als Thema, andererseits stellen fehlende überfachlichen Bereiche bzw. geringe Managementressourcen ein Hindernis dar. Dadurch fehlt das Fachwissen in den Unternehmen, welches wiederum notwendig ist, um basierend auf einem gesamtheitlichen Blick, die richtigen Schritte zur Veränderung machen zu können. Modelle und Methoden für die agile Organisationsentwicklung sind deshalb nur dann anwendbar, wenn sie leicht verständlich sind und keine große Einarbeitungszeit bedürfen. Denn Personen, die in Zentralfunktionen in KMU arbeiten – allen voran die Unternehmerpersönlichkeit – sind zumeist Allrounder und besitzen keine oder nur eine geringe fachliche Expertise im Thema Agilität. Entsprechend sollten ein Einsatz und erste Schritte im Thema mit nur wenigen Ressourcen möglich sein.

Aus den besonderen Eigenschaften von KMU ergeben sich sich deshalb eigene Rahmenbedingungen. Drei Säulen bilden dabei die Grundlage für das inhaltliche Handlungsfeld der agilen Organisationsentwicklung:

1. **Formalisierung von Prozessen und Dezentralisierung der Strukturen:** Es gilt, im Unternehmen die passenden inneren Strukturen aufbauen, um Räume zu schaffen, die ein gemeinschaftliches Arbeiten ermöglichen. Dabei sollte eine Zentralisierung um die Unternehmerpersönlichkeit aufgelöst und Prozesse formalisiert werden, um trotzdem ein einheitliches Agieren als Unternehmen und im Unternehmen zu praktizieren.
2. **Begleitung der Unternehmerpersönlichkeit:** Die Unternehmerpersönlichkeit ist zentraler Dreh- und Angelpunkt der agilen Organisationsentwicklung. Sie muss einerseits die Veränderung wollen und

unterstützen, andererseits muss sie im Prozess durch Reflexion und Kommunikation begleitet werden. Es ist eine wichtige Grundlage, dass ihre persönlichen Werte und Ziele, die sie gleichzeitig auch auf das Unternehmen überträgt, kommunizierbar und damit für alle verfügbar werden. Durch die sich verändernden Strukturen verändern sich zudem die Rolle und Aufgaben der Unternehmerpersönlichkeit enorm, wodurch eine andere Art der Führung notwendig wird.

3. **Befähigung der Mitarbeitenden:** In den Unternehmen müssen die Mitarbeitenden befähigt werden, Verantwortung zu übernehmen und mitzugestalten. Schließlich sind sie es, die neue Aufgaben und Rollen übernehmen sowie sich mit ihren individuellen Stärken aktiv am stetigen Weiterentwicklungsprozess des Unternehmens einbringen sollen.

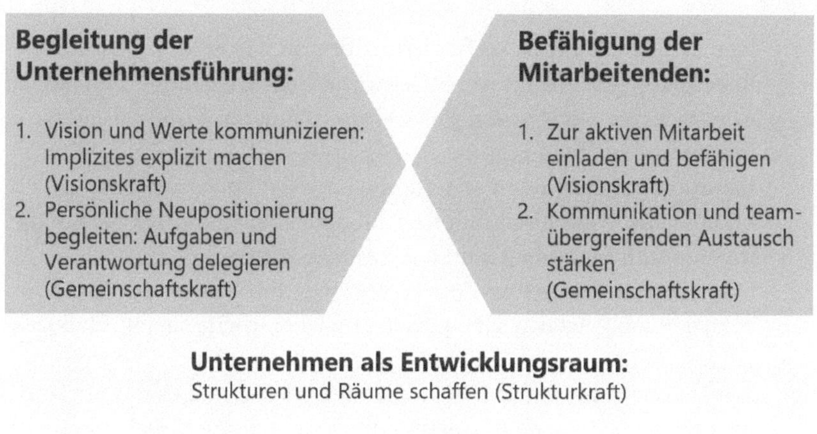

Abb. 5: Wirkungsfelder in der agilen Transition in KMU

Das Ziel der agilen Organisationsentwicklung für KMU ist es, Agilität greifbar und erlebbar zu machen. Denn in jedem Unternehmen liegt ungenutztes Potential in Bezug auf die agile Gestaltung ihrer Organisation. Dieses Potential gilt es zu nutzen.

Das Modell der Agilen Blüte ist darauf ausgerichtet, dieses Potential zu entfalten. Sie macht die vorgestellte vielschichtige Thematik für KMU, im Besonderen für kleine Unternehmen, einfach zu verstehen und im Tagesgeschäft anwendbar. Dies wird durch die beiden zentralen Komponenten des Modells unterstützt: Die Visualisierung des Modells, die im nachfolgenden Teil des Buches vorgestellt wird, zeigt die wichtigen Aspekte der agilen Organisationsentwicklung kleiner Unternehmen auf. Durch ein dazu passendes Canvas-Set wird die Brücke in die praktische Anwendung geschlagen.

**Reflexion zum Weiterdenken** | Wo stehe ich mit meinem Team oder in meinem Unternehmen auf dem Weg der agilen Transformation? Was benötigen wir, um einen nächsten Schritt auf diesem Weg zu gehen?

**Info** | So nicht – fünf Denkfehler bei der agilen Organisationsentwicklung

1. **Bei anderen hat das so funktioniert.** So wie es keine grundsätzliche Blaupause für die agile Organisationsentwicklung gibt, so ist es auch keine Option, den Prozess eines anderen Unternehmens zu imitieren oder Maßnahmen zu kopieren. Es ist zwar hilfreich und inspirierend, Beispiele von anderen zu lesen oder zu hören, jedoch braucht es jeweils eine Adaption auf den eigenen Kontext. Denn die involvierten Menschen sind doch immer andere.
2. **Wir sind in kürzester Zeit fertig.** Jede Entwicklung ist ein Prozess, der von Austausch, Feedback und Überarbeitung lebt. Dadurch entstehen Ergebnisse, die nicht nur für einzelne Personen passen, sondern verschiedene Sichtweisen integrieren und damit auch robust für verschiedene Einsatzmöglichkeiten werden. Dabei braucht es Zeit, um die Mitarbeitenden auf den Weg der Veränderung mitzunehmen und die neuen Handlungsweisen im Unternehmen zu etablieren.
3. **Das wird schon werden.** Agil zu arbeiten bedeutet nicht, führungslos zu arbeiten. Agile Führung gibt Rahmen statt Regeln vor, wodurch Räume für kreatives Arbeiten und Austausch entstehen. Gleichzeitig erfordert es Disziplin, um diese neue Art des Handelns stetig einzufordern und vorzuleben. Nur dadurch etablieren sich die neuen Muster und werden zur Gewohnheit. Zusätzlich verursacht Veränderung bei den Mitarbeitenden auch Verunsicherung. Um dieser zu begegnen, braucht es Führung.

4. **Wir machen es gleich perfekt.** In komplexen Kontexten ist es nahezu unmöglich, alle Abhängigkeiten zwischen verschiedenen Elementen zu analysieren, um entsprechende Auswirkungen vorherzusehen. Zudem braucht ein entsprechendes Vorgehen viel Zeit und Ressourcen. Deshalb setzen agile Methoden auf kleine Experimente in abgrenzbaren Systemen. Dadurch kann schnell gelernt werden, um sowohl in der inhaltlichen Ausrichtung als auch im Vorgehen zu justieren.
5. **Mehr ist besser.** Dies ist ein gänzlich falscher Grundsatz für Agilität. Es geht dabei schließlich nicht darum, möglichst viel zu tun oder möglichst viel auf einmal zu verändern. Vielmehr geht es darum, das Richtige und Wichtigste zu tun sowie vor allem auch möglichst viele Dinge zu unterlassen. Das Richtige ist dabei die eine Sache, die für die Beteiligten den größten Wert stiftet.

**Aus der Praxis** | Der Start auf einen gemeinsamen Weg
*„Am Anfang wussten wir nicht, was wir alles tun müssen, um Agilität in gelebte Praxis umzusetzen, und noch immer ist es ein stetiger und weiter Weg.“*
Weiterentwicklung ist das zentrale Thema, das sich als roten Faden durch Themen und Maßnahmen der Organisationsentwicklung bei iTE SI zieht. Schließlich soll damit einerseits die Weiterentwicklung des Unternehmens an sich vorangebracht werden, andererseits wird dabei auch die persönliche Weiterentwicklung der Mitarbeitenden unterstützt, um gemeinsam die Zukunftsfähigkeit des Unternehmens zu sichern.
Dabei wurde Veränderung im Unternehmen durch kleine Experimente in Form von neuen Methoden sowie geänderten Prozessen und Strukturen, die von einem Team an vorangehenden Mitarbeitenden initiiert wurden, herbeigeführt. Die durchgeführten und initiierten Maßnahmen selbst zeichnen sich einerseits durch Verbesserungen an bestehenden Prozessen und Arbeitsweisen aus, andererseits wurden gänzlich neue Räume für die Zusammenarbeit geschaffen, die die projektübergreifende Kommunikation und Kollaboration fördern, wie z. B. die Arbeit in projektübergreifenden Teams, sogenannten Communities of Practice. Damit wurden Räume geschaffen,

in welchen die Mitarbeitenden eingeladen sind, sich persönlich weiterzuentwickeln sowie sich aktiv in das unternehmerische Handeln einzubringen. Durch diese Maßnahmen wird der teamübergreifende Austausch gestärkt sowie das viele und fachlich tiefe Wissen, das die einzelnen Mitarbeitenden im Unternehmen haben, transparent und für andere verfügbar gemacht.
Zur Optimierung bestehender Arbeitsweisen wurden einzelne Teams und Bereiche in der Umsetzung agiler Arbeitsmethoden begleitet. Dabei liegt auf der operativen Ebene in den Teams der Schwerpunkt auf der korrekten Anwendung des Rahmenwerks Scrum, da dieses im Unternehmen bereits seit mehreren Jahren eingesetzt wird. Dazu zählten unter anderem die Überarbeitung und Einführung der Definition of Done, die Moderation von Retrospektiven und Coaching in der Arbeit mit dem Backlog. Auch projektübergreifend wurde durch die Ausweitung der Anwendung bestehender Softwarewerkzeuge mehr Transparenz in Prozesse und Meilensteine gebracht. Diese Verbesserungen wirken nicht nur auf die interne Zusammenarbeit, sondern haben auch Auswirkung auf die Schnittstellen nach außen, in der Arbeit mit Kunden und Partnern beispielsweise auf den Prozess der Angebotsstellung oder die Anforderungsdefinition.
Die neuen Interaktionsformate werden von den Mitarbeitenden zunehmend mit Leben gefüllt. Die Mitwirkung aller Mitarbeitenden am Prozess der agilen Organisationsentwicklung wird zudem durch Workshops und Mitarbeiterbefragungen gefördert. Die agile Organisationsentwicklung von iTE SI zeigt damit erste Ergebnisse, ist jedoch gleichzeitig erst am Anfang. Dieser Prozess wird mit den nächsten Schritten gegangen und so gestaltet, dass das Unternehmen nach weiteren Wachstumszyklen in voller agiler Blüte steht.

**Anknüpfen** | Der Weg von iT Engineering Software Innovations
In diesem ersten Teil des Buches wurde iT Engineering Software Innovations mit ihrer Arbeitsweise und Vision vorgestellt. Das Unternehmen hat sich auf den Weg gemacht, um eine agile Organisation zu werden.
Welche Maßnahmen dabei als Schritte hin zu mehr gelebter Agilität dienen, wird im zweiten Teil dieses Praxisbuches vorgestellt. Die Anwendungsbeispiele von konkreten Methoden und Vorgehensweisen

sind Inspiration und Impuls für agiles Handeln sowie eine neue Art des Miteinanders.

**Reflexion zum Abschluss des Kapitels**
**Lernen:** Was habe ich in diesem Kapitel gelernt?
**Reflektieren:** Was bedeutet das für mich?
**Anwenden:** Was bedeutet das für mein Team, mein Unternehmen, meine Organisation?
**Verändern:** Welchen (kleinen) Schritt der Veränderung kann ich bewirken?

## Zwischenziel #1 erreicht: Der Boden ist bereitet

In diesem Teil wurden die Hintergründe und Zusammenhänge der Agilität in aller Kürze vorgestellt. Dabei zieht sich das Thema Veränderung als roter Faden durch die vorangegangenen Kapitel. Es sind zunehmend komplexere Rahmenbedingungen, in welchen sich die Menschen und die Unternehmen befinden. Organisationen sind komplexe Systeme, die zu verändern kein leichtes Unterfangen ist. Nicht nur deren Struktur, abgebildet in Hierarchien, Führung und Macht ist eher auf Erhaltung statt auf Veränderung ausgerichtet, sondern auch den Menschen in den Organisationen selbst kann keine Veränderung verordnet werden.

Daraus haben sich ebenfalls neue Anforderungen an die Organisationsentwicklung ergeben. Diese muss in kleineren Schritten und aus der Organisation heraus geschehen, um nachhaltig ein verändertes Bewusstsein in der Organisation zu etablieren. Deshalb müssen im Sinne der Agilität die Prozesse und Methoden angepasst werden, um gemeinschaftliche Ergebnisse zu erzielen.

Diese eher theoretischen Hintergrundinformationen zum Thema Agilität und zur Organisationsentwicklung dienen als Grundlage für die weitere Auseinandersetzung mit diesem vielschichtigen Thema sowie den Übertrag in die Praxis. Ein wachsendes Verständnis kommt vor allem durch die Anwendung sowie die persönlichen Erfahrungen, die im Tun entstehen. Deshalb widmen sich die folgenden Kapitel dem agilen Handeln und der praktischen Wirkung, die durch gelebte Agilität entsteht.

Eines ist aber auf jeden Fall klar: Dieser Weg hin zu einer agilen Organisation lässt sich nicht ohne kleinere oder größere Fehltritte gehen. Aus diesen wird mit am meisten gelernt. Nehmen Sie Unklarheiten in der Kommunikation, falsche Entscheidungen und Umwege ebenso an wie Erfolge, die Sie auf dem Weg erreichen. Bauen Sie auf das Wissen über die Hintergründe und Zusammenhänge der Agilität, um sich nicht davon abhalten zu lassen, weiterzugehen. Die Überzeugung für den Mehrwert der Agilität sowie die Offenheit für Neues sind die Hoffnung und damit der Nährboden, um ein agiles Mindset zu etablieren und die Kultur einer agilen Organisation zu leben.

Durch die Arbeit mit agilen Werkzeugen und Frameworks, die das Arbeiten mit kurzzyklischen Prozessen und flachen Strukturen einfordern, wird der Entwicklungsprozess von Organisationen unterstützt. Deshalb widmen sich die weiteren Teile dieses Buches der agilen Praxis und bieten konkrete Ideen und Tipps für die Entwicklung einer agilen Organisation. Denn es gibt zwar keine Schablone für die agile Organisationsentwicklung, trotzdem kann von den Beispielen anderer Unternehmen gelernt werden. Der nächste Teil ist damit ein praktischer Begleiter für die Arbeit im Unternehmen, welcher Mut macht, sich selbst aufzumachen und die Motivation stärkt, weiterzulesen und weiterzudenken.

**Zusammenfassung** | Zehn Gründe, warum es sich lohnt weiterzulesen und weiterzudenken

1. **Großes beginnt im Kleinen.** Jedes Projekt, jedes Produkt und auch jede Veränderung beginnt mit einem ersten Schritt. Auch wenn das Thema Agilität vielschichtig und in sich selbst komplex erscheint, der erste Schritt ist gemacht. Sogar das erste Zwischenziel ist nach dem Lesen dieses ersten Teils des Buches bereits erreicht.
2. **Experimente machen Spaß.** Neue Sachen sind aufregend und erregen Aufmerksamkeit. Gleichzeitig macht es Spaß, neue Erfahrungen zu machen und abseits der bekannten Wege unterwegs zu sein. Kleine Experimente sind auch im Rahmen der Organisationsentwicklung wichtig, denn sie helfen dabei, herauszufinden, ob neue Handlungsweisen zum Unternehmen passen. Sie machen damit die Veränderung erlebbar.
3. **Bewegung bringt Fortschritt.** Nur was in Bewegung ist, kann sich auf natürliche Weise verändern. Kurven und Richtungswechsel entstehen dabei naturgemäß, indem eine gemeinsame Zielrichtung verfolgt wird. Agile Organisationsentwicklung bringt Bewegung in die Unternehmen und richtet auf gemeinsame Ziele aus.
4. **Ziele schärfen den Fokus.** Anspornende und trotzdem erreichbare sowie sinnbehaftete Ziele helfen, Anstrengungen auf eine Sache zu bündeln. Dabei helfen kleinere Zwischenziele, um die Motivation aufrecht zu erhalten und spürbaren Fortschritt zu zeigen. Auch der Weg der agilen Organisationsentwicklung hält spannende Aufgaben und Ziele bereit.
5. **Perspektivwechsel bereichern das Ergebnis.** Zwar sind gerade bei komplexen Fragestellungen erste Schritte und Anknüpfungs-

punkte schnell gefunden, wie und ob diese dem Gesamtergebnis dienen, kann nur durch schnelles Erlebbar machen sowie die Betrachtung aus verschiedenen Blickrichtungen herausgefunden werden. Durch das gemeinschaftliche Handeln in agilen Teams kann die Kraft der Kollaboration genutzt werden.

6. **Lebenslanges Lernen ist unabdingbar.** Stetige Weiterentwicklung hält sowohl die Mitarbeitenden als auch die Organisationen jung. Gleichzeitig wird durch die Bearbeitung neuer Wissensfelder die Grundlage gelegt, um neue Erfahrungen zu sammeln. Diese können auf den Einsatz neuer Technologien angewendet werden. Unternehmen werden damit dem Zeitgeist der schnellen Entwicklungen gerecht.
7. **Menschen schaffen Verbindungen.** Während Maschinen in der Verbesserung der Effizienz von Prozessen ihre Stärke ausspielen können, sind es die Menschen, die in besonderer Weise Verbindungen schaffen können. In der agilen Organisationsentwicklung steht der individuelle Mensch, seine Stärken und sein Handeln im Fokus, während es gleichzeitig wichtig ist, in den Dialog zu treten.
8. **Netzwerke ermöglichen Innovationen.** Die gemeinsame Arbeit der Menschen ist in vielerlei Hinsicht wertvoll. Impulse durch Fragen, Gespräche und Beobachtungen im Handeln anderer ermöglicht immer wieder neu, dass Ideen und Gedanken neu verknüpft werden. Damit können bestehenden Ergebnisse weiterentwickelt werden und Neues entsteht. Dies gilt auch für die Gestaltung einer agilen Organisation.
9. **Werkzeuge unterstützen die Arbeit.** Ein großer Werkzeugkasten ermöglicht, dass man für gestellte Aufgaben das passende Hilfsmittel zur Hand hat. Damit kann die eigene Kraftanstrengung minimiert werden und das eigene Handeln wird effektiv. Mit der Agilen Blüte stellt der nächste Teil des Buches ein Werkzeug für die agile Organisationsentwicklung vor.
10. **Es lohnt sich.** In Unternehmen machen die Menschen den Unterschied. Partizipation zahlt sich mit Blick auf Freude an der Arbeit, Verbundenheit zum Unternehmen und Kundenorientierung aus. Deshalb lohnt sich der Mut zur Agilität für alle, sowohl für jeden einzelnen Mitarbeitenden als auch die Unternehmen.

# Teil II: Das Handwerkszeug - Die Agile Blüte betrachten

„Ich verstehe nicht, wie eine Blüte an
Schönheit verlieren soll,
wenn wir sie untersuchen.
Es kommt immer nur Schönheit hinzu.“
Richard Feynman

# 6 Das Modell: Die Agile Blüte

**Reflexion zum Start** | Veränderung ist omnipräsent und trotzdem sehr persönlich: Welche Erfahrungen mit dem Thema Veränderung habe ich persönlich, in meinem Team oder in meiner Organisation bereits gemacht?

### Kernaussagen des Kapitels

- Die Agile Blüte basiert auf drei Wirkungskräften: Strukturkraft, Visionskraft und Gemeinschaftskraft. Die Wirkungskräfte gliedern sich in jeweils zwei Dimensionen auf, in denen die jeweilige Kraft sich am stärksten zeigt und aktiv zu gestalten ist.
- Durch regelmäßige und stetige neue Impulse in den verschiedenen Dimensionen kann die Organisation hin zu einer rundum ausbalancierten agilen Organisation wachsen.
- Der Veränderungsprozess betrifft alle Mitarbeitenden im Unternehmen. Sie unterscheiden sich in ihrem Engagement, ihrem Wissen und ihrer Einstellung gegenüber der agilen Transition und sind entsprechend unterschiedlich miteinzubeziehen.

Das Thema Veränderung zieht sich als roter Faden durch die vorangegangenen Kapitel und Themen. Während sie in der Evolution etwas ganz Natürliches ist, strebt auch der Mensch grundsätzlich danach und versucht, diese bewusst zu lenken und zu leiten. Dabei sind es zunehmend komplexere Rahmenbedingungen, in welchen sich die Menschen und die Unternehmen befinden. Deshalb müssen im Sinne der Agilität die Prozesse und Methoden angepasst werden, um Veränderung zu einem für alle Beteiligten positiven Ergebnis zu führen.

Für eine agile Transition braucht es vor allem eines, nämlich Veränderungskraft im Unternehmen. Die Agile Blüte veranschaulicht diesen Weg in die Agilität für KMU und bietet einen Ansatz, um den dort herrschenden Rahmenbedingungen zu begegnen. Sie zeigt die Themen und Wirkungskräfte auf, die für die agile Organisationsentwicklung für Unternehmen von Bedeutung sind.

## 6.1 Die Wirkungskräfte der Agilen Blüte

Die Agile Blüte basiert auf drei tragenden Wirkungskräften: der Strukturkraft, der Visionskraft und der Gemeinschaftskraft. Dadurch stellt das Modell das Bewusstsein in den Mittelpunkt, dass es für die agile Organisationsentwicklung wichtig ist, regelmäßige und stetige neue Impulse zu setzen. Damit werden die drei Säulen bzw. Kräfte im Unternehmen mobilisiert und die agile Transformation in Bewegung gehalten.

Diese drei Kräfte, die Strukturkraft, Innovationskraft und Gemeinschaftskraft, haben dabei nicht nur unterschiedliche Dimensionen, in denen sie sich zeigen, sondern sie entfalten auch eine individuelle Wirkungskraft, die in unterschiedliche Richtungen wirkt, wie Abbildung 6 zeigt.

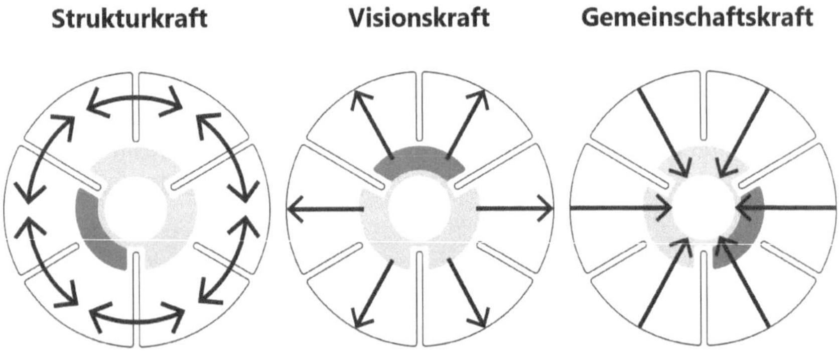


Abb. 6: Die drei Kräfte mit ihren Wirkungsrichtungen innerhalb der agilen Blüte

Dabei ist es die Strukturkraft, die wie ein Grundgerüst der Blüte und ebenso der Organisation Stabilität verleiht. Die Innovationskraft wirkt von innen nach außen, während die Gemeinschaftskraft von außen nach innen wirkt. Diese beiden Kräfte sorgen entsprechend für ein Wechselspiel zwischen Neuausrichtung und Verankerung. Sie fördern die Ambivalenz zwischen Stabilität und Instabilität, die eine agile Organisation benötigt.

Es wird deutlich, dass alle drei Kräfte wichtig sind, um eine agile Organisation zu formen: Stehen die Strukturkraft, Innovationskraft und Gemeinschaftskraft in einem ausgeglichenen Verhältnis zueinander, entsteht ein starkes Kraftfeld, das es attraktiv macht, in und mit dem Unternehmen zu arbeiten. Um Veränderung den Raum zu öffnen sind es entsprechend diese verschiedenen Wirkungskräfte, die es zu aktivieren und zueinander in Balance zu halten gilt.

Die Kultur ist nicht als eigene Dimension herausgestellt. Dieser wichtige Aspekt einer Organisation steht zusammen mit dem agilen Mindset bewusst zentral in der Mitte der Agilen Blüte. Die Kultur mit ihren verschiedenen Ebenen, insbesondere in ihrer Basis der Grundannahmen, ist ein zentraler Differenzierungsfaktor für Organisationen, der nicht direkt beeinflusst werden kann. Durch die aktive Arbeit an den äußeren Dimensionen kann sich jedoch eine agile Kultur in der Organisation Stück für Stück ausprägen.

**Info** | Welche Wirkungskräfte braucht die Organisationsentwicklung? Um das Thema Organisationsentwicklung ganzheitlich zu betrachten und zu bearbeiten, stehen drei Kräfte im Modell der Agilen Blüte im Wechselspiel zueinander:

- Die Strukturkraft schafft den Raum und hat die effektive Abarbeitung der Aufgaben im Fokus.
- Die Visionskraft orientiert sich am Marktumfeld und hält die Verbindung nach außen.
- Die Gemeinschaftskraft stellt die Menschen und deren Zusammenarbeit in den Mittelpunkt.

Werden diese Kräfte immer wieder mobilisiert und stimuliert, dann kann die Organisation als Ganzes wachsen und blühen.

**Reflexion zum Weiterdenken** | Wo gibt es Wirkungskräfte im Team oder im Unternehmen, die zur Weiterentwicklung und Veränderung beitragen?

## 6.2 Die Dimensionen der Agilen Blüte

Weiterführend gliedert sich jede dieser drei Säulen des Modells wiederum in zwei Dimensionen auf. Diese Dimensionen machen die Wirkungskräfte greifbar und aktiv gestaltbar. Entsprechend wird durch die Arbeit an den äußeren sechs Dimensionen eine Weiterentwicklung sowie die Etablierung einer agilen Kultur und Mindsets, die den Kern einer Organisation und eines Unternehmens bilden, möglich.

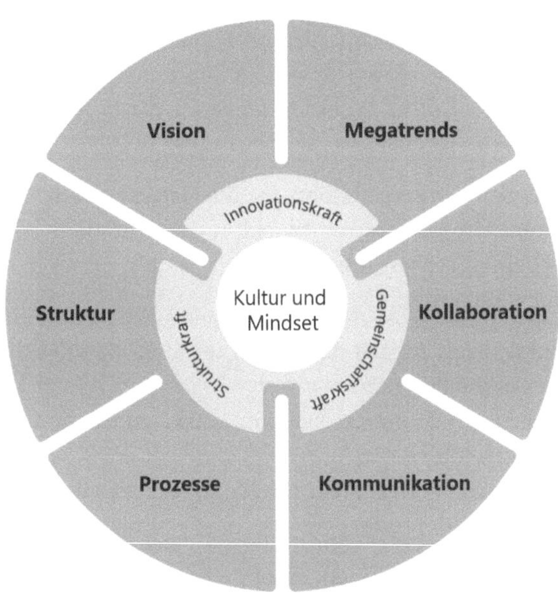


Abb. 7: Die Agile Blüte als Modell für die agile Organisationsentwicklung für KMU

### Innovationskraft

**Vision:** Das Vorhandensein einer Vision findet sich auf allen Ebenen der Agilität sowohl in agilen Methoden als auch agilen Organisationsmodellen wieder. Sie dient als Leitlinie, damit jedes einzelne Mitglied eines Teams oder einer Organisation die richtigen Entscheidungen treffen kann. Es ist somit unabdinglich zu wissen, welches Gesamtziel verfolgt wird.

**Megatrends:** Wie in Kapitel 4 herausgestellt, agieren KMU, insbesondere kleine Unternehmen, oftmals eher reaktiv in Bezug auf Marktveränderungen. Deshalb wurde diese Dimension hervorgehoben und sichtbar gemacht, um die Sensitivität für Marktveränderungen in den Unternehmen zu wecken.

### Strukturkraft

**Struktur:** Die Struktur ist in allen Modellen und für alle Größen von Unternehmen ein grundlegendes Element, um die Art und Weise der Zusammenarbeit zu regeln. Durch eine Änderung der Struktur wird entsprechend großes Veränderungspotential ermöglicht. Kleine Unternehmen haben zwar durch ihre geringe Größe nur begrenzten Gestaltungsspielraum, trotzdem kann dieser so ausgestaltet werden, dass Selbstorganisation und Kollaboration möglich werden.

**Prozesse:** Neben den Strukturen geben die Prozesse weitere grundlegende Rahmenbedingungen vor, die die Interaktion innerhalb des Unternehmens sowie mit dessen Umwelt regeln. Um Dezentralisierung zu ermöglichen und an Effizienz zu gewinnen, braucht es in den kleinen Unternehmen vor allem eine Formalisierung von Handlungsrahmen.

### Gemeinschaftskraft

**Kommunikation:** Eine häufige sowie transparente Kommunikation ist ein wichtiger Aspekt in der Agilität und bildet zusammen mit den anderen agilen Werten die Grundlage für eine vertrauensvolle Zusammenarbeit und die passende Lösungsfindung. In kleinen Unternehmen gilt es hierbei besonders den internen Dialog zu stärken, um die Mitarbeitenden im Sinne der Selbstorganisation zu Mitgestaltern zu machen.

**Kooperation:** Ein Fokus auf die Anforderungen und das Miteinbeziehen der Kunden ist in der agilen Arbeitsweise fest verankert. Für kleine Unternehmen ist die Kooperation mit Kunden und Partnern besonders relevant, da sie stark in Wertschöpfungsketten eingebunden sind sowie ihr Netzwerk und ihre Kompetenzen dadurch erweitern.

Diese Dimensionen der Agilen Blüte stehen grundsätzlich unabhängig voneinander und können mit separatem Fokus bearbeitet werden. Gleichzeitig stehen sie in enger Abhängigkeit zueinander und die Entwicklung einer Dimension zeigt stets Wechselwirkungen auf andere Dimensionen.

**Info** | Welche Themen greift die Agile Blüte auf?
Im Rahmen der agilen Organisationsentwicklung werden ein Unternehmen und seine Mitarbeitenden mit ihrem Tun bewusst in den Blickpunkt gerückt und beobachtet. Dabei wird eine Vielzahl an Handlungen und zu Grunde liegende Themen sichtbar.
Diese Themenvielfalt kann von Unternehmen und Organisationen nicht gleichzeitig bearbeitet werden. Selbst innerhalb einzelner Dimensionen ist es deshalb notwendig, spezifische Themen herauszulösen und im Kontext des Unternehmens genauer zu analysieren.
Eine Übersicht der Themen, eingeordnet in die verschiedenen Dimensionen der Agilen Blüte zeigt Abbildung 8.

Abb. 8: Eine Themenübersicht der agilen OE mit der Agilen Blüte

Bei dieser Themenfülle darf eines nicht vergessen werden: Wachstum und Weiterentwicklung brauchen Zeit – sowohl von einer Blüte als auch von einer Organisation. Zudem kann eine runde gleichmäßige Blüte nur dann entstehen, wenn alle Blütenblätter bzw. Dimensionen nahezu im gleichen Tempo wachsen und sich entwickeln. In einer Organisation wird ein Fortschritt zwar nicht immer im selben Tempo in allen Dimensionen möglich sein, trotzdem sollten diese stets gesamtheitlich betrachtet werden. Da die Entwicklung einer Dimension zudem nie losgelöst geschehen kann, gilt es bei der Anwendung des Modells iterativ immer wieder den Blick auf die Fortschritte und den Status quo der einzelnen Dimensionen zu werfen sowie gleichzeitig die nächsten Schritte für die Organisation als Ganzes abzuleiten.

**Für die Praxis** | Die Agile Blüte anwenden
Um das Modell der Agilen Blüte auch in der Praxis in den Unternehmen in den Einsatz bringen zu können, steht ein begleitendes Set an Plakaten, ein Canvas-Set, zur Verfügung. Die einzelnen Canvases greifen jeweils einen inhaltlichen Aspekt heraus und dienen damit zur Bearbeitung einzelner Dimensionen oder anderer übergreifender Themen, die im Rahmen der agilen Organisationsentwicklung von Relevanz sind.
Damit geben die Canvases Impulse zur Reflexion und Weiterentwicklung einzelner Blütenblätter und integrieren sich gleichzeitig in ihrer Wirkung in das Gesamtmodell zur Weiterentwicklung des Veränderungsprozesses des Unternehmens.
In den folgenden Kapiteln wird an verschiedenen Stellen auf einen zum Thema passenden Canvas verwiesen. Wie mit einem Canvas gearbeitet werden kann, wird im dritten Teil dieses Buches beschrieben. Dort gibt es Hinweise zur Planung von Workshops, dem Einsatz eines Canvas sowie Tipps für die Moderation.

**Reflexion zum Weiterdenken** | Welche Wirkungskraft und welche Dimension sind für mein Team oder mein Unternehmen besonders wichtig? In welchem Bereich ist Veränderung besonders notwendig?

## 6.3 Die handelnden Personen

Die agile Organisationsentwicklung betrifft ausnahmslos alle Mitarbeitende im Unternehmen. Werden die Art und Weise des Arbeitens geändert, muss schließlich jeder Einzelne sein persönliches Tun anpassen. Deshalb ist es wichtig in diesen Veränderungsprozess die Menschen in den Unternehmen zu integrieren und den Weg gemeinsam zu gestalten. Nur dadurch kann sichergestellt werden, dass der bestmöglich passende Weg für die Organisation gegangen wird und unnötige Konflikte vermieden werden.

Trotzdem können die Mitarbeitenden innerhalb der KMU basierend auf ihrer Beteiligung bzw. Mitwirkung am Veränderungsprozess in zwei Hauptgruppen unterschieden werden:

- **Vorangehende bzw. treibende Mitarbeitende:** Als zentrale Führungspersönlichkeit zählt zu dieser Gruppe die Unternehmensleitung, die letztendlich die entscheidende Gewalt über organisatorische Maßnahmen hat. Zusätzlich gibt es auch in kleinen Unternehmen bereits angestellte fachliche Sachkundige, die sich im Thema Organisationsentwicklung oder Agilität auskennen und dieses Thema im Unternehmen vorantreiben. Diese sind z. B. im Bereich HR oder als Scrum Master angestellt.

**Anknüpfen** | Wer sind die vorangehenden Mitarbeitenden?
Als Mitlesende dieses Buches haben Sie in Kapitel 1 bereits drei Personas kennengelernt, die genau wie Sie als vorangehende Mitarbeitende in ihren Teams und Unternehmen Veränderung gestalten möchten. Sie sind in verschiedenen Positionen im Unternehmen tätig: als Geschäftsführer sowie als engagierte Mitarbeitende – mit und ohne direkten Wirkungsbereich im Rahmen der Anwendung von agilen Methoden. In den nächsten Kapiteln werden wir diesen drei Personas immer wieder begegnen. Dabei berichten sie im Dialog von Erlebnissen und Erfahrungen, die sie im Rahmen ihrer agilen Transformation gemacht haben. Carola Coach gibt zudem Einblicke in ihre Arbeit als Agile Coachin und gibt Impulse für den Dialog mit den Mitarbeitenden in Ihren Unternehmen.

- **Mitwirkende Mitarbeitende:** Diese Gruppe besteht grundsätzlich aus allen anderen Mitarbeitenden im Unternehmen, da für eine gelingende Transformation und Transition entsprechend alle mitzunehmen und zu mobilisieren sind.
  Jedoch können sich die Mitarbeitenden dieser Gruppe in ihrer persönlichen Einstellung wie beispielsweise Offenheit und Engagement wiederum stark unterscheiden. Deshalb wird die Zielgruppe der Mitar-

beitenden durch drei Personas mit jeweils unterschiedlicher Einstellung zum Thema Agilität sowie Offenheit für Veränderung repräsentiert. Diese decken zudem sowohl die Arbeit in wertschöpfenden, sowie übergreifenden Bereichen des Unternehmens ab.

Das persönliche Vorwissen zum Thema und die gemachten Erfahrungen im Arbeitsleben sowohl mit agilen Arbeitsmethoden als auch in der Zusammenarbeit in Teams, lässt jede Person jeweils von einem anderen Standpunkt aus und mit einer eigenen Sichtweise in das Thema starten. Weitere fiktive Beschreibungen von mitwirkenden Mitarbeitenden werden in den folgenden drei Personas einen jeweils individuellen Stand- und Startpunkt in das Thema Agilität verdeutlichen.

**Reflexion zum Weiterdenken** | Welche Personen können und wollen den Veränderungsprozess gemeinsam mit mir im Team oder im Unternehmen aktiv mitgestalten und vorangehen? Wer sind die anderen Mitarbeitenden und welche Bedürfnisse haben sie?

**Persona 4** | Frank Förderer, unterstützender Mitarbeiter

„Trotz Routinen gibt es zahlreiche kleine und große Herausforderungen in der täglichen Arbeit, die Abwechslung bringen. Deren Lösung und die erzielten Ergebnisse motivieren mich immer wieder auf's Neue – so macht Arbeiten Spaß."

Über mich:

- Ich bin gut gelaunt, wenn Teamarbeit gut funktioniert. Deshalb nehme ich neue Kollegen gerne an die Hand, um ihnen unsere Abläufe zu erklären.
- Ich bin frustriert, wenn etwas nicht so umgesetzt werden kann, wie ich mir das ausgedacht habe oder nur mit erheblichem Mehraufwand. Deshalb versuche ich meine technischen Fähigkeiten stetig zu verbessern.
- Ich bin motiviert, wenn das Projekt bzw. der Kunde Freiräume lässt, die kreativ ausgestaltet werden können. Deshalb engagiere ich mich für die Mitarbeit in der Startphase eines neuen Projektes besonders.

Für die Praxis: Mitarbeitende wie Frank, die offen für Neues sind und Lust haben, sich einzusetzen, können bereits früh im Prozess als Multiplikatoren im Unternehmen wirken. Von ihnen wird die neue Art zu arbeiten und zu handeln vorgelebt und sie dienen damit als Vorbild für andere Mitarbeitende. Gleichzeitig brauchen sie Begleitung und den Austausch, um die Motivation zu erhalten, gerade wenn Kollegen sich nicht so schnell mitziehen lassen.

**Persona 5** | Samuel Schaffer, skeptischer Mitarbeiter

„Mir macht meine Arbeit Spaß, so wie sie ist. Veränderungen gegenüber bin ich skeptisch. Mein Wissen teile ich gerne mit anderen Mitarbeitern, aber große Veränderungen braucht es meiner Meinung nach nicht."

Über mich:

- Ich bin gut gelaunt, wenn ich gemeinsame Zeit mit der Familie habe. Deshalb arbeite ich nicht mehr als unbedingt notwendig.
- Ich bin frustriert, wenn es im Projekt nicht inhaltlich vorwärts geht oder ich nicht fachlich am Projekt arbeiten kann, weil z. B. viele organisatorische Aufgaben zu erledigen sind. Deshalb hinterfrage ich große Veränderungen immer zuerst äußerst kritisch.
- Ich bin motiviert, wenn ich eine Aufgabe lösen kann ohne jedes Mal neu nachzudenken. Deshalb versuche ich für sich wiederholende Aufgaben einen für mich einfachen Weg zu finden.

Für die Praxis: Viele Mitarbeitende, wie auch Samuel, sind grundsätzlich zufrieden mit den vorhandenen Arbeitsweisen und sehen keine Notwendigkeit für Veränderung. In den alten Strukturen zu bleiben ist bequem. Sie brauchen regelmäßige Anregungen und Denkanstöße sowie die bewussten Räume, um das Neue auszuprobieren. Aus eigenem Antrieb ändern sie ihr Verhalten nur, wenn sie großen Nutzen auch für sich selbst erkennen.

**Persona 6** | Diana Diener, mitwirkende Mitarbeiterin, Teilzeit

„Mir ist es wichtig, auch mit Familie und Kindern noch zu arbeiten und meinen persönlichen Horizont zu erweitern."

Über mich:

- Ich bin gut gelaunt, wenn die Sonne scheint und die Mitarbeitenden um mich herum auch ein Lächeln im Gesicht haben. Oder wenn wir ein Ziel oder Zwischenziel erreicht haben und es positives Feedback von unseren Kunden dafür gibt.
- Ich bin frustriert, wenn sich Kinderbetreuung und Arbeitszeiten sich nicht gut unter einen Hut bringen lassen. Deshalb bin ich sehr dankbar für die Möglichkeit meine Arbeitszeit flexibel einzuteilen.
- Ich bin motiviert, wenn ich mein Wissen und meine Erfahrung in das Unternehmen einbringen kann. Das gilt besonders, wenn Kollegen mich trotz meiner reduzierten Arbeitszeit als gleichberechtigtes Teammitglied anerkennen.

Für die Praxis: Es ist wichtig, Maßnahmen zur Veränderung sowie auch neue Methoden im Projekt so einzuführen und zu begleiten, dass allen Mitarbeitenden – wie auch Diana – die relevanten Informationen zur Verfügung stehen bzw. an entsprechenden Meetings zur Vorstellung teilnehmen können. Nur dadurch kann auf eine gemeinsame Wissensbasis aufgebaut werden.

**Reflexion zum Abschluss des Kapitels**

**Lernen:** Was habe ich in diesem Kapitel gelernt?

**Reflektieren:** Was bedeutet das für mich?

**Anwenden:** Was bedeutet das für mein Team, mein Unternehmen, meine Organisation?

**Verändern:** Welchen (kleinen) Schritt der Veränderung kann ich bewirken?

# 7 Die Wirkungskraft Innovationskraft

**Reflexion zum Start** | Innovationen helfen uns bei kleinen und großen Tätigkeiten: Was ist eine Innovation, die meinen Arbeitsalltag bereichert und ohne die ich mir mein Leben nicht vorstellen kann?

## Kernaussagen des Kapitels

- Die beiden Dimensionen Vision und Megatrends wirken zusammen in den Bereich der Innovationskraft.
- Um Innovationen zu schaffen, ist es wichtig, dass KMU nicht nur reaktiv zum Marktgeschehen agieren, sondern ihr Handlungsfeld selbst aktiv mitgestalten – Sensitivität als eine wichtige Fähigkeit im Sinne der Agilität.
- Eine inspirierende, kommunizierbare Vision ist wichtig, um ein gemeinsames Verständnis der unternehmerischen Ziele zu haben, auf dessen Basis alle Mitarbeitenden als Mitentscheider und Mitgestalter agieren.
- Die Unternehmerpersönlichkeit macht selbst eine große Veränderung mit, denn neben einer neuen Art der Führung, die in der agilen Organisation anzuwenden ist, muss sie im Rahmen der Selbstorganisation Aufgaben und Verantwortung in die Teams abgeben. Sie kann sich auf strategische Aufgaben fokussieren, um damit den ureigenen Kernwert des Unternehmens, das auf seinen Ideen baut, wieder zu stärken.
- Freiräume ermöglichen, dass Menschen sich austauschen können und Ideen generiert werden. Das ist die einzige Möglichkeit, um selbst als Unternehmen an der aktiven Gestaltung von Lösungen im Rahmen von Innovationen und Megatrends mitzuwirken.
- Eine Konzentration auf wenige Themen hilft, um echte Fortschritte im Thema zu erzielen. Die vorhandenen Ressourcen müssen zielgerichtet eingesetzt sowie durch Kooperationen passend ergänzt werden.

KMU bewegen sich in ihrem Handeln in besonderem Maße in einem Spannungsfeld zwischen gelebter Flexibilität und der Suche nach Effizienz. Flexibilität ist deren gewichtige Stärke, die durch die geringe Größe und flachen Hierarchien ermöglicht wird, während Effizienz gebraucht wird, um die operativen Tätigkeiten und Prozesse, die der Wertschöpfung dienen, zu vereinheitlichen.

Die strategische Planung läuft oft nebenbei, während der operativen Tätigkeit ein großer Stellenwert eingeräumt wird. Deshalb ist gerade die Arbeit an der Innovationskraft ein wichtiges Handlungsfeld für KMU, damit die langfristige Orientierung parallel zum Alltags- und Projektgeschäft im Fokus bleibt.

Die Innovationskraft hat eine starke Orientierung und Wirkung nach außen. Sie klärt die Positionierung und Daseinsberechtigung des Unternehmens im Verhältnis zum äußeren Umfeld, schafft damit aber auch Transparenz über die Ausrichtung und Priorisierung von Themen nach innen. Somit dient die Innovationskraft der Zielfindung für die Organisation. Darüber hinaus schafft sie Sensitivität für Veränderungen im Marktumfeld und unterstützt die Offenheit für Neues.

Die Innovationskraft wirkt in den beiden Dimensionen der Vision sowie der Megatrends. Es entsteht eine enge Wechselwirkung mit der angrenzenden Dimension, der Kollaboration, um ein passendes Netzwerk nach außen aufzubauen.

**Info** | Wie groß ist die Innovationskraft von KMU?

In Hochlohnländern wie Deutschland ist Innovation ein entscheidender Faktor der Differenzierung (vgl. Fueglistaller et al. 2015: 4). Deshalb ist es gut, dass im deutschen Mittelstand das Thema Innovation präsent ist. Dabei wird nicht nur den als Hidden Champions bekannten Unternehmen eine entsprechende Innovationskraft zugeschrieben.

Jedoch sind es vor allem die mittleren Unternehmen, die eine höhere Innovationstätigkeit aufweisen und sowohl technische als auch nicht-technische Innovationen, also organisationsbezogene Neuerungen, einführen. Kleine Unternehmen liegen im Bereich Innovation deutlich hinter den mittleren Unternehmen zurück. Zudem konzentrieren sie sich jeweils auf einen der beiden Innovationsbereiche, wobei eher organisationsbezogene vor technischen Innovationen im Fokus stehen (vgl. IfM 2016).

## 7.1 Die Dimension Vision

Langfristige Planung und kleingliedrige Steuerung sind in einer komplexen Umwelt keine adäquaten Vorgehensweisen. Deshalb ist eine Vision, die begeistert und den Mitarbeitenden ein Zielbild gibt, unabdingbar. Sie ist ein zentrales Schlüsselelement einer agilen Organisation, denn sie gibt eine Richtung und Leitlinie vor. Eine Vision inspiriert und setzt gleichzeitig einen Rahmen, der von allen Mitarbeitenden gemeinsam ausgestaltet werden kann.

Elementar ist deshalb der Inhalt der Vision. Damit wird einerseits die Daseinsberechtigung des Unternehmens zum Ausdruck gebracht, andererseits wird damit eine klare Priorität über Themen, Aufgaben und Leistungen gesetzt. So wird durch das Verwurzeln der Agilität in der Vision des Unternehmens, das Bekenntnis zur Agilität nicht nur ein wichtiger Faktor bei der Steuerung des Unternehmens, sondern auch transparent in der Kommunikation.

Um kleine Unternehmen in der Dimension der Vision zu stärken, sind folgende Themen wichtig:

- **Vision und Ziele des Unternehmens kommunizieren:** In KMU, besonders in kleinen Unternehmen sind die persönlichen Ziele der Unternehmerpersönlichkeit eng mit der Vision und den Zielen des Unternehmens verwoben. Es ist deshalb ein erster Schritt, die Vision für das Unternehmen aufzuarbeiten, sodass diese für alle verfügbar wird. Die Vision zu kommunizieren stellt die Basis dar, um Mitarbeitende zu Mitgestaltern zu machen.
- **Wissen über Agilität vertiefen:** Um gemeinsam etwas weiterzuentwickeln und zu gestalten, braucht es ein gemeinschaftliches Verständnis der Thematik bzw. des Ziels, das erreicht werden soll. Deshalb muss stetig das Wissen über Agilität im Unternehmen sowie bei jedem einzelnen Mitarbeitenden vertieft werden. Dadurch wird gleichzeitig die Offenheit und Unterstützung bei den Mitarbeitenden geweckt.
- **Persönlichen Veränderungsprozess begleiten:** Im Rahmen des Veränderungsprozesses ist die Unternehmensleitung in ihrer persönlichen Führungsrolle besonders gefordert. Das Loslassen von Aufgaben bedeutet nicht nur anders zu Handeln, sondern auch sich eine neue Rolle im Unternehmen zu suchen. Im Fokus steht dabei, sich auf die

ursprüngliche Innovatorenrolle sowie die strategische Ausrichtung des Unternehmens zu besinnen.

- **Vertrauen und Ausdauer haben:** Der Weg hin zu einer agilen Organisation ist ein längerer Prozess, welcher nie gänzlich abgeschlossen sein wird. Deshalb braucht es neben dem Mut für den Aufbruch, vor allem auch Vertrauen und Ausdauer, um diesen Weg als Unternehmen zu gehen.

## Vision und Ziele des Unternehmens kommunizieren

Eine Vision gibt Richtung und ermöglicht Ausrichtung. Eine Vision, die allen Mitgliedern der Organisation bekannt ist und von ihnen getragen wird, ermöglicht, dass Handlungen und Entscheidungen daran bemessen und in ihrem Sinne gefällt werden können. Entsprechend wird durch eine klar kommunizierte Vision eine Dezentralisierung von KMU weg von der Unternehmerpersönlichkeit möglich. Entscheidungen können von anderen Mitarbeitenden selbst und trotzdem im Sinne des Unternehmens getroffen werden. Zudem können getroffene Entscheidungen von den Mitarbeitenden eingeordnet und verstanden werden. Deshalb ist für kleine Unternehmen die Arbeit an der Vision für das Unternehmen einer der grundlegenden Schritte für eine agile Transformation.

Als zentrale Position steht die Unternehmerpersönlichkeit für die langfristige Ausrichtung und Strategie des Unternehmens ein, denn sie haben stets eine starke persönliche Bindung und Geschichte mit dem Unternehmen. Die persönlichen Ziele sind dabei eng mit den unternehmerischen Zielen verwoben und bilden die Grundlage für Vision und Strategie, welche gerade in kleinen Unternehmen meist wenig kommuniziert ist. Schließlich lenkt die Unternehmerpersönlichkeit das Unternehmen bereits langjährig mit tiefgreifendem Wissen über Kunden- und Zielgruppe und ist verantwortlich für den Mehrwert, den das Unternehmen für diese generiert. Für das Handeln als agile Organisation ergibt sich die Notwendigkeit zur Reflexion dieses Wissens und zur Differenzierung der unternehmerischen und persönlichen Ziele, um darauf aufbauend eine gemeinsame Vision zu formulieren.

**Für die Praxis** | Canvas „Vision“
Dieser Canvas unterstützt dabei, ein gemeinsames Verständnis aufzubauen, wofür das Unternehmen steht bzw. stehen möchte. Damit gehen

Sie einen ersten Schritt hin zu einer kommunizierbaren Vision und legen die Grundlagen, um konkrete Ziele abzuleiten.

**Anknüpfen an die Ergebnisse**: In einem nächsten Schritt können mit Hilfe der Ergebnisse konkrete Ziele entwickelt und formuliert werden. Dadurch kann die erarbeitete Vision Stück für Stück in die Realität umgesetzt werden.

Während somit im Prozess der Konkretisierung sowie Kommunikation der Vision die Unternehmerpersönlichkeit eine zentrale Position hat, ist es gerade auch der Dialog mit Mitarbeitenden, welcher zur Formulierung essentiell ist. Durch den Austausch wird die Verständlichkeit sowie auch eine emotionale Wirkung der Vision für die Breite der Mitarbeitenden ermöglicht. Die Authentizität und das persönliche Wirken der Unternehmerpersönlichkeit werden damit durch die Beobachtungen und Gedanken der Mitarbeitenden ergänzt, eine von allen im Unternehmen getragene Vision entsteht, die auch überzeugend vermittelt werden kann.

Dadurch wird es ihnen möglich, persönliche Aufgaben und Entscheidungen in einen gesamtorganisatorischen Zusammenhang zu setzen. Dies schafft für Mitarbeitende die Möglichkeit, nicht nur mitzuarbeiten, sondern mitzuentscheiden und mitzugestalten.

**Aus der Praxis** | Eine Vision für alle

**Herausforderung:** „Digitalisierung gemeinsam gestalten." Während dieser Satz als Leitspruch zwar die Handlungen des Unternehmens sowie auch das Miteinander gut beschreibt, ist er in der Kommunikation wenig in Verwendung. Gerade im Rahmen der internen Kommunikation ist er wenig sichtbar und entsprechend bei den Mitarbeitenden nicht bekannt. Die Vision des Unternehmens wird also in den Taten und der Kommunikation nach außen umgesetzt, nach innen eher unbewusst gelebt.

Als Person steht dabei der Gründer und Geschäftsführer als zentraler Kopf. Persönlich sorgte er durch seine Entscheidungen über viele Jahre dafür, dass ein Team an Mitarbeitenden aufgebaut wurde, dass die Werte „Agil. Innovativ. Zuverlässig." unbewusst in ihrem täglichen Handeln zum Ausdruck bringen.

Bedingt durch Wachstum im Unternehmen sowie dem Streben nach mehr Eigenverantwortung in den Teams wird die Unternehmensvision nicht nur für die Mitarbeitenden in den Bereichen Marketing und HR zu einem wichtigen Element, um ihre tägliche Arbeit daran auszurichten. Schließlich muss nicht nur die Kommunikation über die Produkte und Dienstleistungen des Unternehmens oder die Präsentation als Arbeitgeber daran ausgerichtet werden, sondern es sind gerade die Mitarbeitenden in den Projektteams, die die Zusammenarbeit mit den Kunden und Entscheidungen in den Projekten im Sinne des Unternehmens in die Umsetzung bringen müssen. Die Vision muss also von allen Mitarbeiten gekannt werden und sich in ihrem Tun widerspiegeln.

**Der Schritt in Richtung einer agilen Organisation:** Die Vision mehr im Detail auszuarbeiten, für das Unternehmen weiterzuentwickeln und verständlich zu formulieren, ist ein gemeinsamer Prozess. Als Team wird im Dialog mit dem Geschäftsführer ein gemeinsames Verständnis aufgebaut, was hinter den Worten und Ideen steckt. Verschiedene Visualisierungen und Formulierungen helfen dabei, um ein gemeinsames Verständnis zu schaffen.
Dieser Austausch darüber, was das Unternehmen erreichen möchte, wofür es steht und warum genau das, ist keine einmalige Aktion. Durch die Arbeit am Thema und dem Spiegeln an der eigenen alltäglichen Arbeit entsteht mit der Zeit bei allen ein geschärftes und verinnerlichtes Bild.
Dieses auch für andere Mitarbeitende sowie auch für Kunden und Partner verständlich zu kommunizieren ist ein weiterer Schritt. Verschiedene Unterlagen und Bilder wurden dabei für Präsentationen und Workshops erstellt, um auch bei den Mitarbeitenden durch Wiederholung und erneute Auseinandersetzung, die Vision zu verinnerlichen. Die Vision wurde im Rahmen von Workshops und Meetings vorgestellt und zur Diskussion darüber eingeladen. Durch diese offene und dialogische Kommunikation wird die Bindung der Mitarbeitenden durch gelebte Sinnhaftigkeit gestärkt. Darüber hinaus werden bewusste Bezüge zum täglichen Tun, z. B. in internen Kommunikationsmedien wie Business Updates oder Newslettern gezogen.

**Reflexion zum Weiterdenken** | Wie lautet die Vision meines Unternehmens und wo ist diese nachzulesen?

**Im Dialog** | Das ist doch alles klar.
Hilbert Hirte, der Geschäftsführer eines KMU, möchte sein Unternehmen agiler machen. Darüber unterhält er sich mit Carola Coach:
Carola: Das Unternehmen soll agiler werden. Warum ist dieser Weg für das Unternehmen der Richtige?
Hilbert: Das ist notwendig, um auch in Zukunft am Markt bestehen zu können. Wir wollen und müssen uns mit den Themen auseinandersetzen, die für uns und unsere Kunden wichtig sind.
Carola: Wie spielt Agilität mit der Vision des Unternehmens zusammen?
Hilbert: Vision? Da haben wir keine und brauchen auch keine. Das ist doch klar, ... also mir ist das doch alles klar.
Carola: Schön, dass du eine klare Idee hast, was und wozu wir tun, was wir tun. Wie können wir das auch an die Mitarbeitenden kommunizieren, sodass die Vision für alle klar wird? Ich schlage vor, wir legen direkt los und du erzählst mir, worum es dir mit dem Unternehmen geht.

### Wissen über Agilität vertiefen

Parallel mit der Vision muss auch das Thema Agilität von allen im Unternehmen verstanden werden und ein gemeinsames Verständnis geschaffen werden. Neben den inhaltlichen Zielen, die durch die Vision gesteckt werden, braucht es ein gemeinsames Verständnis der groben Richtung, wie diese erreicht werden sollen. Dabei ist es wichtig, dass Agilität nicht als Zielbild an sich, sondern als Möglichkeit zur Unterstützung der strategischen Ziele des Unternehmens platziert und kommuniziert wird.

In den KMU und besonders in den kleinen Unternehmen muss dafür implizites Wissen und Verhalten, das in den kleinen Unternehmen bereits gelebt wird, explizit gemacht und in den Kontext der Agilität eingeordnet werden. Im Mittelpunkt einer agilen Transformation im kleinen Unternehmen im Sinne der immanenten Agilität steht mehr die Bewusstseinsschärfung statt der Veränderung.

**Anknüpfen** | Immanente Agilität von KMU
Kleine Unternehmen zeigen in ihrem Handeln unbewusst zentrale Aspekte der Agilität. In Kapitel 4 wird diese immanente Agilität mehr im Detail erläutert.

Wie auch im ersten Teil dieses Buches erläutert wird, ist Agilität als Themengebiet vielschichtig und komplex. Deshalb ist es sehr wahrscheinlich, dass die Mitarbeitenden mit verschiedenen Aspekten bereits in Berührung gekommen sind, z. B. im Rahmen von Schulungen, Fortbildungen oder der Zusammenarbeit mit Kunden und Partnern.

**Aus der Praxis** | Interne Workshops und Vorträge
**Herausforderung:** Jeder Mitarbeitende hat einen eigenen persönlichen Schatz an Wissen und Erfahrungen, welcher sich durch die fachliche Ausbildung sowie die Arbeit in unterschiedlichen Projekten aufgebaut hat. Im Bereich der Softwareentwicklung ist dabei auch der Aufbau von Wissen zur Anwendung agiler Methoden seit Jahren ein wichtiger Bestandteil im Studium sowie ein Thema bei Fortbildungen. Zudem werden in den Projekten oftmals agile Methoden eingesetzt und agile Werkzeuge unterstützen deren Anwendung. Trotz alldem ist das Wissen zum Thema Agilität sehr unterschiedlich ausgeprägt bei den einzelnen Personen. Jeder hat ein eigenes Bild davon im Kopf und handelt nach dem besten Wissen, dieses richtig umzusetzen.

**Der Schritt in Richtung einer agilen Organisation:** Um das kollektive Wissen zu nutzen und den Erfahrungsschatz zu teilen, braucht es den Austausch zwischen den Mitarbeitenden und den Mut einzelner, ihr Wissen zu teilen. Dabei eigenen sich interne Workshops, um gemeinsam einen Themenaspekt der Agilität zu bearbeiten und die Meinungen aller zu sammeln. Eine Kombination aus präsentierten Inhalten, die Neues vermitteln oder Bekanntes wieder bewusst machen, mit der interaktiven Erarbeitung der eigenen Sichtweisen hat sich als fruchtbar herausgestellt. Dadurch wird einerseits Wissen vermittelt, sowie auch der Austausch zwischen den Mitarbeitenden gefördert. Andererseits können parallel neue Methoden und Werkzeuge für die Zusammenarbeit vorgestellt werden. Ein Workshop grenzt sich

bewusst von der alltäglichen Arbeit im Projekt ab und darf deshalb anders gestaltet werden. Er ist somit ein Raum zur Exploration von Agilität.
Darüber hinaus dienen auch andere Formate, z. B. interne Kurzvorträge, angelehnt an die bekannte Reihe TED-Talks, um gemeinsam den Blick über den Tellerrand zu werfen und kurze Einblicke in andere Arbeitsgebiete zu bekommen. Alle drei Wochen trifft sich das Unternehmen für 30 Minuten. Eine Person hält eine Präsentation und steht für Fragen zur Verfügung. So gab es unter anderem schon Einblicke in das Thema UX, die Funktionsweise von GPS, Grundlagen in KI oder die Möglichkeiten im Onlinemarketing. Neben dem fachlichen Input wird damit auch sichtbar, wer welche Kompetenzen besitzt. Zudem bieten diese Vorträge eine Bühne für die einzelnen Mitarbeitenden, um sichtbar zu werden und ihre Fähigkeiten im Präsentieren zu üben.

**Reflexion zum Weiterdenken** | Was ist unser kollektives Verständnis vom Thema Agilität im Team und im Unternehmen? Welche Aspekte der Agilität lohnen sich, um diese zu vertiefen?

**Im Dialog** | Das haben wir doch schon mal erzählt.
Bei der Vorbereitung eines Workshops ist Carola Coach mit Birgit Binder, einer der vorangehenden Mitarbeiterin, im Gespräch. Sie sammeln gemeinsam Ideen, welche Themen im Rahmen des Workshops gemeinsam mit allen Mitarbeitenden im Unternehmen bearbeitet werden sollen.
Birgit: Wir haben nun schon einige Workshops zum Thema Agilität, unserer Vision und dem Bild einer agilen Organisation gegeben. Ist es wirklich notwendig, dass wir dieses Thema noch einmal aufgreifen?
Carola: Es ist richtig und wichtig, dass wir das Thema immer wieder ansprechen und für die Mitarbeitenden Räume schaffen, wo sie sich mit dem Thema auseinandersetzen können. Im Tagesgeschäft verliert man neue Denk- und Handlungsweisen schließlich schnell aus dem Blick und fällt in alte Gewohnheiten zurück.
Birgit: Ich habe jedoch das Gefühl, wir haben das alles schon mehrfach erzählt. Welchen Mehrwert bringt eine erneute Wiederholung?

Carola: Einfach nur wiederholen sollten wir uns nicht, dann wird es für alle langweilig. Die Workshops sind ja zudem dazu da, dass wir die Mitarbeitenden mit ihrem verschiedenen Fachwissen und Erfahrungen zusammenbringen und ihr Feedback zur Entwicklung der Organisation bekommen. Lass uns also gemeinsam überlegen, welche Themenaspekte für uns gerade besonders wichtig sind, welche Botschaft die Mitarbeitenden brauchen und wie wir das interaktiv rüberbringen können.

### Persönlichen Veränderungsprozess begleiten

Die stärkste Zusage zur Agilität gibt und braucht die Unternehmensleitung. Um eine erfolgreiche und nachhaltige Organisationsentwicklung zu betreiben, muss der Wandel von der Unternehmensleitung gewollt und aktiv gefördert werden. Neben den Ressourcen, die aufgewendet werden müssen, um die Veränderung zu initiieren und zu begleiten, ist es in kleinen Unternehmen die Position der Unternehmensleitung, die in ihrem Aufgaben- und Handlungsfeld von einem starken Wandel inbegriffen ist. Durch die Etablierung von Selbstorganisation und Dezentralisierung verliert die zentrale Position der Unternehmensleitung an operativen Aufgaben und Entscheidungen. Hingegen wirkt sie umso mehr sowohl als Manager im Sinne der agilen Führung als auch als Treiber der agilen Transition.

**Info** | Was ist agile Führung?
Als ein verbreitetes Konzept für Führung in agilen Kontexten dient das Prinzip der Führungskraft als Servant Leader (dienende Führung). Dies wird inzwischen auch gerne mit Worten beschrieben, wie „Facilitating" (moderierend), „Supporting" (unterstützend) oder auch „Hosting Leader" (gastgebend) (vgl. Nowotny 2017: 302; Gloger & Rösner 2017: 54).
Alle diese Begrifflichkeiten haben den gemeinsamen Grundgedanken, dass die Führungskraft als Dienstleister für alle Beteiligten fungiert. Sie gibt Feedback, stellt Fragen und begleitet die Arbeit der Mitarbeitenden, sodass diese ihre Stärken bestmöglich einbringen und weiterentwickeln können. Führung ist damit vielmehr eine Haltung als eine Position, die durch persönliche Integrität und Authentizität, Verlässlichkeit beweist und Vertrauen schafft.

Während die Unternehmerpersönlichkeit somit nicht nur das Wissen zum Thema Agilität im Unternehmen verbreitet und neue Strukturen schafft sowie die Mitarbeitenden in der Übernahme von Verantwortung befähigt, muss sie gleichzeitig den Weg der persönlichen Veränderung bestreiten. Das Loslassen und Abgeben von Aufgaben erfordern Wissen, Mut und Überzeugung für die Prinzipien des agilen Arbeitens. Darüber hinaus gibt ein Bewusstsein für die Natürlichkeit von Veränderung als solches, Offenheit, um Chancen zu sehen und Akzeptanz, Rahmenbedingungen anzunehmen, die aktuell nicht verändert werden können.

**Für die Praxis** | Canvas „Veränderung“
Dieser Canvas schärft das Bewusstsein für die Natürlichkeit von Veränderungen. Zudem lernen Sie die einzelnen Persönlichkeiten sowie deren Grundhaltungen besser kennen. Dieser Canvas hilft, die individuellen Denkweisen verstehen zu lernen und Sorgen und Ängste vor unbekannten Themen abzubauen.

**Anknüpfen an die Ergebnisse:** Planen Sie die ersten Schritte in der agilen Organisationsentwicklung oder passen Sie Ihr Vorgehen an die Bedürfnisse Ihres Teams an. Gerade die Kommunikation und die Geschwindigkeit Ihrer Transition können auf Basis der Ergebnisse neu bewertet und ausgerichtet werden.

Parallel zur Auseinandersetzung mit der strategischen Zielrichtung des Unternehmens und der sich daraus eventuell ergebenden Neupositionierung in der komplexer werdenden Umwelt, gilt es für die Unternehmerpersönlichkeit auch, eine eigene neue Position und Rolle im Unternehmen zu finden. Bisher werden von ihr im kleinen Unternehmen im Sinne des stetig Kümmernden eine Vielzahl an Aufgaben über die Managementtätigkeiten hinaus übernommen und damit verschiedene Rollen vereint. Die Managementressource wird damit grundsätzlich leicht zum Nadelöhr.

Sich dessen bewusst zu werden, ist für die Unternehmerpersönlichkeit selbst sowie für die anderen Mitarbeitenden wichtig. Die Unternehmensleitung muss lernen loszulassen, damit die Mitarbeitenden eigene Alternativen entdecken und neue Lösungswege ausprobieren können. Dadurch wird es einerseits möglich, dass Aufgaben abgegeben oder delegiert werden können, andererseits dient dies auch dazu, die persönlichen Stärken sowie auch Kraftreserven einzuteilen und bestmöglich einzusetzen. Somit ist die agile Transformation eine Chance zur Fokussierung auf die grundlegenden unternehmerischen, hauptsächlich strategischen und führenden Aufgaben.

**Aus der Praxis** | Transparenz über Rollen und Aufgaben
**Herausforderung:** Als zentrale Position im Unternehmen wirkt die Unternehmensleitung als Kümmerer und zentraler Ansprechpartner im Unternehmen. So wird aus einem Geschäftsführer gleichzeitig auch IT-Administrator und -Koordinator, Vertriebsmitarbeiter und Key Account Manager, Product Owner und Projektmanager, Head of Marketing und Head of HR sowie noch vieles mehr. Er übernimmt eine Vielzahl an Aufgaben, um den Betrieb des Unternehmens am Laufen zu erhalten und es gleichzeitig voranzubringen. Von den Mitarbeitenden wird dies zumeist weder reflektiert noch die Aufgaben oder Rollen separiert – er ist der „Chef", zu dem man mit allen Fragen kommen kann und der eine Antwort weiß.
Eine agile Organisation lebt von den Stärken der Einzelnen sowie deren Beziehungen und Zusammenspiel. Um entsprechend auch das Potential der Mitarbeitenden zu fördern, ist es essentiell auch die persönlichen Entwicklungsmöglichkeiten im Unternehmen zu kennen. Denn Aufgaben und Rollen, die stets vom Unternehmer übernommen werden, sind für die Mitarbeitenden nicht sichtbar und können entsprechend auch nicht als persönliche Perspektive zur Übernahme von Verantwortung in Betracht gezogen werden. Wenn eine Rolle im Unternehmen nicht vorgelebt oder zumindest benannt wird, weiß man nicht, dass es diese Aufgaben im Unternehmen zu übernehmen gibt.

**Der Schritt in Richtung einer agilen Organisation:** Eine Auflistung an Aufgaben des Geschäftsführers ist eine gute Grundlage für die bewusste Auseinandersetzung mit Rollen im Unternehmen. Sie zeigt einerseits die Vielzahl seiner Tätigkeitsfelder auf, andererseits bietet sie auch die Möglichkeit zu reflektieren, die für ihn wichtigsten Aufgaben zu selektieren und Aufgaben, die delegiert werden können, zu identifizieren.
Diese Aufgaben sind bewusst zu sortieren und Aufgaben herauszufiltern, die auch von anderen Personen im Unternehmen übernommen werden könnten. Dabei braucht es nicht direkt eine Lösung, wer sich zukünftig darum kümmern könnte. Die Kommunikation bietet die Chance, dass die Mitarbeitenden aus sich heraus und passend zu ihren

Fähigkeiten Aufgaben annehmen können. So manches Talent wird dabei auch neu angesprochen und entdeckt. Kleine Aufgaben sind dabei auf einem „Wir suchen“-Board sichtbar geworden. Kurze Job-Beschreibungen der Tätigkeit und der Erwartungen an die ausübende Person geben dabei einen Einblick, was es zu tun gilt. Für große Aufgaben oder Aufgabenpakete gibt es eine Rollenbeschreibung. Sie beschreibt neben Aufgaben, Verantwortlichkeiten und der Unterstützung, auch die Ziele der Rolle explizit.

**Reflexion zum Weiterdenken** | Was bedeutet Veränderung im Sinne einer agilen Organisation für unsere Unternehmensleitung?

**Im Dialog** | Ich bekomme nichts mehr mit.
Carola trifft Hilbert den Geschäftsführer, der einen in sich gekehrten und nachdenklichen Eindruck macht. Sie fragt nach:
Carola: Du siehst aus, als ob dich ein Thema sehr beschäftigt. Was bewegt dich gerade?
Hilbert: Seit ich in manchen Projekten nicht mehr an allen Meetings teilnehme, bin ich irgendwie nicht mehr informiert. Ich habe das Gefühl, wichtige Informationen und Entscheidungen nicht mitzubekommen.
Carola: Wie kommst du darauf? Gibt es einen konkreten Anlass für diese Sorge?
Hilbert: Nein, alles läuft gut. Die Mitarbeitenden sind engagiert und mit viel Elan in den Projekten aktiv.
Carola: Das klingt grundsätzlich super. Dann lass uns mal gemeinsam überlegen, welche Informationen du noch brauchst und wie du diese ohne langes Suchen bekommen kannst. Nur dann kannst du dich schließlich mit einem durchwegs guten Gefühl deinen Aufgaben widmen.

### Vertrauen und Ausdauer haben

Der Weg hin zu mehr gelebter Agilität gleicht eher einem Marathon denn einem Kurzstreckensprint. Dabei sind viele Kräfte gefordert, im ganzen Unternehmen und bei den einzelnen Beteiligten. Allen voran ist dabei wieder die Unternehmerpersönlichkeit besonders gefordert. Nicht nur in der Anlaufphase der agilen Transformation darf die Unternehmerpersönlichkeit nicht müde werden und muss Ausdauer beweisen sowie Vertrauen in das neue, sich im Aufbau befindende System und die eigenen Mitarbeitenden haben. Denn wird in alte Muster zurückgefallen oder in Momenten der Unsicherheit im Sinne von Führung durch Kontrolle wieder eingesprungen, macht dies den bisherigen Entwicklungsprozess der Organisation zunichte.

Als Voraussetzung für die agile Transformation müssen deshalb Räume und Strukturen erschaffen werden, in welchen die Unternehmerpersönlichkeit sich selbst auf Agilität einlassen und diese vorleben kann. Für die Unternehmerpersönlichkeit gilt es, stets bewusst abzuwägen, wann aktives Vorangehen notwendig ist und wann es gilt, in die Reihe zurücktreten, damit andere sich entfalten und ihre Ideen einbringen können. Neben diesem aktiven Rollenwechsel sind ein offener Austausch und das Teilen von gemachten Erfahrungen sowie vorhandenem Wissen eine wichtige Grundlage für ein gemeinschaftliches Arbeiten und eine Weiterentwicklung der Organisation als Ganzes.

Gleichzeitig gilt es für die Unternehmensleitung eine Organisation zu schaffen, die die Bedürfnisse der Stakeholder befriedigt, einschließlich ihrer eigenen. Mit gemeinsamer Stärke und Engagement sowie der Offenheit füreinander und für neue Themen sind die Grundpfeiler für die agile Organisationsentwicklung gelegt. Das Unternehmen ist bereit, um sich auf die Abenteuer der Komplexität einzulassen. Kleine Schritte und messbare Ziele helfen darüber hinaus, um immer wieder Motivation aus der Erreichung von Zwischenzielen zu schöpfen.

**Aus der Praxis** | Messbare Ziele setzen

**Herausforderung:** Es gibt viele Themen, die wichtig sind. Daneben gibt es Projekte und Aufgaben, die genauso Ressourcen für die Bearbeitung benötigen. Dabei ist es leicht möglich, den Fokus zu verlieren und das Durchhaltevermögen wird auf die Probe gestellt. Um entsprechend die Vision des Unternehmens zu untermauern und greifbar zu machen, sind auch die Strategie und die mittelfristigen Ziele transparent zu machen und zu kommunizieren.

Entsprechend sind folgende Fragen relevant: Welche Themen sind gerade jetzt für uns wichtig? Worauf legen wir einen Fokus für einen kommenden Zeitraum? Was benötigen wir dafür?

**Der Schritt in Richtung einer agilen Organisation:** Für die Formulierung und transparente Kommunikation von Zielen hat sich die Methode der Objektives & Key Results (OKRs) etabliert. Diese Methode setzt Ziele zueinander in Beziehung und schafft damit Ziel-Sets. Sie kombiniert jeweils qualitative Ziele, die inspirieren und die Richtung vorgeben, mit quantitativen Zielen, die konkret und messbar sind. Dadurch werden einerseits die wichtigen Themen sichtbar, andererseits wird die Ableitung konkreter Aufgaben möglich.
Zudem sieht die Methode der OKRs vor, dass Ziele für verschiedene Ebenen im Unternehmen festgelegt werden, die voneinander abgeleitet werden können und somit alle auf ein gemeinsames großes Ziel einzahlen.

**Reflexion zum Weiterdenken** | Welches gemeinsame, für alle realistische Ziel können und wollen wir gemeinsam als Team sowie als Unternehmen angehen?

**Im Dialog** | Das muss doch auch schneller gehen?
Hilbert sieht Carola auf dem Gang und bittet sie um ein paar Minuten für ein Gespräch:
Hilbert: Carola, nun stecken wir seit einigen Monaten viele Ressourcen in die agile Organisationsentwicklung. Versteh mich nicht falsch, das ist alles richtig und wichtig, doch irgendwie habe ich das Gefühl, dass das doch irgendwie schneller gehen muss.
Carola: Veränderung braucht Zeit. Das ist leider nicht nur eine Floskel. Wir können die Reaktionen der Mitarbeitenden nie genau vorhersagen, wie schnell und langsam sie sich öffnen. Jedoch sind die ersten Erfolge zu sehen, wir haben unsere Zwischenziele fast immer im gesteckten Zeitraum erreicht und in vielen Teams ist eine Veränderung in der Zusammenarbeit zu spüren. Was ist es denn genau, was dir das Gefühl gibt, dass es schneller vorangehen muss?
Hilbert: Wir könnten da bei einem neuen Projekt einsteigen, das sehr spannend klingt. Wir haben in diesem Themenbereich jedoch noch nie gearbeitet und brauchen dafür ein starkes Team, das mit Engagement und Mut sich dem Thema annimmt.

Carola: Dann lass uns doch mal gemeinsam überlegen, wer dafür passend wäre und wie wir dieses Team dann unterstützen können.

## 7.2 Die Dimension Megatrends

Um eine passende Vision für das Unternehmen zu erarbeiten sowie auch um sich stetig passend zum Marktgeschehen aufzustellen, ist es unabdingbar, sich mit Trends und Innovationen zu beschäftigen. Zudem reduzieren viele KMU das Thema Agilität zumeist auf den Aspekt der Reaktivität. Gerade die kleinen Unternehmen sind zumeist getrieben von äußeren Faktoren, auf die sie zu reagieren versuchen, um ihre aktuelle Marktposition zu halten. Die Sensibilität für Trends, die im Thema Agilität gleichermaßen inbegriffen ist, steht bei den Unternehmen somit weniger im Fokus. Auf dem proaktiven Handeln und der Evaluation von Chancen und Risiken, die in neuen Trends liegen, liegt deshalb in dieser Dimension der Megatrends ein besonderes Augenmerk. Dafür braucht es eine stetige Beobachtung sowie Empathie für den Markt.

In dieser Dimension sind folgende Themen von besonderer Bedeutung für kleine Unternehmen:

- **Freiräume für interne Innovation geben:** Für die Entwicklung innovativer Ideen steht der Mensch im Mittelpunkt. Er ist es, der durch Kreativität und Engagement die vorhandenen Mittel und Ressourcen bestmöglich einzusetzen und zu kombinieren vermag. Räume für Kreativität und die Offenheit für neue Ideen sind deshalb maßgeblich, um die Ideen der Mitarbeitenden zu hören und gemeinsam Neues zu erschaffen.
- **Mit externen Partnern kooperieren:** Fehlendes Wissen oder Kompetenzen können durch Partnerschaften passend ergänzt werden. Im Verbund kann Neues erforscht werden. Neben den geteilten Erfolgen sind auch mögliche Risiken auf mehrere Schultern verteilt.
- **Fokus setzen:** Begrenzte Ressourcen machen es notwendig, dass KMU gerade im Bereich Innovation einen klaren Fokus setzen. Geld und vor allem auch Zeit der Mitarbeitenden muss zielgerichtet eingesetzt werden, sodass sich entsprechender Fortschritt einstellen kann. Deshalb ist es wichtig Optionen sorgfältig zu evaluieren und selektiv weiterzuverfolgen.

**Für die Praxis** | Canvas „Megatrends“
Mit diesem Canvas wird die Wahrnehmung für herrschende Megatrends sensibilisiert und deren Einfluss auf das eigene Marktumfeld und unternehmerische Handeln angedacht. Die Beschäftigung damit hilft Ihnen, die Treiber zu entdecken, die Sie und Ihr Unternehmen besonders beeinflussen.

**Anknüpfen an die Ergebnisse:** Machen Sie sich auf den Weg: Die Ergebnisse machen einerseits Lust, sich mit innovativen Themen auseinander zu setzen, andererseits zeigen sie Ihnen auf, wie dringend der Handlungsbedarf ist. Auf Basis der erarbeiteten Gedanken können Sie Ihren Weg der Organisationsentwicklung starten. Evaluieren Sie zudem Ihr Portfolio an Produkten und Services und entwickeln Sie neue Ideen, die zukünftig am Markt Bestand haben werden.

### Freiräume für interne Innovation geben

Für die Kombination von Ideen und die Evaluation von Möglichkeiten ist der Mensch die wichtigste Quelle. Sie sehen und spüren, wo Verbesserung notwendig ist und sind gleichzeitig die Sensoren für interne und externe Impulse für mögliche Lösungen.

Kleinen Unternehmen fehlt es an systematisierten Prozessen und internen Bereichen für Forschung, da kleine Unternehmen zumeist keine explizite Forschung betreiben. Gleichzeitig können sie nur wenig Ressourcen dafür frei machen. Für sie ist es deshalb wichtig, Freiräume für kreatives Arbeiten zu eröffnen und Lernräume zur Exploration zu schaffen, um mit den vorhandenen Ressourcen interne Innovation zu ermöglichen. Neben den richtigen Strukturen als Rahmenbedingungen steht auch hier der Faktor Mensch wieder im Mittelpunkt. Durch vernetzend denkende, sich einbringende Mitarbeitende können die im kleinen Unternehmen fehlenden, übergreifenden Ressourcen ausgeglichen werden.

Gleichzeitig ist auch die Unternehmerpersönlichkeit gefragt, die neben der Fokussierung auf strategische Themen auch die Rolle als Innovator wieder vermehrt ausüben kann. Seine prägenden und vorausschauenden Ideen stehen als ureigener Kernaspekt der mittelständischen Unternehmen schließlich für deren Erfolgsgeschichte.

**Aus der Praxis** | Ein eigenes Produkt entwickeln

**Herausforderung:** Räume und Projekte, um zu lernen, sind wichtig. Gerade für die Anwendung neuer Technologien oder Werkzeuge braucht es Projekte, die die Exploration und damit den Aufbau von Erfahrung ermöglichen. In der Arbeit mit Kunden sind diese Räume oftmals beschränkt. Schließlich soll dabei in einer möglichst effektiven Art und Weise eine Lösung für die gestellte Problemstellung gefunden werden oder zumindest erlebbar umgesetzt werden, um darauf weiter aufzubauen.

**Der Schritt in Richtung einer agilen Organisation:** Basierend auf der Beobachtung der Entwicklungen im Kontext von Industrie 4.0 sowie der Reaktion auf Kundenanfragen und dem sich wiederholenden Wunsch nach einer Möglichkeiten zur Anbindung von Maschinen und Anlagen, um aus diesen Daten die Produktion zu verbessern, entstand die Idee, ein eigenes Produkt als Lösung auf den Markt zu bringen. Damit starteten die Entwicklungen der IIoT Building Blocks, einer Softwarelösung zum Sammeln und Speichern von Daten im Kontext Industrie 4.0.

Hervorgegangen aus vielen Gesprächen mit der Zielgruppe sowie auch entwickelt und weiterentwickelt im engen Austausch mit möglichen Verwendern, bietet dieses Produkt nicht nur Potential für die Generierung von zusätzlichen Einnahmen. Als Entwicklungsprojekt, in welchem die Technologien gänzlich frei gewählt werden können und die Prioritäten selbst festgelegt werden können, ist es auch ein guter und wichtiger Lernraum. Neue Technologien können praktisch erprobt werden sowie auch einzelne Themenaspekte zur Bearbeitung an Studierende im Praktikum oder für Abschlussarbeiten abgegrenzt werden. Gemeinsam wird damit daran gearbeitet, dass der Funktionsumfang der IIoT Building Blocks stetig ausgebaut wird.

**Reflexion zum Weiterdenken** | Welche innovativen Themen verfolgen wir als Unternehmen bzw. welche gestalten wir aktiv selbst mit?

**Im Dialog** | Zu viele Projekte
Carola Coach ist etwas früher im Besprechungsraum für ein Meeting und trifft dort auf die beiden Mitarbeitenden Frank Förderer und Samuel Schaffe, die gerade im Gespräch sind.
Samuel: Du hast auch die Einladung zum Start für dieses neue Projekt bekommen, habe ich gesehen. Was sagst du denn dazu?
Frank: Ich bin schon sehr gespannt darauf, denn mit diesem Thema wollte ich mich schon länger mal intensiver auseinandersetzen.
Samuel: Spannend sind solche neuen Projekte allemal. Aber wir brauchen sicherlich viel Zeit, bis wir uns eingearbeitet haben. Die haben wir aber doch gar nicht. Wie soll das neben den anderen Projekten gehen?
Carola: Ihr sprecht sicherlich vom neuen Kooperationsprojekt? Ich gebe euch beiden Recht, darin können wir einerseits viel neues Wissen erarbeiten und direkt anwenden, andererseits müssen die Aufgaben gut strukturiert und verteilt werden. Das müssen wir im Rahmen der gemeinsamen Startphase koordinieren und die Ziele der Projekte auch zueinander abstimmen.

### Mit externen Partnern kooperieren

Neben der internen Exploration ist auch die externe Generierung von Ideen für Innovationen eine gängige Praxis. Jedoch gibt es für externe Innovationskonzepte zahlreiche Vorgehensweisen, die zumeist nicht zu kleinen Unternehmen passen, wie beispielsweise Ausgründungen oder die Eingliederung von Start-ups. Ein mögliches Konzept ist der Aufbau von Partnerschaften.

Damit vergrößern die kleinen Unternehmen ihre Fähigkeiten und ihr Kompetenz-Set. Darüber hinaus entstehen im Austausch neue Impulse, die es mit Feingefühl zu lesen gilt. Durch die Vernetzung von Bestehendem mit Neuem, gepaart mit Umsetzungskraft, entstehen Denkanstöße für Projekte oder Produkte. Gemeinsam agieren damit alle in und um die Organisation als Sensoren für Veränderungen und Trends im Marktgeschehen und sichern damit den langfristigen Unternehmenserfolg.

Somit können im Verbund neue Themen mit gemeinsamer Anstrengung erforscht werden. Für Fragen stehen entsprechend mehr Personen und ein größeres Netzwerk zur Verfügung. Darüber hinaus sind neben den geteilten

Erfolgen auch die möglichen Kosten und Risiken auf mehrere Schultern verteilt. Die Suche nach passenden Partnern für die Zusammenarbeit sowie nach Fördermaßnahmen ist zwar ebenfalls eine Investition an Zeit, um die richtigen Partner und passenden Projekte zu finden. Dies lohnt sich letztlich allemal.

Gerade für KMU wird dieses gemeinsame Arbeiten mit zahlreichen Angeboten durch öffentliche Mittel gefördert. Dies sind unter anderem Angebote zur Weiterbildung, dem Austausch mit Fachpersonen oder finanzielle Zuschüsse, z. B. Unterstützung von Investitionen oder Forschungsprojekten.

**Aus der Praxis** | Gemeinsam erforschen

**Herausforderung:** Neue Technologien entwickeln sich immer schneller, jedoch wird damit deren Evaluation umso schwieriger. Zudem gibt es zahlreiche Möglichkeiten zur Anwendung und zum Einsatz in der Praxis. Die Ressourcen für die Auseinandersetzung damit sind jedoch begrenzt und müssen mit der Arbeit an Kundenaufträgen in Balance gebracht werden. Zudem kostet eine Einarbeitung von Grund auf viel Zeit und Energie oftmals auch einzelner Mitarbeitender.

**Der Schritt in Richtung einer agilen Organisation:** Die Zusammenarbeit mit Partnern ist deshalb lohnenswert, denn gemeinsam geht es besser. Die verschiedenen Expertisen der Unternehmen ergänzen sich, denn jeder hat seinen eigenen Blick auf das Thema. So bringt gerade der Austausch mit externen Personen vom Fach anderer Unternehmen und Hochschulen Impulse und Wissen zu neuen Themen, wodurch die Weiterentwicklung im Unternehmen stetig angeregt wird bzw. die Beschäftigung mit neuen Themen durch einen Zuschuss nicht komplett vom Unternehmen selbst getragen werden muss. Darüber hinaus bringen diese Projekte auch Sichtbarkeit in der Kommunikation über die gemeinsam erarbeiteten Ergebnisse. Besonders öffentlich geförderte Projekte legen hier ebenfalls einen großen Wert, um die Verwendung der Fördermittel zu belegen. Im Rahmen der Forschung im Themenfeld KI wurde somit auch die Weiterentwicklung der IIoT Building Blocks vorangetrieben.

**Reflexion zum Weiterdenken** | Welche Themenfelder ergänzen das Handlungsfeld von meinem Unternehmen? Mit wem können wir kooperieren, um durch eine Zusammenarbeit neue Impulse zu setzen?

**Im Dialog** | Unser Wissen teilen wir nicht.
Carola Coach unterhält sich bei einer Veranstaltung eines Partnernetzwerks mit Frieda Freund, einer Mitarbeiterin eines anderen Unternehmens.
Frieda: Ist ja schon interessant, was die verschiedenen Unternehmen, die sich hier vorstellen, so machen. Jedoch bringt mir das für mich und mein Unternehmen nichts.
Carola: Wie meinst du das? Es ist doch immer gut, wenn man neue Kontakte knüpft und weiß, für welche Fragen und Themen man dort kompetente Ansprechpartner hat. Vielleicht ergibt sich ja mal ein Projekt zusammen.
Frieda: Wir machen keine Projekte mit anderen Unternehmen. Wir teilen unser Wissen nicht mit Externen. Man weiß ja nie, was diese damit dann selbst tun.
Carola: Das ist schade, dass ihr keine Partnerschaften pflegt. Dabei muss man ja nicht sein ganzes Wissen preisgeben. Vielmehr geht es darum, gemeinsam Neues zu erarbeiten.
Frieda: Nun machst du mich doch neugierig. Kannst du mir einmal genauer erzählen, wie du das meinst?

### Fokus setzen

Um die vorhandenen Ressourcen zielgerichtet einzusetzen, ist es unerlässlich einen Fokus setzen. KMU können es sich nicht leisten auf breiter Front an verschiedenen Themen zu forschen, sondern müssen sich auf einzelne, gewinnbringende Themen beschränken. Diese können sie umso konsequenter bearbeiten und Wissen aufbauen.

Als Basis, um die wirklich wesentlichen Themen, die es zu verfolgen lohnt, zu eruieren, ist es wichtig, die verschiedenen Optionen zu evaluieren. Themen müssen sowohl im Vorfeld einer tiefergehenden Auseinandersetzung als auch regelmäßig im Fortschritt auf weitere Passung für das Unternehmen überprüft werden. Dadurch werden die Ressourcen, allen voran die Zeit der Mitarbeitenden bestmöglich und zielgerichtet eingesetzt.

Gleichzeitig sollte es bei der Auswahl an Optionen bzw. Themen keine Kompromisse geben. Ein Thema, das das Unternehmen nicht maßgeblich voranbringen wird, sollte nicht im Tiefgang bearbeitet werden. Denn während nur gut passende Themen angegangen werden, fehlt die Zeit und Kapazität für die wirklich großartigen Themen und Projekte.

Entsprechend gilt es für die Mitarbeitenden wie für die Unternehmen gleichermaßen, früh zu versuchen, neu erarbeitetes Wissen auf alltägliche Themen und Projekte zu übertragen sowie Möglichkeiten zur praktischen Anwendung zu suchen. Dadurch entsteht Innovation aus der Mitte des Unternehmens heraus, die authentisch und gewinnbringend ist – für das Unternehmen selbst sowie für dessen Kunden und Partner.

**Aus der Praxis** | KI-Kompetenz aufbauen

**Herausforderung:** KI ist als aktuelles Thema hoch im Kurs. Als neue Technologie bietet sie viele Möglichkeiten zur Anwendung und gleichzeitig sind Menschen daran interessiert, diese zu verstehen, die Technologie einzusetzen und weiterzuentwickeln. Während die Mitarbeitenden großes Interesse am Thema bekunden, stellt sich als Unternehmen die Frage, welche Bedeutung KI für das eigene Handeln hat. Welche Anwendungsbereiche sind von besonderem Interesse? Wie tief müssen wir KI verstehen lernen und wie gut anwenden können?

**Der Schritt in Richtung einer agilen Organisation:** Im Rahmen der Entwicklungen der IIoT Building Blocks kann auch der Einsatz von KI als Werkzeug erprobt werden. Erste Fragestellungen, um basierend auf Daten zu lernen und Vorhersagen zu machen, lassen sich am eigens gebauten Demonstrator evaluieren. Kleine Schritte werden damit mit der neuen Technologie gegangen. Was dabei auch klar wurde: KI ist ein Werkzeug, das im Rahmen der Softwareentwicklung passend eingesetzt werden muss. Es gilt also, Kompetenz in der Anwendung von KI sowie in den Schnittstellen zwischen KI und Softwareentwicklung aufzubauen anstatt sich in der Tiefe mit dem Training von KI-Modellen zu beschäftigen. Mit diesem Fokus und ausgehend von den eigenen Anwendungsfällen kann die interne KI-Kompetenz entsprechend ausgebaut werden.

Für die passgenaue Umsetzung von KI-Projekten ist zudem nicht auszuschließen, dass es passende Partner braucht, um Projekte erfolgreich abzuschließen. Die Anforderungen und Bedingungen der einzelnen Projekte werden notwendige Schnittstellen aufzeigen.

**Reflexion zum Weiterdenken** | Welches Thema ist für uns als Unternehmen das Wichtigste, um neue Lösungen zu entwickeln?

**Im Dialog** | Alles ist interessant.
In Vorbereitung auf ein Meeting mit dem Entwicklungsteam sitzt Carola mit Frank zusammen, der für die inhaltliche Ausrichtung eines Projektes zuständig ist.
Frank: Wir haben gerade ein Zwischenziel erreicht und nun verschiedene Möglichkeiten, in welche Richtung wir das Projekt weiterentwickeln könnten. Alle diese Richtungen sind interessant.
Carola: Welche Möglichkeiten stehen für dich denn zur Auswahl?
Frank: Entweder macht es das Produkt schneller in der Verwendung oder die Datensicherung für Netzwerkausfälle robuster oder wir entwickeln gänzlich neue Funktionalität ...
Carola: Was braucht denn der Kunde bzw. Nutzer als Nächstes? Und welcher Aufwand und welche Risiken stecken hinter den einzelnen Funktionalitäten?
Frank: Das sind gute Fragen. Da brauchen wir auch den Rest des Entwicklungsteams, um deren Fachwissen miteinzubeziehen.
Carola: Prima. Dann evaluieren wir die verschiedenen Optionen gemeinsam und können dann auswählen, was für das Projekt als Nächstes am Wichtigsten ist.

**Reflexion zum Abschluss des Kapitels**
**Lernen:** Was habe ich in diesem Kapitel gelernt?
**Reflektieren:** Was bedeutet das für mich?
**Anwenden:** Was bedeutet das für mein Team, mein Unternehmen, meine Organisation?
**Verändern:** Welchen (kleinen) Schritt der Veränderung kann ich bewirken?

# 8 Die Wirkungskraft Strukturkraft

**Reflexion zum Start** | Strukturen geben einen Rahmen: Welche Strukturen und Prozesse gibt es bei uns im Team und im Unternehmen?

## Kernaussagen des Kapitels

- Die Strukturkraft wirkt in den beiden Dimensionen Struktur und Prozesse in den Unternehmen und baut die Grundlage für selbstorganisierte Teams und Dezentralisation weg von der Unternehmerpersönlichkeit, wodurch diese Entlastung erfährt und das Unternehmen an Effizienz gewinnt.
- Struktur und Prozesse sind zwei Dimensionen, in denen Veränderungen sensibel eingeführt werden müssen, denn deren Veränderung wirkt sich auf die persönlichen Handlungsweisen aller Mitarbeitenden aus.
- Die Dimension Struktur wird durch das Überdenken der Organisationsstrukturen bestimmt. Dadurch werden bewusst verschiedene Räume zur Zusammenarbeit innerhalb und übergreifend zu den Teams geschaffen, um selbstverantwortliches Handeln und Vernetzung zu etablieren.
- Der Ausbau der Digitalisierung macht es möglich, dass verschiedene digitale Werkzeuge zur Unterstützung eingesetzt werden können und dadurch effiziente Prozesse, schnelle Kommunikation und Kooperation über Distanz ermöglicht werden.
- Die Formalisierung von Prozessen und die Einführung iterativer Arbeitsprozesse führen die Etablierung neuer Strukturen konsequent weiter und ermöglichen, dass Entscheidungen in die Teams delegiert werden.
- Durch den adäquaten Einsatz agiler Prozesse, Methoden und Werkzeuge werden Informationen transparent und damit schnelle Kontextwechsel unterstützt.

Strukturen sind eine wichtige Basis für jegliches Handeln. Im Kontext von Unternehmen ist die Organisationsform ein maßgebliches Strukturelement. Daran richten sich Prozesse zur Entscheidungsfindung, Kommunikation und Zusammenarbeit mit der Umwelt aus. Wie zentralisiert und transparent diese Prozesse ausgestaltet sind, kann durch die Struktur entsprechend grundlegend beeinflusst werden, denn sie definiert, wie die Menschen zusammenarbeiten, also agieren und reagieren.

Die Strukturkraft wirkt deshalb rahmenschaffend und ist somit die Kraft, die die Organisation zusammenhält und grundlegend die Art und Weise des Miteinanders prägt. Sie wird maßgeblich von den beiden Dimensionen der Struktur und der Prozesse geprägt. Sie haben einen großen Einfluss, der oftmals gänzlich unbewusst ist, jedoch auf das Handeln des Unternehmens sowie jedes einzelnen Mitarbeitenden wirkt.

Deshalb ist auch die Strukturkraft eine wichtige Säule für Veränderung im Unternehmen. Die Veränderung im Rahmen der Strukturkraft ist gleichzeitig ein empfindlicher Hebel, den es in der agilen Transformation bewusst einzusetzen gilt und der sensibel mit neuen Impulsen belegt werden muss.

## 8.1 Die Dimension Struktur

In KMU steht bei der Veränderung hin zu einer agilen Organisation die Auflösung der Zentralisierung um die Unternehmensleitung im Fokus. Dabei ist die Erhaltung und der Ausbau der in den Unternehmen vorherrschenden Flexibilität eine zentrale Voraussetzung an die Strukturdimension. Diese wiegt als deren zentraler Vorteil im Handeln Richtung Markt schwer.

Jedoch erfordern diese gegebenen Rahmenbedingungen gleichzeitig Flexibilität in den Organisationsstrukturen zur Umsetzung der Projekte.

Mit Blick auf die Strukturen sind es folgende Themen, die in dieser Dimension besonders anzugehen sind:

- **Teams bilden:** Gemeinsam geht es besser. Deshalb sind die Teams, am besten besetzt mit Personen aus unterschiedlichen Fachdisziplinen und Expertenwissen, eine zentrale Größe im agilen Arbeiten. Zusammen erarbeiten sie in effizienten Teamprozessen zum Problem passende Ergebnisse. Aufgrund ihrer kleinen Größe sind die Bereiche in KMU teilweise offener zu denken und Teams auf verschiedenen Eigenschaften, beispielsweise eingesetzten Technologien oder übergreifende Arbeitsgebiete zu formen.
- **Verantwortlichkeiten benennen:** Die Dezentralisierung der Entscheidungswege ist im KMU ein zentrales Thema des Veränderungs-

prozesses hin zu einer agilen Organisation. Die Mitarbeitenden müssen ihre Verantwortung kennen und sich der Erwartungen, die an sie gestellt werden, bewusst werden. Durch einen offenen Dialog können sich die Mitarbeitenden einbringen und Verantwortung übernehmen.

- **Gemeinsame Räume schaffen:** Agile Strukturen sind stets darauf fokussiert, Räume zu schaffen – Räume als Ort, um sich physisch oder digital zu treffen. Dadurch werden Zeit und passende Rahmenbedingungen gegeben, in denen Austausch und Kollaboration gefördert wird und die mit Kreativität gefüllt werden können. Zugleich wird die Selbstverantwortung der Mitarbeitenden gestärkt und ein internes Netzwerk über Projekte und Teams hinweg aufgebaut.
- **Digitalisierung ausbauen:** Der konsequente Ausbau der Digitalisierung ist eine wichtige Grundlage für Agilität im Unternehmen. Durch digitale Werkzeuge und Tools können die agilen Werte, wie beispielsweise Transparenz und schnelle Kommunikationswege, auch in verteilten Teams realisiert werden. Interne Treiber nach flexiblen Arbeits- und Lebenskonzepten werden unterstützt, indem Informationen verfügbar und Menschen erreichbar werden.

**Für die Praxis** | Canvas „Struktur"
Dieser Canvas hat zum Ziel, sich den gegebenen Strukturen im Unternehmen bewusst zu werden und diese zu evaluieren. Nur wenn Sie diese kennen, können Sie beginnen, sie zu verändern.

**Anknüpfen an die Ergebnisse:** Auf Basis der gesammelten Anforderungen und Rahmenbedingungen an die Strukturen in Ihrem Team oder Unternehmen können Ideen zur neuen Ausgestaltung erarbeitet werden. Seien Sie dabei mutig und hinterfragen Sie auch Themen, die als unverrückbar eingeordnet wurden – vielleicht entdecken Sie doch einen Weg zur Veränderung.

Mit besonderem Blick auf die Struktur stellt sich für das agile KMU besonders die Frage nach der minimal notwendigen Ordnung, die geschaffen werden muss, um Rahmen zur Vereinheitlichung zu geben und gleichzeitig den eigenen Kernwert der Flexibilität zu erhalten. Durch die Etablierung einer geeigneten Form der Selbstorganisation sowie der Vorgabe der passenden Rahmenbedingungen wird dafür die Grundlage gelegt.

### Teams bilden

Die Menschen in den Unternehmen sind diejenigen, die handeln, die Wert schaffen und die Veränderung vorantreiben. Während jede einzelne Person überhaupt dafür sorgt, dass Aktion im Namen der Organisation geschieht, ist es das gemeinschaftliche Arbeiten in Teams, das einen Mehrwert schafft. Gemeinsam werden durch unterschiedliche Kompetenzen und die Ergänzung der verschiedenen Blickwinkel zum Problem passende Lösungen geschaffen. Prozesse, die auf Iteration ausgelegt sind, unterstützen die Zusammenarbeit mit Fokus auf regelmäßigen Fortschritt und stetige Weiterentwicklung.

**Info** | Welche Bedeutung hat der Kreis für eine agile Organisation?
Als zentrales Element der Organisationsstruktur dient in agilen Organisationen die Kreisform. Der Kreis steht dabei einerseits als Strukturelement und steckt bestimmte Arbeits- und Verantwortungsbereiche ab, andererseits findet sich der Kreis in den wiederkehrenden, iterativen Prozessen ebenfalls wieder.
Der Kreis als Form steht für ein gleichberechtigtes Miteinander, indem alle Personen, die einem Kreis bzw. Bereich zugehören, hierarchielos auf einer Ebene zusammenarbeiten. In den Organisationsmodellen wie der Soziokratie oder der Holokratie wird durch die Etablierung von mehreren Ebenen an Kreisen eine Dezentralisierung der organisatorischen Aufgaben und Verantwortung in der Organisation ermöglicht. Die Menschen sind dabei die verbindenden Elemente und Brücken zwischen den Kreisen.

Basierend auf der Idee der Kreisorganisation ist es in kleinen Unternehmen wichtig, einzeln arbeitende Mitarbeitende in Teams zu integrieren. Dies kann durch verschiedene Gründe bedingt sein. Gerade in kleinen Unternehmen agiert sowohl die Unternehmerpersönlichkeit zumeist alleine in strategischen Angelegenheiten als auch Mitarbeitende, die unternehmensweit fachliche Themen bearbeiten, wie beispielsweise Marketing oder HR. Darüber hinaus wird auch für die Bearbeitung kleiner Projekte oftmals nur eine einzelne Person benötigt. Der Aufbau eines Teams gestaltet sich entsprechend in verschiedenen Bereichen schwierig.

Eine Möglichkeit liegt darin, Bereiche breiter zu fassen und Teams zusammenzustellen, die auf den ersten Blick keine offensichtlichen Überschneidungen in der Arbeit haben, z. B. nicht am selben Projekt jedoch mit derselben Technologie arbeiten. Auch ist ein Blick auf sich ergänzende Aufgabenbereiche lohnend, wie beispielsweise Marketing und Design. Die Zusammenführung in Gruppen und damit die Integration dieser Mitarbeitenden schafft nicht nur eine Möglichkeit zum Austausch und Sparring, sondern stärkt auch die Gemeinschaft und das Zugehörigkeitsgefühl.

Durch die Verknüpfung verschiedener Sichtweisen wird die Lösungsfindung bereichert und Ergebnisse in ihrer Qualität besser. Zwischen den Personen werden Projektinformationen geteilt und damit schneller auffindbar. Somit wird die Kollaboration gefördert, während gleichzeitig Projektrisiken minimiert werden, indem sich die Personen auch gegenseitig vertreten können oder kurzfristige Anfragen beantworten können.

Flexible Strukturen ermöglichen nicht nur eine schnelle Reaktionsfähigkeit als Unternehmen, sondern dürfen gleichzeitig auch selbst in Bewegung sein. Personen können und dürfen Teil von mehreren Bereichen oder Kreisen sein, um als Verbindung zu agieren und Wissen weiterzutragen. Als Basis ist einzig die klare Abgrenzung von Bereichen notwendig, um zu wissen, welche Themen es im Austausch mit wem bzw. wo anzusprechen gilt. Gerade die Zusammenarbeit mit Personen, die viele Rollen auf sich vereinen, wird damit vereinfacht – sowohl für die Person selbst als auch für alle, die mit ihr interagieren.

**Aus der Praxis** | In Kontexten und Rollen denken

**Herausforderung:** Im Unternehmen gibt es zahlreiche Personen, die verschiedene Rollen auf sich vereinen. Zusätzlich gibt es für viele Themen und Technologien einzelne Personen, die das Fachwissen dazu im Unternehmen haben. Allen voran gilt dies für die übergreifenden Unternehmensbereiche, wie Marketing, Personal und Finanzbuchhaltung. Bei iTE SI bearbeiten verschiedene Kolleginnen als einzelne Expertinnen die anfallenden Aufgaben in ihrem Fachbereich und sprechen sich bei Fragen und zur Planung mit der Unternehmensleitung ab. Bei Rücksprachen zu inhaltlichen Fragestellungen sind somit meistens nur wenige Personen involviert, die Kommunikationswege sind kurz und deshalb sind Prozesse wenig etabliert.

Zwar sind diese kurzen Kommunikationswege grundsätzlich positiv und auch zukünftig zu erhalten, trotzdem werden durch Fragen und

Störungen teilweise auch produktive Arbeits- und Konzentrationsphasen unterbrochen. Durch die entstehenden Wechsel zwischen fachlichen Themen und Kontexten, z. B. von Projekten, sind die entsprechenden Personen mit zusätzlicher Denkleistung gefordert.

**Der Schritt in Richtung einer agilen Organisation:** Das Denken in inhaltlichen Kontexten statt in Personen hilft, um den Wechsel zwischen Themengebieten und Kontexten zu verringern. Dabei werden die zusammenkommenden Personen in ihren Rollen zum entsprechenden Thema wahrgenommen und respektiert.
Darüber hinaus ist es auch förderlich, Fachgebiete nicht zu isoliert zu sehen, sondern zu überlegen, in welchem Thema oder Fragestellung, welche Person zur Lösung oder Umsetzung einer Aufgabenstellung beitragen kann. Einzelne Mitarbeitende, die in anderen Unternehmensbereichen arbeiten, haben beispielsweise auch Interesse und Kompetenzen, um sich einzubringen, z. B. der Entwickler, der auch gerne Texte schreibt oder die Werkstudentin, die Wissen zum Thema Videodreh mitbringt. Somit können sich verschiedene Mitarbeitende gegenseitiges Feedback geben und sich zu Aufgaben und Themen austauschen. Gleichzeitig wird für alle der Arbeitsalltag abwechslungsreicher.

**Reflexion zum Weiterdenken** | Welche feste und welche flexible Strukturen gibt es in meinem Unternehmen?

**Im Dialog** | Andere Projekte interessieren mich nicht.
Nach dem Team-Daily eines Teams, das mit einer gemeinsamen Technologie aber für unterschiedliche Kunden arbeitet, kommt Carola Coach mit Samuel ins Gespräch.
Samuel: Warum machen wir diese täglichen Meetings überhaupt? Was bringt das?
Carola: In aller Kürze gibt es die Updates zu allen Projekten und Kunden, für die wir in diesem Bereich gerade arbeiten. So sind wir alle auf demselben Kenntnisstand. Warum fragst du?
Samuel: Mich interessiert doch nicht, was die anderen in ihren Projekten arbeiten. Diese Zeit könnte ich doch besser in die Umsetzung meiner Aufgaben stecken.

Carola: Deshalb ist dieses Meeting ja bewusst kurz gehalten. Zudem ist es äußerst geschickt, dass alle Teammitglieder in einem gemeinsamen Raum sind. So haben wir direkt die Gelegenheit, um Fragen zu stellen oder uns abzustimmen, wann Austausch nötig ist. Unklarheiten und Hindernisse können damit schnell ausgeräumt werden.
Samuel: Das sehe ich ein. So häufig kommt das ja aber nicht vor. Ist es diesen Aufwand wirklich wert?
Carola: Es ist ja richtig, dass im Normalfall nicht jeder in alle Projekte involviert ist. Trotzdem macht es uns als Team flexibler, wenn nicht nur Einzelne wissen, wo das Projekt steht und was getan werden muss. Erinnere dich doch an letzte Woche, als Frank krank war und eine dringende Änderung im Projekt kam. Du warst beim Kunden und plötzlich musste Michael übernehmen. Da mussten und konnten wir schnell reagieren und der Kunde war sehr zufrieden.

### Verantwortlichkeiten benennen

Im kleinen Unternehmen ist es gängige Praxis, dass Personen in mehrere Projekte parallel eingebunden sind. Sie übernehmen dabei diverse Aufgaben und Rollen. Selbst dieselbe Rolle in unterschiedlichen Projekten ist dabei nicht identisch. Bisher ist diese Rolle in ihrer Erwartungshaltung sowie in ihrem Verantwortungsbereichen zumeist wenig explizit beschrieben, da die Einsatzbereiche und somit die Übernahme von Aufgaben jeweils auch mit den individuellen Kompetenzen von Mitarbeitenden einhergeht und entsprechend gewachsen ist. Die Stärke der Unternehmen wird ausgelebt, indem die Mitarbeitenden in ihren persönlichen Fähigkeiten wertgeschätzt und danach eingesetzt werden – was eine wichtige Basis der agilen Organisation darstellt. Trotzdem zeigt sich hieraus der Bedarf, die formale Organisationsstruktur sowohl im Unternehmen als auch in den Teams zu klären. Dadurch wird ermöglicht, dass Mitarbeitende ihre eigenen Aufgabengebiete kennen und diese entsprechend selbst aktiv vorantreiben können.

Selbstorganisation in den Teams wird also durch die bewusste Benennung von Rollen innerhalb der Teams ermöglicht.

**Info** | Was ist eine Rolle?
Rollen beschreiben, welche Erwartungen an die Handlungen einer Person gestellt werden. Sie sind dabei nicht personengebunden, sondern ergeben sich aus der Beziehung zweier Menschen zueinander. Rollen sind damit grundsätzlich losgelöst von Positionen und Funktionen. Auch kann eine Person mehrere Rollen innehaben bzw. eine Rolle von mehreren Personen ausgefüllt werden (vgl. Hofert 2018a: 51).
Auch im alltäglichen Miteinander werden ständig wechselnde Rollen eingenommen, so z. B. die Rolle als Mutter oder Vater, als Tochter oder Sohn, als Partner, als Nachbarin oder Nachbar. Je nachdem, welche Personen interagieren – ihr Tun ist durch ihre Beziehung zueinander beeinflusst. Die Rolle der jeweiligen Personen hat also Auswirkungen darauf, wie sie handeln.

**Für die Praxis** | Canvas „Rollenverständnis"
Der Canvas zum Thema Rollen schafft ein gemeinsames Bild der Erwartungen und Aufgaben, die an eine spezifische Rolle gestellt werden. Neben der Klärung von Pflichten, Verantwortlichkeiten und Kompetenzen steht dabei auch die Abgrenzung zu anderen Rollen im Fokus. Damit legt dieser Canvas die Grundlage, um offen über Erwartungen an Personen, die eine Rolle innehaben, zu sprechen.

**Anknüpfen an die Ergebnisse:** Starten Sie in die Teamarbeit. Übergeben Sie Aufgaben und Verantwortung an die Personen, die die jeweilige Rolle innehaben, und schenken Sie Vertrauen. Auch die Art und Weise der Zusammenarbeit und Kommunikation im Team lassen sich auf Basis dieser Ergebnisse tiefergehend erarbeiten.

Indem die Aufgaben und Erwartungen, die an ein Teammitglied gestellt werden, beschrieben und transparent gemacht werden, können diese von den Personen auch angenommen und übernommen werden. Dies hilft sowohl derjenigen Person, die ihr Bestes gibt, um die Rolle auszufüllen, als auch dem Team in der Ausgestaltung der Zusammenarbeit. Damit werden klare Verantwortlichkeiten abgesteckt, Erwartungshaltungen deutlich gemacht und den Personen einen persönlichen Handlungsrahmen gegeben.

Zudem müssen in der Selbstorganisation die Mitarbeitenden häufig zwischen dem aktiven Vorantreiben eigener Aufgaben und feedbackgebender

Beratung für andere Mitarbeitende wechseln. Dafür braucht es umso mehr Wissen um Verantwortlichkeiten sowie deren klare Kommunikation. Nur dadurch werden der eigene Handlungsspielraum sowie die Erwartungen, die jeweils gestellt werden, jedem einzelnen bewusst.

**Aus der Praxis** | Rollenverständnis in den Teams
**Herausforderung:** Projekte sind in ihren Eigenschaften sehr unterschiedlich. Obwohl die Beziehungen in der Zusammenarbeit mit den allermeisten Kunden langfristig angelegt ist und über mehrere Jahre andauert, ist die Art der Projektanfragen jeweils individuell. Da sind Kunden, die häufig, teilweise eher unregelmäßig, kleinere Projekte vergeben, die jeweils nur wenige Personentage in der Umsetzung dauern, während andere Kunden die fortdauernde Umsetzung von Softwarelösungen beauftragt haben. Die Strukturen im Unternehmen brauchen einerseits die Flexibilität für kurzfristige Anfragen, andererseits müssen sie Stabilität und Kontinuität für die Projektarbeit gewährleisten.
Die Mitarbeitenden arbeiten zumeist in kleinen Teams für die Kunden. Dabei sind viele von ihnen mit der Arbeitsweise in verschiedenen Projekten vertraut. Gerade in kleinen Projekten wechselt je nach Projekt die Zusammensetzung der Teams. Die Mitarbeitenden arbeiten gut zusammen. Genaue Verantwortlichkeiten werden jedoch zumeist nicht benannt. Die Umsetzung und Qualität der Ergebnisse variierten entsprechend jeweils leicht. Während dies die Benutzung der Anwendungen eher weniger beeinträchtigt, ist eine hohe Qualität gerade für die Wartung und Pflege von Softwarelösungen von großer Relevanz. Zudem ist Dokumentation gerade auch in kleinen Projekten von großem Wert, denn Rückfragen kommen teilweise erst spät und zumeist über die Unternehmerpersönlichkeit, der für Angebote in den meisten Fällen als erster Ansprechpartner Richtung Kunde fungiert.

**Der Schritt in Richtung einer agilen Organisation:** Um selbstorganisierte Teams zu etablieren und Aufgaben in die Teams zu delegieren, ist die Benennung von Rollen im Team eine wichtige Grundlage. Dadurch werden sowohl die Verantwortlichkeiten an die Mitarbeitenden klar kommuniziert als auch die Aufgaben, die im Team übernommen werden müssen, sichtbar gemacht. Damit werden die Erwartungen an die einzelnen Mitarbeitenden sowohl von Seiten der Unternehmensführung als auch von den anderen Teammitgliedern benannt. Um für Projekte im Unternehmen die wichtigen Verantwortlichkeitsgebiete zu benennen und auf verschiedene Personen im Team verteilen zu können, wurden vier relevante Rollen für Projekte ausgearbeitet. Dadurch wird deutlich, dass jedes Teammitglied seinen Teil zum Projekterfolg beiträgt. Angelehnt wurde das interne Rollenkonzept am Rahmenwerk Scrum, trotzdem wurden die Rollen bewusst anders benannt, um frei von den Erwartungen zu sein, die durch eine gleichnamige Benennung oftmals auch unbewusst zutage tritt.

- Project Owner: *„Ich helfe dem Kunden herauszufinden, was er wirklich möchte und das auch entsprechend umgesetzt zu bekommen."*
  Der Project Owner möchte dem Kunden mit der erstellten Lösung einen maximalen Wert übergeben. Als Schnittstelle zwischen Kunde und Team kennt und kommuniziert er sowohl Anforderungen als auch Informationen im Projekt transparent.
- Process Master: *„Durch meine Moderation und methodische Begleitung arbeitet das Team effizient und an den Aufgaben mit der höchsten Priorität."*
  Der Process Master schafft Rahmenbedingungen, in welchen das Team durch den Prozess und Methoden bestmöglich in der Zielerreichung unterstützt wird.
- Lead Developer: *„Der Teufel steckt in der Technologie oft im Detail – dieser Herausforderung stelle ich mich gerne."*
  Durch seine technische Expertise stellt er die technische Qualität und Skalierbarkeit der Lösung/des Produkts sicher.
- Developer: *„Wenn aus Jira Tickets eine gut nutzbare Funktionalität wurde, dann war ich erfolgreich am Werk."*
  Der Developer entwickelt im Rahmen der Projektanforderungen eine hochwertige Lösung/Teil einer Lösung.

Nach der Vorstellung der Rollen ist es ein nächster wichtiger Schritt, mit den Mitarbeitenden und Teams in den Dialog zu gehen. Dabei sind einerseits die Rollen bewusst Personen zuzuordnen und von diesen anzunehmen, andererseits ist der gemeinsame Austausch über das jeweils persönliche Verständnis der Aufgaben und Erwartungen die Basis für eine erfolgreiche Umsetzung in den Teams.

**Reflexion zum Weiterdenken** | Welche Rollen gibt es bei uns im Team oder im Unternehmen? Welche sind explizit benannt und welche werden unbewusst ausgefüllt?

**Im Dialog** | Ich werde nun Product Owner.
Frank ist auf der Suche nach Carola. Seit ihrem letzten Gespräch beschäftigt ihn ein Thema, das er gerne mit ihr besprechen möchte.
Frank: Carola, hast du ein paar Minuten für mich? Seitdem ihr vor Kurzem die neuen Rollen vorgestellt habt, habe ich mir viele Gedanken gemacht und beschlossen, ich werde nun Product Owner.
Carola: Das ist toll, dass du dir Gedanken gemacht hast. Wieso interessiert dich gerade die Rolle des Product Owners?
Frank: So genau kann ich es nicht sagen. Ich kann mir auch gar nicht genau vorstellen, was man da tun muss. Aber ich stelle es mir spannend vor, diese neue Rolle zu übernehmen. Das ist doch irgendwie cool.
Carola: Ich finde es super, dass du dich persönlich weiterentwickeln möchtest und dir vorstellen kannst neue Aufgaben zu übernehmen. Die Aufgaben des Product Owners gab es schon immer, grundsätzlich neu sind diese nicht. Was sind denn deiner Meinung nach die Aufgaben eines Product Owners?
Frank: Na, der Product Owner redet mit dem Kunden und sagt, was gemacht werden soll.
Carola: Das beschreibt den Product Owner noch nicht ganz richtig. Lass uns gemeinsam noch einmal die Rollen und ihre Aufgaben anschauen. Dabei können wir auch gemeinsam überlegen, wie und in welcher Rolle du deine Stärken am besten einbringen kannst.

### Gemeinsame Räume schaffen

Der Auf- und Ausbau kollaborativer Strukturen ist eine wichtige Grundlage, um als kleines Unternehmen eine anpassungsfähige, lernende Organisation zu werden. Der Ausbau team- und projektübergreifender Zusammenarbeit ist die Basis, um Austausch und Kollaboration in den Grundfesten des Unternehmens zu etablieren. Das Agieren als lernende Organisation baut auf dem Vorhandensein eines internen Netzwerks. Abgrenzendes, isoliertes

Denken und Handeln einzelner Mitarbeitender oder Teams ist ein Hindernis für Agilität im Unternehmen – ungeachtet dessen Größe.

Die internen Strukturen müssen entsprechend auf Vernetzung ausgelegt sein und Räume zum Austausch schaffen. Gleichzeitig sind diese gesteckten Rahmen auch kreative Räume, die von den Mitarbeitenden im Sinne der gemeinsamen Vision ausgestaltet werden können. Diese gemeinschaftlichen Räume zur Kommunikation und Kollaboration – sowohl physisch als auch digital – sind für den bewussten Austausch innerhalb der Teams wichtig, noch wichtiger ist darüber hinaus der projekt- und teamübergreifende Austausch.

Durch die Bearbeitung von fachübergreifenden Themen wird vorhandenes Wissen und Erfahrung weitergegeben und die Übertragung auf andere Projekte unterstützt. Das gemeinsame Lernen wird gefördert und das kreative Denken angeregt, indem versucht wird, Probleme zu lösen und übergreifende Praktiken herauszuarbeiten, die unabhängig von projektspezifischen Gegebenheiten sind. Lernen findet vor allem dort statt, wo gemeinsam gearbeitet wird.

**Aus der Praxis** | Communities of Practice für den projektübergreifenden Austausch

**Herausforderung:** Die Arbeit in den Projekten für den Kunden ist die wertschöpfende Arbeit und generiert Umsatz. Bei iT Engineering Software Innovations sind das verschiedene zumeist eher kleinere Softwareentwicklungsprojekte für Kunden mit jeweils individuellen Anforderungen. Dabei werden Technologien passend zum Kunden und deren Rahmenbedingungen gewählt. In diesem hohen Wechsel an Projekten und Technologien, ist es gerade die Übertragung von Wissen und Erfahrungen, die in der Arbeit und Entwicklung der Lösungen eine hohe Qualität schafft. Jedoch ist durch die Aufteilung der Mitarbeitenden in Teams, die sich jeweils um einen Technologiebereich bzw. ein Kundenprojekt kümmern, der fachliche Austausch im Unternehmen zwischen den Mitarbeitenden wenig gegeben bzw. geschieht nur punktuell und situativ. Durch die Remote-Arbeit wird die Kommunikation über Teams hinweg zusätzlich erschwert. Wie können Räume für den projektübergreifenden Austausch geschaffen werden?

**Der Schritt in Richtung einer agilen Organisation:** Neben der Offenheit eines jeden einzelnen Mitarbeitenden für neue Themen sowie der Erarbeitung von neuem Wissen durch jeden persönlich, ist gerade auch die Schaffung von Räumen für Austausch und die gemeinsame Bearbeitung von Aufgaben wichtig. Eine Möglichkeit dafür sind sogenannte Communities of Practice. Dort kommen die Mitarbeitenden zusammen, um unternehmensübergreifende Themen zu bearbeiten und Lösungen für Probleme zu finden, die für verschiedene Projekte von Interesse sind. Die Arbeit der CoPs setzt dabei auf drei Werte:

- Kollaborativ: Jede CoP hat einen eigenen Themenschwerpunkt, an dem die Teilnehmenden Interesse haben. Die CoP ist ein Raum, um sich zu diesem Thema auszutauschen und relevantes Wissen zu erarbeiten sowie dieses Wissen in den aktiven Zusammenhang mit dem Unternehmen zu bringen. Der Wissensstand der einzelnen Teilnehmenden ist grundsätzlich unerheblich. Egal ob Anfänger oder Experte, sie kommen zusammen, um gemeinsam und voneinander zu lernen.
- Eigenverantwortlich: Die Themen und die Aufgaben im CoP sowie der regelmäßige Rhythmus der Treffen werden maßgeblich durch dessen Mitglieder bestimmt. Die Mitarbeit in den CoPs sowie die Übernahme von Verantwortung ist freiwillig, jedoch sind alle im Unternehmen eingeladen sich im Rahmen von CoPs zu engagieren.
- Ergebnisorientiert: Die CoP arbeitet nach innen und außen. Einerseits steht der Austausch innerhalb der CoP im Fokus, andererseits wird das Teilen der Ergebnisse und das Weitertragen des Wissens in das Unternehmen als stetiges Ziel verfolgt. Auch der Austausch mit externen Partnern wird unterstützt.

Darüber hinaus braucht die Arbeit in den Communities of Practice ein paar Rahmenbedingungen. Es ist wichtig, dass die Themen und ein Ansprechpartner der Communities of Practice transparent sind und eine Regelmäßigkeit in den Treffen gewahrt wird. Nur dadurch kann ein lebendiger Dialog entstehen und die Arbeit der Communitymitglieder ihre volle Wirkung entfalten. Zusätzlich braucht es eine Person, die für eine jeweilige Community verantwortlich zeichnet und mit ihrem persönlichen Interesse am Thema auch die gemeinsame Arbeit führt und voranbringt.

Somit sind die Communities of Practice sowohl wichtig, um Selbstorganisation zu üben und etablieren, als auch den Wissensaustausch zu stärken und die stetige Weiterentwicklung und das Lernen der Organisation als Ganzes zu fördern. Die Mitarbeitenden übernehmen selbst Verantwortung für ein Thema und können sich zu einem Thema einbringen, das sie persönlich interessiert. Somit sind Communities of Practice für iT Engineering Software Innovations die Grundlage, um effektivere Arbeit und langfristige Weiterentwicklung der Mitarbeitenden zu gewährleisten.

**Reflexion zum Weiterdenken** | Bei welchen Themen wünsche ich mir mehr Austausch im Unternehmen, um von den anderen Mitarbeitenden zu lernen?

**Im Dialog** | Dafür habe ich keine Zeit.
In der Küche trifft Carola auf Diana Diener, die in Teilzeit im Unternehmen arbeitet.
Carola: Hallo Diana! Schön, dich zu sehen. Wie war dein Tag bisher?
Diana: Hallo Carola, im Projekt läuft es wieder etwas entspannter. Wir haben einen für den Kunden wichtigen Meilenstein erreicht. Aber Aufgaben gibt es trotzdem noch mehr als genug.
Carola: Das freut mich zu hören, herzlichen Glückwunsch zur Erreichung des Meilensteins.
Diana: Danke. Vorhin habe ich mitbekommen, wie du dich mit Hilbert über unsere Communities of Practice unterhalten hast. Mich würde ein Thema ja auch sehr interessieren. Aber dafür habe ich einfach keine Zeit.
Carola: Grundsätzlich ist das kein Problem. Die Communities of Practice sind ein freiwilliges Angebot. Jeder kann teilnehmen, es muss jedoch keiner. Trotzdem ist es bereichernd, wenn Personen aus verschiedenen Projekten zusammenkommen. Du könntest sicherlich guten Input geben und Wissen der anderen mitnehmen.
Diana: Das stimmt schon. Jedoch arbeite ich in dieser Zeit arbeite lieber am Projekt. Dafür werden wir schließlich bezahlt. Ansonsten

muss ich später auch noch Überstunden machen, denn meine Aufgaben übernimmt in der Zwischenzeit ja auch niemand.
Carola: Wenn es im Projekt gerade etwas entspannter läuft, kannst du es ja auch einfach mal ausprobieren. Du bist jederzeit herzlich eingeladen, in die Community of Practice dazuzukommen. Durch den Austausch mit den anderen und dem Aufbau neuen Wissens ergeben sich teilweise auch neue Handlungsweisen, die für die Projektarbeit nützlich sind und uns ein kleines bisschen effizienter machen. Pünktlichen Feierabend kann es also trotzdem geben.

### Digitalisierung ausbauen

Selbstorganisation und Dezentralisierung brauchen ein hohes Maß an Transparenz und Kommunikation. Deshalb ist ein weiterer wichtiger Aspekt, welcher ausschlaggebend auf die Strukturebene wirkt, die Digitalisierung. Die eingesetzten Werkzeuge und Software sind neben der Organisationsform ein weiteres strukturgebendes Element. Digitale Werkzeuge helfen sowohl bei einer größeren internen Vernetzung und Schaffung von Transparenz als auch bei einer höheren Arbeitseffizienz. Digitalisierung ist somit nicht nur ein wichtiger Treiber für Agilität, sondern bildet gleichzeitig auch die Basis, um als agile Organisation zusammenzuarbeiten. Durch den zumeist geringen Digitalisierungsgrad haben kleine Unternehmen hier ein wichtiges Aktionsfeld, das im Rahmen einer agilen Transformation mitbearbeitet werden muss.

Der Einsatz digitaler Software und Werkzeuge geht auch eng mit der Dimension Prozesse, genauer der Formalisierung von Prozessen einher. Während es nahezu unmöglich ist, nicht formalisierte Prozesse zu digitalisieren, gilt es gleichzeitig, nicht direkt zu umfangreiche Lösungen zu etablieren, um den Aufwand in der weiterführenden Betreuung und Wartung im Betrieb nicht zu hoch werden zu lassen. Um sich gut einzugliedern, müssen digitale Werkzeuge flexibel sein, um die individuellen Strukturen passend abzubilden, während sie gleichzeitig das Schaffen und die Einhaltung von neuen Strukturen einfordern.

Grundsätzlich gilt, Handlungsweisen, die in den Teams funktionieren bzw. sich aus dem Methodeneinsatz agiler Frameworks im Team ergeben, auf alle Organisationseben zu übertragen. Dabei braucht jeder eingeführte Prozess eine für ihn verantwortliche Person, die für die weitere Angemessenheit und Aktualität sowie auch für Fragen zur Verfügung steht. Diesen Aufwand gilt es in den Zielunternehmen auf möglichst unterschiedliche Personen zu verteilen, da zentrale Kapazitäten nicht verfügbar sind. In Summe ist jedoch die Anzahl der eingesetzten Werkzeuge und entsprechend auch der Betreuungsaufwand möglichst gering zu halten.

Digitalisierung ist deshalb eine Medaille mit zwei Seiten. Jedoch gilt: Investitionen lohnen sich, um die Möglichkeiten der Digitalisierung zu nutzen und den eigenen Digitalisierungsgrad stetig auszubauen.

**Aus der Praxis** | Virtuelle Teamarbeit

**Herausforderung:** Eine gute Ausstattung an digitalen Werkzeugen und Softwarelösungen war bereits vorhanden, als der Wechsel ins Homeoffice, bedingt durch die Corona-Pandemie, stattfinden musste. Innerhalb eines Tages arbeiteten alle Mitarbeitenden komplett von zuhause aus. Ein Team, das auch zuvor die Zusammenarbeit über Distanz praktizierte, gab es bereits.

Neben der Etablierung neuer persönlicher Prozesse für und bei der Arbeit gab es dabei auch zahlreiche technische Fragen zu klären. Unter anderem mussten Antworten gefunden werden auf die Fragen: Wo und wie sind Kollegen sowohl für interne Absprachen als auch für externe Anfragen erreichbar? Wie werden Informationen bestmöglich geteilt und verteilt?

**Der Schritt in Richtung einer agilen Organisation:** Die zuvor getätigten Investitionen in Digitalisierung zahlten sich aus, indem z. B. die Telefonanlage bereits die Funktionalität unterstützte, auch direkt über das Internet und den Computer zu telefonieren. Zudem stellte sie die Möglichkeit der Videotelefonie bereit. Auch für die Aufgabenverwaltung und -planung wurde eine Software als Werkzeug im Unternehmen eingesetzt. Die grundlegenden Strukturen und Prozesse in den Teams sowie auch die Erreichbarkeit untereinander konnten auch in der virtuellen Zusammenarbeit beibehalten werden.

Durch die weiteren Erfahrungen aus der Arbeit im Homeoffice etablierten sich angepasste Strukturen und Prozesse sowie die Verwendung weiterer Softwareanwendungen, z. B. zur schnelleren Kommunikation via Chat-Software und zur besseren Integration von Videokonferenzen mit dem E-Mailprogramm. Zudem wurde auch die Arbeit mit den vorhandenen Werkzeugen intensiver und deren Verwendung kreativer, um die Anforderungen im Arbeitsalltag damit abdecken zu können. Gerade auch im virtuellen Raum lohnen sich agile Strukturen und das Arbeiten an der stetigen Verbesserung in der Zusammenarbeit. Agile Prozesse ermöglichen regelmäßige Räume zum Austausch und schaffen damit Zusammenhalt auch über Distanz.

Es ist und bleibt jedoch eine stetige Herausforderung, die Räume im digitalen Raum bewusst zu schaffen und mit Leben zu füllen. Es braucht mehr Disziplin in der Moderation von Besprechungen sowie mehr Kreativität, um Dinge, die im physischen Miteinander automatisch geschehen, wie beispielsweise das informelle Gespräch in der Kaffeeküche, zu integrieren.

**Reflexion zum Weiterdenken** | Wie digital arbeiten wir im Team oder im Unternehmen? Bei welchen Tätigkeiten könnten uns digitale Werkzeuge in der Zusammenarbeit unterstützen?

**Im Dialog** | Zusammengehörigkeit entsteht nur vor Ort.

Bei einem Treffen eines regionalen Netzwerks unterhält sich Carola mit Bert Berater. Er hat ein eigenes Unternehmen und ist schon lange im Netzwerk mit dabei.

Bert: Wie macht ihr das mit Arbeiten von zuhause? Das muss doch bald wieder ein Ende haben.

Carola: Bei uns ist das Remote-Arbeiten inzwischen gut etabliert. Wir arbeiten trotzdem gut und effizient zusammen. Ich sehe keinen Grund, um das wieder abzuschaffen.

Bert: Ich habe das Gefühl, niemand weiß genau, was gearbeitet wird und das Gemeinschaftsgefühl geht auch gänzlich verloren.

Carola: Bei der virtuellen Zusammenarbeit ein Gemeinschaftsgefühl zu schaffen, ist nicht so einfach. Da stimme ich dir zu. Gerade dort braucht es bewusst Räume und Möglichkeiten, um zusammenzukommen. Der Austausch, der im Büro an der Kaffeemaschine einfach so passiert, muss bewusst initiiert werden.

Bert: Und es ist virtuell einfach nicht dasselbe. Es funktioniert einfach nicht.

Carola: So pauschal würde ich das nicht formulieren. Im virtuellen Raum braucht es vor allem mehr oder überhaupt eine Moderation. Es braucht jemanden, der sich dafür verantwortlich zeichnet, um die Menschen zusammenzubringen und dass alle zu Wort kommen. Tolle Softwarewerkzeuge unterstützen das inzwischen auch gut und passend. Gerne gebe ich dir ein paar Tipps dazu, falls dich das interessiert.

Struktur bildet Rahmen und schafft Räume, womit sie zu Verbindung und Austausch einlädt wie auch Klarheit und Trennung ermöglicht. In der bewussten Auseinandersetzung mit der Strukturdimension in kleinen Unternehmen ist es wichtig, die vorhandenen sowie auch die geschaffenen Strukturen und Regelungen stets auf ihre Notwendigkeit zu hinterfragen, um den richtigen Grad an Formalisierung – ohne Überformalisierung – zu finden.

Teams und Personen brauchen Regeln vor allem in Phasen, wenn sie keine oder wenig Erfahrung haben. Nach den ersten eigenen Schritten und dem Sammeln von Erfahrungen und Erkenntnissen können die Rahmenbedingungen entsprechend weiter gesteckt werden. Auch einmal eingeführte Rahmenbedingungen und Prinzipien gilt es deshalb regelmäßig auf ihre weitere Angemessenheit zu überprüfen und entsprechend anzupassen oder wieder abzuschaffen.

## 8.2 Die Dimension Prozesse

Agile Prozesse und Arbeitsweisen sind auf den Umgang mit Komplexität ausgelegt. Sie helfen, komplexe Probleme zu lösen und dienen dazu, um in komplexen Rahmenbedingungen zu bestehen und darin wertstiftende Ergebnisse zu liefern. Damit dies geschehen kann, müssen die im vorherigen Kapitel beschriebenen Strukturen geschaffen werden. Dies bringt gleichzeitig die Notwendigkeit für neue Prozesse zur Entscheidungsfindung mit sich, denn agil geführte und selbstorganisierte Teams besitzen grundsätzlich alle Fähigkeiten und Kompetenzen, um eigenständig Entscheidungen treffen zu wollen, zu können und zu dürfen.

Die Dimension der Prozesse führt die Gestaltung neuer Strukturen, und damit auch die Dimension der Struktur, konsequent weiter. Dadurch verfestigt sich Agilität im unternehmerischen Handeln.

**Info** | Was sind agile Prozesse?
Das Wort Prozesse klingt sehr formal und wird zumeist eher im klassischen Umfeld verwendet bzw. diesem zugeschrieben. Auch im agilen Kontext gibt es Prozesse. Doch anstelle von Abläufen und Meilensteinen, ist auch hier der Kreis, im Sinne der Wiederholung ein prägendes Element. Definierte und wiederkehrende Meetings sind maßgeblich im Prozess, um den Fortschritt und die Ergebnisse im Team zu teilen und nächste Aufgaben abzuleiten. Damit werden Räume zum Austausch geschaffen, Feedback und Abstimmung ermöglicht und Weiterentwicklung im Sinne der Iteration auf mehreren Ebenen – sowohl inhaltlich als auch auf Prozessebene – etabliert.

Um Dezentralisierung und selbstverantwortliches Arbeiten im Sinne einer agilen, lernenden Organisation zu ermöglichen und eine Kultur der Netzwerkintelligenz zu etablieren, gilt es im kleinen Unternehmen, Handlungen und Wissen explizit und damit verfügbar zu machen. Dabei ist es wichtig, das Bewusstsein für die vorhandenen Prozesse zu schärfen, sowie diese Prozesse zu dokumentieren und verfügbar zu machen.

Dabei stellen folgende Aspekte wichtige Handlungsfelder in der Dimension Prozesse dar:

- **Prozesse formalisieren:** Viele Prozesse sind geprägt von den Handlungen einzelner Teammitglieder. Durch die Formalisierung der Prozesse wird ein selbstverantwortliches sowie trotzdem gemeinsames und als Unternehmen einheitliches Agieren ermöglicht.
- **Iterative Arbeitsprozesse einführen:** Das Planen in kurzen Planungszyklen ist ein Kernprinzip des agilen Arbeitens. Dadurch wird ein Fokus auf Agieren statt auf Reagieren gelegt, ohne dabei äußere Rahmenbedingungen zu ignorieren. Prioritäten und Fokusthemen sowie anstehende Aufgaben werden im Team besprochen, sodass ein gemeinsames Ziel verfolgt wird.
- **Entscheidungsrahmen vorgeben:** Eine Verlagerung von Kontrolle und Entscheidungen auf eine möglichst niedere, umsetzungsnahe Ebene steigert die Reaktionsfähigkeit eines Teams, denn dort ist das Wissen um Alternativen und Implikationen am größten. Entsprechend müssen die Teams ihre Verantwortungsbereiche kennen und brauchen Handlungsrahmen statt genauer Regeln.

- **Kontextwechsel unterstützen:** Die Bearbeitung von Projekten mit kurzer Laufzeit oder geringem Volumen bedingt einen häufigen Kontextwechsel von Mitarbeitenden bzw. erfordert die parallele Arbeit in mehreren Projektteams. Diese Wechsel bringen Herausforderungen in der Transparenz von Informationen sowie beim Aufgreifen von Aufgaben und Fällen von Entscheidungen mit sich. Dies kann mit passenden Prozessen und Werkzeugen unterstützt werden.

**Für die Praxis** | Canvas „Prozesse"
Viele Prozesse in den Teams sind gewachsen und laufen unbewusst ab. Deshalb hilft dieser Canvas, um die Zusammenarbeit im Team zu reflektieren und Potential für Verbesserung aufzudecken. Verwenden Sie den Canvas sowohl für die Arbeit im Team, im Projekt oder auf Ebene des Unternehmens.

**Anknüpfen an die Ergebnisse:** Schaffen Sie neue Standards in Ihren Prozessen und validieren Sie vorhandene Prozesse auf deren Gültigkeit und Anwendbarkeit. Die Arbeit mit dem Canvas zeigt die Rahmenbedingungen und Erwartungen auf, die dabei zu berücksichtigen sind. Wichtig ist, zu starten und zu iterieren, anstatt nach einer ersten perfekten Lösung zu suchen.

Alles in allem zeigt sich, dass durch die Einführung von formalen Rahmenbedingungen und Prozessen kleine Unternehmen das grundlegende Agieren im Unternehmen vereinheitlichen und an Effizienz gewinnen können.

### Prozesse formalisieren

Die Formalisierung von Prozessen klingt trocken und abschreckend. Schnell kommen dabei Gedanken an Großkonzerne, detailgenaue Handlungsanweisungen und lange Formularblätter in den Sinn. Letztlich zeigt dies direkt die Herausforderung auf, das richtige Maß an Formalisierung zu finden. Eine Überfomalisierung ist hinderlich und kann mit den vorhandenen Ressourcen in kleinen Unternehmen nicht nachhaltig umgesetzt werden.

Angemessen angewendet ermöglichen formalisierte Prozesse einerseits die Trennung von Handlungsebenen und die Übertragung von Verantwortlichkeiten, andererseits wird dadurch der Einsatz digitaler Werkzeuge möglich, die diese Prozesse abbilden und damit die agilen Strukturen festigen.

Zusätzlich liegt in kleinen Unternehmen zentrales Wissen über organisatorische Abläufe sowie inhaltliche Aspekte verschiedener Themengebiete oftmals nur bei der Unternehmensleitung oder bei einzelnen Mitarbeitenden. Dies vermindert nicht nur die Effizienz, sondern stellt gleichermaßen ein unternehmerisches Risiko dar, falls diese entscheidenden Personen ausfallen. Eine Dezentralisierung der Strukturen mindert entsprechend unternehmerische Risiken und erhöht die Geschwindigkeit in den Aktionen und Reaktionen des Unternehmens.

Dieser beschriebene Grat zwischen Formalisierung ohne Überformalisierung gilt für jeden Prozess und ist stets schmal und individuell. Jeder eingeführte Prozess muss darauf überprüft werden, ob er die notwendigen Rahmenbedingungen schafft, um die Arbeit zu vereinfachen, um seinerseits nicht zu einschränkend zu sein. Die Formalisierung der Prozesse schafft dabei auch die Möglichkeit, um die Notwendigkeit einzelner Handlungsweisen grundsätzlich zu hinterfragen sowie über deren Verbesserung zu sprechen. Der Dialog und das aktive Beobachten der Handlungen im Unternehmen ist auch nach der Festlegung auf einen gemeinsamen Prozess ein Muss. Diese machen deutlich, ob weitere Regelungen notwendig sind, einer Veränderung bedürfen bzw. welche Prozesse überflüssig sind und somit abgeschafft werden können.

Überflüssige Inhalte entstehen auch bei der Dokumentation der Prozesse schnell. Auch hier ist Angemessenheit ein wichtiger Faktor. Umfangreiche Dokumentationen werden nicht gerne erstellt und sind sowohl in der Erstellung als auch in deren Konsum zeitaufwändig. Die Frage nach dem richtigen Ort und Medium zur Dokumentation der Vorgehensweise ist deshalb wichtig. Möglichkeiten zur Visualisierung sollten dabei besonders bedacht werden. Dadurch werden die Prozesse anschaulich und besser verständlich.

Durch die Verschriftlichung und Dokumentation von Prozessen wird eine wichtige Grundlage gelegt, um Dezentralisierung im Unternehmen zu ermöglichen. Abhängigkeit von der Verfügbarkeit von Personen kann damit teilweise aufgehoben werden bzw. Wartezeit überbrückt werden, bis gemeinsamer Austausch stattfinden kann.

**Aus der Praxis** | Onboarding neu gedacht

**Herausforderung:** Vor allem Prozessen, die nicht sehr häufig vorkommen, fehlt es zumeist an Formalisierung und Standardisierung. Einer dieser Prozesse ist das Onboarding neuer Mitarbeitender. Sie

kommen zumeist gerade dann ins Unternehmen, wenn es viel zu tun gibt und sollen unterstützen. Doch gerade dann braucht es Zeit, um die Projekte und die Arbeitsweise vorzustellen. Zwei Probleme stellen sich entsprechend heraus: Die fehlende Standardisierung braucht großen Aufwand in der Vorbereitung, und die Abhängigkeit von der Verfügbarkeit der Mitarbeitenden, die den Einarbeitungsprozess gestalten, kann ein Hindernis für den Elan des neuen Mitarbeitenden in den ersten Tagen und Wochen darstellen.
Für die langfristige gute Zusammenarbeit ist gerade der Start im Unternehmen prägend und wichtig. Das neue Teammitglied soll schnell in die Lage versetzt werden, selbstständig Aufgaben im Team zu übernehmen. Dabei soll sowohl dessen persönlicher Wohlfühlfaktor erhalten werden und die Zeit der anderen Kollegen so wenig wie möglich gebunden werden.

**Der Schritt in Richtung einer agilen Organisation:** Das Onboarding-Board ist eine Möglichkeit, um neue Mitarbeitende in die Arbeitsweise und -techniken im Unternehmen einzuführen und in ihrer Selbstverantwortung zu stärken. Das Onboarding-Board ist ein digitales Kanban-Board. Darin findet sich eine Liste der Aufgaben, um im Unternehmen anzukommen, Arbeitsgeräte und Werkzeuge einzurichten und die notwendigen Projekte und Technologien kennenzulernen. Durch das Onboarding-Board wird das zentrale Softwarewerkzeug zur Aufgabenverwaltung kennengelernt. Schnell und im praktischen Einsatz wird der Umgang damit eingeübt. Das Onboarding-Board kann im Voraus von verschiedenen Personen vorbereitet werden und hilft, dass bei der Einarbeitung keine wichtigen Aufgaben oder Informationen vergessen werden.
Zudem haben neue Mitarbeitende in den ersten Tagen immer einen Anlaufpunkt und eine Übersicht an ihnen zugewiesenen Aufgaben. Sie haben also immer etwas zu tun und müssen nicht auf andere warten. Die Abhängigkeit von der Verfügbarkeit von anderen Teammitgliedern ist damit reduziert und für die bestehenden Mitarbeitenden kann sich das Onboarding gut in den eigenen Arbeitsalltag integrieren. Der Einarbeitungsprozess ist damit selbstorganisiert und effizient gestaltet.

**Reflexion zum Weiterdenken** | Bei welchen Themen oder in welchen Bereichen würden mir persönlich sowie auch meinem Team geänderte oder neue Prozesse helfen, um durch Vereinheitlichung an Effizienz zu gewinnen?

**Im Dialog** | Die Prozesse funktionieren nicht.
Hilbert und Carola haben eine Besprechung. Sie tauschen sich regelmäßig über ihre Beobachtungen sowie nächste Schritte der Entwicklungen im Unternehmen aus.
Hilbert: Nun ist die Besprechung, in welcher wir die neuen Prozesse vorgestellt haben, schon wieder drei Wochen her. Dabei habe ich doch ausführlich erklärt, wie ich mir das zukünftig vorstelle. Und die Dokumentation ist auch ausführlich. Trotzdem werden die Prozesse von den meisten Mitarbeitenden immer noch nicht so umgesetzt. Was können wir da tun?
Carola: Du hast die Prozesse aufgeschrieben und alle Mitarbeitenden darüber informiert, warum die Änderung der Prozesse wichtig ist. Es braucht etwas Zeit, bis diese neue Arbeitsweise zur Routine geworden ist.
Hilbert: Ich sehe nicht, dass sich überhaupt jemand darum bemüht, in der neuen Art und Weise zu handeln. Ganz im Gegenteil, es scheint, als war das bisher nur vergeudete Zeit.
Carola: Die Mitarbeitenden sind nicht alle im gleichen Maß von den Änderungen betroffen. Im Grunde sind es nur einzelne, die regelmäßig davon betroffen sind und sich selbst um die Umsetzung kümmern.
Hilbert: Richtig. Es sind hauptsächlich die Mitarbeitenden, die direkt in der Abstimmung mit Kunden involviert sind.
Carola: Wie können wir für diese Mitarbeitenden die neuen Prozesse besser sichtbar machen und vorleben?
Hilbert: Das weiß ich nicht genau, ein Gespräch mit den Beteiligten ist meines Erachtens dienlich. Dann könnten wir die Prozesse noch einmal durchsprechen.
Carola: Das ist eine tolle Idee. Im kleinen Kreis ist es auch einfacher ins Gespräch zu kommen und Fragen zu stellen. Wir können die Gedanken und Bedenken der Mitarbeitenden aufnehmen. Daraus ergeben sich

eventuell auch noch kleine Justierungen, wodurch die neuen Prozesse für die Projekte anwendbar werden und von allen getragen werden.

### Iterative Arbeitsprozesse einführen

Das Streben nach kontinuierlicher Verbesserung sowohl des erarbeiteten Ergebnisses als auch der Art und Weise der Zusammenarbeit ist ein weiteres Kernprinzip des agilen Arbeitens. Dadurch handeln die beteiligten Personen mehr in einem Aktionsmodus statt in einem Reaktionsmodus. Ihr Fokus liegt auf der Erarbeitung eines gemeinsam abgesteckten Ziels, welches sich an den gegebenen äußeren Rahmenbedingungen orientiert.

**Info** | Was sind iterative Arbeitsprozesse?
Iterative Vorgehensweisen finden sich in einer Vielzahl agiler Arbeitsmethoden wieder. Sie folgen einem stetigen Kreislauf des Planens, Auslieferns, Inspizierens und Adaptierens, in Kürze dem PDCA-Zyklus (engl. Plan, Deliver, Check, Adapt). Durch diesen Rhythmus werden die aktuell vorhandenen Prozesse regelmäßig überdacht und im Sinne eines kontinuierlichen Verbesserungsprozesses angepasst (vgl. Foegen & Kaczmarek 2016: 41).
Die Grundlage dieser Arbeitsprozesse ist ein definierter Planungszeitraum. Dieser wird durch verschiedene Besprechungen gestartet, begleitet und beendet. Folgende Meetings dienen dazu, um während des geplanten Zeitraums als Team ein gemeinsames Ergebnis zu schaffen:

- Zum Start: ein Planungsmeeting. Dabei werden die Aufgaben, die als Nächstes umgesetzt werden sollen, besprochen und in ihrem Aufwand geschätzt. Das Team erarbeitet ein gemeinsames Verständnis davon, was Priorität hat und welche Schwierigkeiten in der Umsetzung auftreten können. Ein erreichbares Ziel wird für den abgesteckten Zeitraum festgelegt.
- Währenddessen: Kurze tägliche Abstimmungen. Um den Fortschritt im Team zu teilen, Fragen zu adressieren und Hindernisse anzusprechen, dient ein tägliches Zusammenkommen im Team. Jedes Teammitglied kommt in aller Kürze mit einem Update zu seinen Aufgaben zu Wort.

- Ein inhaltlicher Abschluss: Review, Vorstellung der Ergebnisse. Gemeinsam schauen die Teammitglieder auf die Ergebnisse, die im vergangenen Zeitraum entstanden sind. Dadurch wird der Status quo sichtbar und Feedback von verschiedenen Personen kann eingeholt werden.
- Zum Abschluss: Retrospektive. Ein Rückblick auf die Art und Weise der Zusammenarbeit dient deren Verbesserung. Dabei wird sowohl ein Blick auf gute und funktionierende Prozesse sowie auch auf Hinderliches oder Fehlendes geworfen.

Wird ein Planungszeitraum beendet, schließt sich direkt der nächste an. Der Kreislauf beginnt wieder von vorn.
Die benannten Meetings finden sich in verschiedenen agilen Methoden wieder, z. B. in Scrum oder Kanban. Dabei ist der Titel der Meetings jeweils leicht unterschiedlich, der Sinn jedoch derselbe. Zusätzliche Besprechungen oder Austauschformate können je nach Methode den sich wiederholenden Prozess ergänzen.

Im kleinen Unternehmen liegt die besondere Herausforderung der Planung in der Verschiedenartigkeit der Projekte. Dadurch sind einerseits der Takt und die Notwendigkeit zur Abstimmung in den einzelnen Projekten unterschiedlich, andererseits bringt die Schnittstelle zwischen operativer und strategisch-taktischer Ebene Besonderheiten mit sich. Denn je kürzer die Laufzeit von Projekten ist, desto häufiger müssen Themen rund um strategische Passung von Projekten, Kapazitätsauslastung und Planung von notwendigen Kompetenzen bearbeitet und kommuniziert werden.

Wird diese Abstimmung eher informell praktiziert, entsteht ein großer Aufwand in der Abstimmung mit einzelnen Personen oder Teams, welcher zumeist abermals bei der Unternehmensleitung anfällt. Zusätzlich bestehen bei einer unregelmäßigen Planung bzw. Planung nach Bedarf die Risiken, dass es vergessen wird, Informationen zu kommunizieren und dass die strategische Planung durch operative Aufgaben überlagert wird. Eine passende und ineinandergreifende Taktung der Planung bringt somit Sicherheit durch Regelmäßigkeit sowie Effizienz durch geringeren Abstimmungsaufwand.

Iterative Arbeitsprozesse sind somit sowohl auf strategisch-taktischer Ebene sowie auch auf operativer Ebene einzuführen. Während in der operativen Ebene in kürzen Zeiträumen, ca. 2 bis 4 Wochen, geplant wird, kann der

Planungszyklus auf strategisch-taktischer Ebene auf Zeiträume zwischen 1 bis 4 Monate ausgerichtet werden. Passende Zeiträume sind je nach Menge der Aufgaben, vorhandenen Ressourcen und Veränderungsgeschwindigkeit in den äußeren Rahmenbedingungen zu wählen. Nach einem ersten Start und dem Festlegen eines initialen Rhythmus kann und darf auch dieser im Sinne der kontinuierlichen Verbesserung angepasst werden, nachdem erste Erfahrungen gesammelt wurden.

**Aus der Praxis** | Iterative Prozesse unterstützen die Planung
**Herausforderung:** Im Grunde gibt es im Unternehmen viele Themen und Abstimmungen, die wiederkehrend stattfinden. Regelmäßig gibt man Status über ein Projekt oder tauscht sich über nächste Aufgaben aus, die es zu erledigen gilt. Doch nur wenige dieser Besprechungen werden als Terminserie geplant. Stattdessen werden Termine nach Bedarf vereinbart und Ad-hoc-Abstimmungen bestimmen den Arbeitsalltag.
Doch wer bestimmt in diesem Fall darüber, wann ein Thema wichtig ist oder wann der richtige Zeitpunkt ist? Zumeist der Zufall der Gedanken, wenn jemand daran denkt, dass es mal wieder an der Zeit ist. Dadurch entstehen keine Regelmäßigkeit und Themen, die im Laufe der Zeit weniger wichtig werden, werden eher vergessen anstatt deren Bearbeitung bewusst auf später zu verlegen und Prioritäten neu zu ordnen.

**Der Schritt in Richtung einer agilen Organisation:** Durch die Einführung von regelmäßigen Rücksprachen werden klare Zeiten zur Abstimmung geschaffen. Diese sind wichtig, egal wie klein oder groß das Team ist. Somit kommen die Fragen und Updates kanalisiert. Dadurch werden für alle involvierten Personen – besonders den Geschäftsführer, der in zahlreiche Themen involviert ist – die Wechsel zwischen verschiedenen Themenfeldern reduziert und die Kontexte abgegrenzt. Iterative Prozesse schaffen somit klare Kontexte und ermöglichen Planung.
Es braucht etwas Übung und ist gewöhnungsbedürftig, nicht alle Fragen direkt zu stellen, auch wenn man die Person gerade sieht. Trotzdem steht bei wichtigen Angelegenheiten nichts im Weg, um Fragen nach wie vor auf dem kurzen Kommunikationsweg zu klären.

**Reflexion zum Weiterdenken** | Welche wiederkehrenden Tätigkeiten und Meetings habe ich? Wie können diese im Team oder im Unternehmen in einen regelmäßigen Rhythmus gebracht werden?

**Im Dialog** | Es sind zu viele Meetings.
Carola wird auf dem Gang von Samuel, einem Mitarbeiter aus einem Projektteam angesprochen.
Samuel: Gut, dass ich dich sehe, Carola. Ich wollte dich abseits aller Meetings gerne mal etwas fragen. Alle Teammitglieder sitzen nun in all diesen Meetings. Das ist doch nicht effizient. Sollten oder könnten wir in der Zeit nicht besser an Aufgaben arbeiten und diese umsetzen?
Carola: Hallo Samuel, schön, dass wir uns sehen und du diese Frage offen stellst. Was gibt dir das Gefühl, dass es dem Team an Effizienz fehlt?
Samuel: Im Team arbeiten wir gut und wie ich finde auch effizient. Ich sehe es eher in meinem Kalender. Dort stehen nun so viele Meetings, an jedem Tag mindestens eines. Früher gab es auch mal Tage, da war der Kalender leer, wenn ich morgens in den Tag gestartet bin.
Carola: Ist es dann dabei geblieben?
Samuel: Natürlich nicht. Irgendjemand hat ja immer eine Frage und braucht Hilfe oder dass man über dessen Ergebnisse drüber schaut und Feedback gibt. Irgendwas kommt ja immer.
Carola: Und genau an diesem Punkt sind unsere im Voraus geplanten Abstimmungen hilfreich. Wir wissen genau, wann wir die anderen Mitarbeitenden sehen und hören. Fragen und Punkte zur Abstimmung können wir dort gesammelt besprechen. Wir können unsere Tage also besser planen, gerade mit Hinblick auf Zeit, in welcher wir konzentriert an der Umsetzung von Aufgaben arbeiten können.
Samuel: Das stimmt, Unterbrechungen sind zwar immer noch da, aber weniger häufig. Nach wie vor kommt immer irgendetwas anders, als man denkt.
Carola: Und das können wir auch nicht ändern. Aber uns passend dazu aufstellen und darauf einstellen.

### Entscheidungsrahmen vorgeben

Das Treffen von Entscheidungen ist ein Schlüsselelement der Geschäftsfähigkeit eines Unternehmens. Diese schlagen sich direkt in der Prozess- und Entwicklungsgeschwindigkeit und somit auch auf dessen Marktattraktivität und -beständigkeit nieder. Zusätzlich ist das Thema Entscheidungen bzw. die Delegation von Entscheidungen weg von der Unternehmensleitung ein zentrales Thema in der agilen Transition von kleinen Unternehmen. Im klassisch geführten Unternehmen fehlt es durch die Zentralisierung auf die Unternehmensleitung an Effizienz. Als begrenzende Ressource wird die Unternehmerpersönlichkeit leicht zum Engpass, wodurch sich Entscheidungen verzögern oder Informationen verspätet weitergeleitet werden.

Agile Strukturen streben eine Verlagerung von Kontrolle und Entscheidungen auf eine möglichst niedere, umsetzungsnahe Ebene an. Dies steigert die Reaktionsfähigkeit eines Teams, denn dort ist das Wissen um Alternativen und Implikationen am größten. Zudem können die Entscheidungen dort direkt in Handlungen umgesetzt werden, wodurch eine schnelle Anpassung an sich ändernde Rahmenbedingungen möglich wird.

Entsprechend gilt es in den Unternehmen zu hinterfragen, welche Entscheidungen, die bisher von der Unternehmensleitung getroffen werden, in die Teams delegiert werden können. Dabei gehen die Möglichkeiten zur Veränderung der Prozesse eng mit dem Vorhandensein agiler Strukturen sowie einer kommunizierten Unternehmensvision einher. Nur durch verfügbares Wissen um Ziele und Prinzipien des Handelns sowie Möglichkeiten zum Austausch, können Teams und einzelne Mitarbeitende Entscheidungen im Sinne des Unternehmens treffen. Sie werden dadurch zu Mitgestaltenden der Organisation.

Ein Faktum zieht sich als roter Faden durch dieses Kapitel der Strukturkraft: Sie ist eine sensible Wirkungskraft, die ständige Balance erfordert. Denn auch beim Setzen von Entscheidungsrahmen ist das richtige Maß an Vorgaben vs. Gestaltungsspielraum wichtig. Die Vorgabe von Leitfragen statt detaillierter Regeln ist dabei eine adäquate Methode, die es ermöglicht, grundsätzliche Vorgehensweisen und Best Practices auf andere ähnliche Anwendungsfälle zu übertragen. Gleichzeitig laden Fragen die Mitarbeitenden dazu ein, die Situation selbst einzuschätzen und sich entsprechend einzubringen.

**Aus der Praxis** | Leitfragen für die Auswahl des richtigen Werkzeuges
**Herausforderung:** Der Start von neuen Projekten ist immer spannend und herausfordernd. KI-Projekte stellen besondere Anforderungen an den Projektstart. Sowohl die spätere Arbeitsweise im Projektverlauf als auch das Kontextwissen der Personen sowie der Detailgrad der Zielvorstellung sind dabei entscheidend für die Entwicklung der passenden Lösung. Dabei stellen gegebene Rahmenbedingungen, wie beispielsweise die Markt- und Kundenstruktur, angebotene Produkte und Services, technische Infrastruktur, Prozesse und Systeme sowie vorhandene Ressourcen, Einschränkungen und Leitplanken in den Unternehmen dar.

**Der Schritt in Richtung einer agilen Organisation:** Für den Start von KI-Projekten wurde deshalb ein kleiner Werkzeugkasten erarbeitet. Darin finden sich verschiedene Werkzeuge und Methoden, wie in ein KI-Projekt gestartet werden kann. Dabei kann über verschiedene Fragestellungen als Ansatzpunkt eingestiegen werden, je nachdem wie konkret die Gedanken und Ideen der Kunden bereits sind.
Leitfragen helfen dabei, um zusammen mit den Kunden ein gemeinsames Verständnis aufzubauen und die vorhandenen Informationen und Ideen zu teilen. Gerade in der Phase, wenn noch keine klaren Ziele oder Vorstellungen vorliegen, helfen Leitfragen, um erste Ansatzpunkte für zentrale Problempunkte im Unternehmen zu finden. Sie stecken einen Rahmen ab und regen zum Weiterdenken an. Trotzdem lassen sie den Raum, um auf die individuelle Problemstellung eingehen zu können.

**Reflexion zum Weiterdenken** | Welche Entscheidungen kann ich selbst treffen und was entscheiden wir im Team? Wie können wir Abhängigkeiten zu Personen, die außerhalb des Teams entscheiden, reduzieren?

**Im Dialog** | Früher war das einfacher.
Als Carola sich einen Kaffe zubereitet, hört sie in der Kaffeeküche ein Gespräch von Diana und Samuel mit.
Samuel: Ich habe ja manchmal das Gefühl, dass das Arbeiten früher einfacher war.

Diana: Wie meinst du das? Fängst du nun mit so einer Früher-war-alles-besser-Haltung an? Was ist denn los?
Samuel: Na, früher musste man sich nicht über so viele Dinge Gedanken machen, sondern konnte einfach seinen Job erledigen. Da wurden mehr Regeln gegeben, an die man sich halten konnte oder klare Entscheidungen getroffen.
Diana: So lange bin ich nun ja noch nicht da, aber ich mag, wie wir arbeiten. Ich übernehme gern Verantwortung für meine Arbeit und versuche immer das bestmögliche Ergebnis zu erreichen.
Samuel: Das mache ich ja auch. Ich finde es ja auch toll, dass wir Freiraum in der Arbeit haben und selbst Dinge gestalten können. Aber es gibt immer mehr Entscheidungen zu treffen. Wie machst du das?
Diana: Entscheidungen sind nicht immer einfach und oft bin ich selbst auch unsicher. Dafür gibt es aber immer jemanden im Team, mit dem ich mich kurz abstimmen kann. Ich stelle meine Frage und die Optionen vor, gemeinsam diskutieren wir und wägen ab. Und wer sagt denn, dass wir alle Entscheidungen dann auch treffen müssen? Manches ist ja auch einfach zu groß und braucht die Sichtweise und Entscheidung des Kunden oder Chefs.
Samuel: Das stimmt. Das Gespräch mit anderen hilft mir auch immer weiter. So wie heute mit dir. Danke.

### Kontextwechsel unterstützen

Auf der operativen Ebene zeigt sich die Kollaboration über Projektgrenzen hinweg als weitere Herausforderung, die durch passende Strukturen und Prozesse bedacht werden kann. Die Bearbeitung von Projekten mit kürzeren Laufzeiten macht einen regelmäßigen Wechsel der Projektzugehörigkeit von Mitarbeitenden notwendig bzw. erfordert eine parallele Mitarbeit in mehreren Teams. Zudem werden kleine Projekte teilweise nur von einzelnen Personen im Unternehmen bearbeitet.

Für die Ausgestaltung der Prozesse und die Aufbereitung der Informationen im Projekt ergeben sich hieraus zwei Blickwinkel: Einerseits sollte sie die Kontextwechsel zwischen den Projekten für die beteiligten Mitarbeitenden vereinfachen, andererseits sind die Informationen für Außenstehende so zu dokumentieren, dass sie leicht zugänglich und möglichst ohne Nachfragen zu konsumieren sind.

Für die agile Organisationsentwicklung bedeutet das, jene Methoden und Werkzeuge einzuführen und zu verwenden, die möglichst vielseitig und damit auf eine Vielzahl von Projekten anwendbar sind. Damit werden zudem die Mitarbeitenden passend unterstützt, um trotz der beschriebenen Projektsituation kollaborativ zusammenarbeiten zu können.

Zusätzlich müssen für die operative Planung und Koordination Wege gefunden werden, wie diese in den einzelnen Bereichen oder Teams komprimiert geschehen können. Personen, die in mehreren Projekten mitarbeiten, sollen schließlich nicht nur in Meetings zur Koordination gebunden sein, sondern ihnen muss auch Arbeitszeit zur Erarbeitung von Lösungen zur Verfügung stehen.

Agile Arbeitsmethoden bieten für die verschiedenen Projekte passende Werkzeuge. So eignet sich Scrum erst für größere Projekte und ein Kanban-Board kann für kleine Projekte oder Bereiche, in welchen mehrere Projekte parallel bearbeitet werden, eine gute Alternative sein.

**Anknüpfen** | Agile Arbeitsmethoden
Eine Auswahl an agilen Arbeitsmethoden wird in Kapitel 2 vorgestellt. Die Stärken und mögliche Einsatzgebiete der vier bekanntesten Methoden Scrum, Kanban, Design Thinking und Extreme Programming werden dort beschrieben.

**Aus der Praxis** | Alles auf einem Kanban-Board
**Herausforderung:** Managementressourcen sind im Unternehmen gering besetzt. Hauptsächlich agiert die Unternehmerpersönlichkeit als zentrale Person, die das Projektmanagement für zahlreiche Projekte übernimmt und dabei auch gleichzeitig die Verantwortung für übergreifende Themengebiete hat. Selbst im Rahmen von agilen Prozessen, wenn das Statusupdate im Daily Standup in aller Kürze gemacht wird und damit zeitsparend ein Update von vielen Teams eingeholt werden kann, kommt dabei eine Flut von Informationen auf die Unternehmensleitung zu.
Bei Fragen zu einem Projekt oder wenn es nötig ist, den Fortschritt im Überblick zu betrachten, dann braucht es dedizierte Anlaufpunkte,

wo Informationen ohne lange Suche auffindbar sind. Dabei sollten möglichst wenige andere Mitarbeitende involviert bzw. keine fremde Hilfe notwendig sein.

**Der Schritt in Richtung einer agilen Organisation:** Das wird unterstützt durch (digitalisierte) Prozesse. Besonders Kanban-Boards vereinfachen den Kontextwechsel und machen gleichzeitig auch den Status transparent. Wieder ein Element, dass mehrere Aspekte der agilen Organisation auf einmal unterstützt und die Selbstorganisationsfähigkeit der Teams erhöht. Gleichzeitig schaffen diese Boards eine Sicherheit für Führungskräfte, die Verantwortung abgeben. Sie können doch noch jederzeit den aktuellen Status erfahren, auch wenn sie nicht mehr selbst in jedem Meeting involviert sind.
Die Boards gliedern die Aufgaben, die im Team für einen nächsten Planungszeitraum anstehen, in verschiedene Spalten. Die Mitarbeitenden aktualisieren je nach Fortschrittsgrad die Aufgaben selbst, z. B. wird beim Bearbeitungsbeginn die Aufgabe von „To Do“ in „In Progress“ gezogen. Nachdem der Bearbeitende mit der Umsetzung fertig ist, schiebt er die Karte in „Review“, damit sie von einem anderen im Team noch einmal auf Vollständigkeit durchgeschaut werden kann. Durch das Board wird entsprechend der Fortschritt im Team visualisiert und jeder Mitarbeitende im Team hat Transparenz über den Status der Aufgaben und wer gerade an was arbeitet. Somit sind Kanban-Boards für alle Beteiligten eine nutzenstiftende Sache.

**Reflexion zum Weiterdenken** | Wo und wie habe ich meine Aufgaben bzw. die Aufgaben im Team visualisiert, um Transparenz über deren Fortschritt zu schaffen?

**Im Dialog** | Meine Aufgaben sind doch klar.
Carola moderiert ein Meeting, in dem die nächsten anstehenden Aufgaben im Team besprochen werden.
Frank: Es ist doch nicht notwendig, hier so im Detail über die Aufgaben zu sprechen und das auch noch aufzuschreiben. Es ist mir doch klar, was ich tun muss.

Carola: Das ist gut, dass du die Aufgaben schnell einordnen kannst und weißt, was zur Umsetzung getan werden muss. So können wir von deiner Erfahrung profitieren. Denn sicherlich ist das nicht für alle so klar.
Frank: Aber man kann doch fragen, wenn etwas nicht klar ist.
Carola: Da hast du Recht, und es ist wichtig, dass Fragen gestellt werden, wenn Unklarheiten bestehen. Manchmal wissen wir jedoch gar nicht, dass wir ein unterschiedliches Bild von derselben Sache haben. Basierend auf der Erfahrung aus vorherigen Projekten erscheint es jedem einzelnen Beteiligten klar und doch hat jeder eine andere mögliche Lösung parat.
Frank: Hm, okay. Das sehe ich ein.
Carola: Von dieser Erfahrung können wir alle profitieren und lernen, wie es in anderen Projekten und für andere Kunden umgesetzt wurde. Fehler müssen wir ja schließlich nicht zweimal machen.

**Reflexion zum Abschluss des Kapitels**
**Lernen:** Was habe ich in diesem Kapitel gelernt?
**Reflektieren:** Was bedeutet das für mich?
**Anwenden:** Was bedeutet das für mein Team, mein Unternehmen, meine Organisation?
**Verändern:** Welchen (kleinen) Schritt der Veränderung kann ich bewirken?

# 9 Die Wirkungskraft Gemeinschaftskraft

**Reflexion zum Start** | Gemeinschaft hilft uns: Was ist für mich eine Gemeinschaft und wo erlebe ich diese?

Die bisher vorgestellten zwei Wirkungskräfte schaffen Rahmenbedingungen und ermöglichen Ausrichtung. Jedoch lebt und agiert eine agile Organisation letztlich durch ihre Akteure. Eine agile Kultur stellt die Interaktion der Menschen in den Mittelpunkt und erhebt damit neue Anforderungen an die Zusammenarbeit für alle Beteiligten. Deshalb ergänzt die Gemeinschaftskraft als dritte Wirkungskraft das Kraftfeld einer agilen Organisation.

## Kernaussagen des Kapitels

- Die Gemeinschaftskraft wird von den Dimension Kollaboration und Kooperation bestimmt.
- Durch eine gemeinsame Entwicklung von Mitarbeiter und Organisation gewinnt das Unternehmen an Wissen.
- Es ist wichtig, die eigenen Stärken zu kennen, sowohl als Unternehmen als auch für jeden Mitarbeitenden. Dadurch werden Kompetenzen sichtbar und können passend kombiniert und ergänzt werden.
- Eine lernende Organisation lebt von der Verknüpfung der Erfahrung und des Wissens jedes Einzelnen sowie davon, dass dieses Wissen im richtigen Moment zur Verfügung steht.
- Ein Netzwerk ist das Sinnbild einer agilen Organisation. Sowohl im Handeln nach innen als auch nach außen ist das Zusammenspiel der Stärken der einzelnen Beteiligten das wichtigste Element, um eine passende Lösung für eine komplexe Problemstellung zu finden.

Die Gemeinschaftskraft wirkt nach innen. Sie hat den Aufbau der Organisation als lebendiges Netzwerk als Ziel. Die Menschlichkeit sowie die Beziehungen stehen dabei in den Dimensionen Kommunikation und Kollaboration im Fokus.

Im Rahmen dieser Themenfelder wird der Blick auf die Zusammenarbeit im Unternehmen gerichtet und darauf, wie die geschaffenen Räume mit Leben gefüllt werden. Die Gemeinschaftskraft schaut dabei auf das Miteinander und schafft Verbindungen, gleichzeitig stärkt sie die einzelnen Persönlichkeiten. Persönliche Weiterbildung und Reflexion sind ebenfalls in der Gemeinschaftskraft verankert. Dadurch werden auch das gemeinschaftliche Lernen und der Wissensaufbau gestärkt, sowohl von fachlichem als auch methodischem Wissen. Damit stellt sie das Handwerkszeug der Agilität.

Die Mitarbeitenden entwickeln sich im Rahmen der agilen Organisationsentwicklung gemeinsam mit der Organisation weiter. Dabei steht die Entwicklung des Einzelnen gleichrangig zur Entwicklung der Organisation. Durch diese gemeinsame Entwicklung gewinnt sowohl die Organisation als auch die Mitarbeitenden.

**Info** | Wie wird die agile Organisationsentwicklung zu einem gemeinsamen Entwicklungsraum?
Agile Organisationsmodelle erfordern von den Mitarbeitenden, dass sie eigenständig Themen, die innerhalb ihres Verantwortungsbereiches liegen, vorantreiben. Zudem soll aktiv nach einem Abbau der Hindernisse und Spannungen durch die Mitarbeitenden selbst gestrebt werden. Konkret bedeutet dies für die Mitarbeitenden ein Beitrag durch Selbstverantwortung, einer Haltung im Sinne der kontinuierlichen Verbesserung, Identifikation und Unternehmertum, Affinität für Wandel und Vernetzung sowie Kundenorientierung.
Weiterentwicklung und Lernen ist damit nicht nur für die Organisation wichtig, sondern die persönliche Entwicklung des Individuums muss parallel dazu vorangetrieben werden. Erst dann entsteht ein gemeinsamer Entwicklungsraum von Organisation und Organisationsmitglied, welcher den Aufbau von entsprechenden Handlungskompetenzen der Mitarbeitenden ermöglicht und sowohl mit Interessen und Anforderungen von Seiten der Organisation als auch des Individuums belegt ist.
Weiterbildung wird damit zu einer individuellen und kontextspezifischen Förderung. Als Ergebnis dieser zielführenden Entwicklung der Mitarbeitenden gewinnt die Organisation an Wettbewerbsfähigkeit und das einzelne Organisationsmitglied an Beschäftigungsfähigkeit (siehe Abbildung 9).

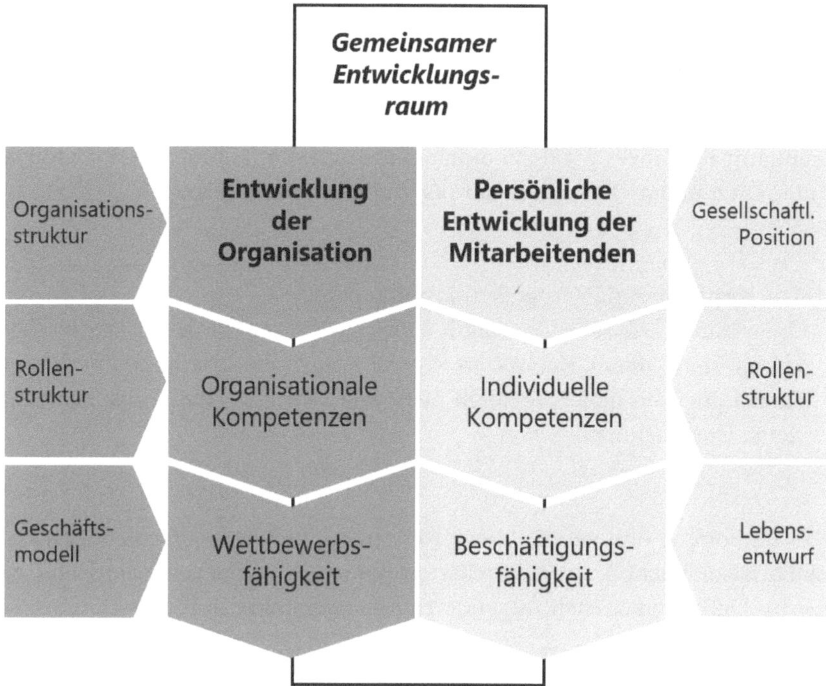


Abb. 9: Entwicklungsraum von Organisation und Individuum (eigene Abbildung nach Fraunhofer IAO 2013: 21; Heiler & Borck 2018: 151)

## 9.1 Die Dimension Kommunikation

Die agile Organisation ist ein stetiger Lernprozess für alle Beteiligten. Dabei ist die Kommunikation elementar, um sowohl das gemeinsame Lernen zu unterstützen als auch die individuellen Bedürfnisse miteinbeziehen zu können. Denn wenn die Sicherheit gebenden äußeren Strukturen abgebaut werden, müssen innere Strukturen zur Stabilisierung aufgebaut werden, ohne dabei ein Gefühl der Überforderung zu erzeugen.

Dabei sind die persönlichen Fähigkeiten zu schulen, um mit Unsicherheiten besser umgehen und entsprechend Komplexität meistern zu können. Dies wird erreicht durch das Gespräch und den Austausch, wodurch die einzelnen Ansichten sowie Ängste und Befürchtungen geteilt werden können. Die gesamte Organisation muss lernen, Unsicherheiten auszuhalten. Sie muss akzeptieren, dass nicht alle Dinge kontrolliert werden können.

Die agile Organisation stützt und fördert die Weiterentwicklung der Mitarbeitenden und baut dabei gleichzeitig auf deren Einsatz und Engagement, um als Ganzes voranzukommen. Die agile Organisationsentwicklung unterstützt in diesem Prozess der persönlichen Veränderung.

**Anknüpfen** | Agile Organisationsentwicklung
Einen Einblick darüber, was agile Organisationsentwicklung ist, findet sich in Teil 1 dieses Buches. In Kapitel 5 wird ein Überblick über das Thema gegeben und vorgestellt, was dabei für KMU anders ist als für kleine Unternehmen.

Für eine offene und verständliche Kommunikation auf verschiedenen Kanälen ist es wichtig, allen Beteiligten passendes Wissen an die Hand zu geben. Dafür zeigen sich folgende Handlungspunkte in dieser Dimension als wichtig:

- **Dialog eröffnen:** Durch agile Strukturen sind bereits Räume geschaffen, die den Austausch fördern und kollaboratives Arbeiten unterstützen. Wie diese Räume zu verwenden sind, das muss von allen Beteiligten erst gelernt werden. Deshalb braucht es eine Einladung zum Dialog und Verantwortliche, die in psychologisch sicheren Räumen den Austausch moderieren.
- **Fragen stellen:** Fragen sind ein wichtiges Element, um ein gleichberechtigtes Miteinander zu etablieren. Sie laden ein, nachzudenken, sich zu engagieren und die persönliche Sichtweise zu teilen.
- **Methodenwissen schaffen:** Neben fachlicher Weiterentwicklung ist die Vertiefung von Wissen im Bereich Agilität sowie auch in der Arbeit an Soft Skills, vor allem im Bereich der Kommunikation elementar. Der Austausch und das Teilen von Informationen sind ein wichtiger Bestandteil des agilen Arbeitens.
- **Feedback geben:** Der Austausch verschiedener Sichtweisen ist ein wichtiger Teil des kontinuierlichen Verbesserungsprozesses. Dabei ist nicht nur das entstandene Ergebnis, sondern auch die Wirkung der eigenen Handlungen zu reflektieren, um als Team konstruktiv zusammenzuarbeiten.

**Für die Praxis** | Canvas „Kommunikation"
Dieser Canvas hat zum Ziel, die Art und Weise Ihrer Kommunikation zu reflektieren. Damit wird ein Bewusstsein für die Wichtigkeit eines geregelten Austausches geschaffen sowie ein Anstoß zur Vereinheitlichung von Kommunikationskanälen und -rhythmen gegeben. Machen Sie sich also mit Ihrem Team bewusst, wo und wie Sie miteinander kommunizieren.

**Anknüpfen an die Ergebnisse:** Die Auseinandersetzung mit dem Thema Kommunikation wirkt sich in der Teamarbeit bewusst und unbewusst aus. Die verwendeten Räume und Kanäle können bewusst neugestaltet und gelebt werden, die Art und Weise der Kommunikation wird sich auf einer neuen, gemeinsamen Art und Weise etablieren.

## Dialog eröffnen

Agile Strukturen und Prozesse sind darauf ausgelegt, um Räume zu schaffen, die den Austausch zwischen Menschen fördern und kollaboratives Arbeiten unterstützen. Durch das Schaffen der Räume ist zwar ein Zeichen gesetzt und der Boden bereitet, jedoch noch keine anhaltende Veränderung angestoßen. Diese wird erst durch die Nutzung der Räume, das Erfahren des Miteinanders sowie des Erlebens der gemeinsam geschaffenen Ergebnisse möglich.

Zuerst müssen also alle Beteiligten lernen, wie die neu geschaffenen Räume zu verwenden sind und wie sich diese zusammen mit neuen Prozessen in den Arbeitsalltag integrieren. Entsprechend braucht es eine Einladung sowie auch eine Anleitung. Es braucht einen Verantwortlichen im Unternehmen, der das Zusammenkommen moderiert und für Fragen zur Verfügung steht, einen, der aktiv auf Mitarbeitende zugeht und zum Mitmachen animiert sowie den Austausch einfordert. Dadurch werden neue Handlungsweisen vorgelebt und jeder ermutigt, seine Meinung sowie auch Bedenken einzubringen.

Nach dem Startimpuls ist auf Regelmäßigkeit und Wiederholung Wert zu legen. Dadurch werden einerseits die neuen Handlungsweisen zum neuen Normal, andererseits wird damit bewiesen, dass nicht nur einer Mode gefolgt wird. Nur Verlässlichkeit in den Handlungen und damit Authentizität im Tun hat letztlich die nachhaltige Wirkung, die im Rahmen der agilen Organisationsentwicklung angestrebt wird. Diese Authentizität wird im

KMU maßgeblich von der Unternehmerpersönlichkeit ausgestrahlt, da sie seit Jahren oder Jahrzehnten für das Unternehmen steht. Sie ist deshalb besonders gefordert in der Tatsache, den Dialog zu zulassen, die Meinung der Mitarbeitenden zu hören und in Entscheidungen miteinzubeziehen.

Darüber hinaus hat die Verlässlichkeit einen großen Einfluss auf die Atmosphäre im Gespräch. Das Thema der psychologischen Sicherheit darf nicht außer Acht gelassen werden, auch wenn im kleinen Unternehmen, bedingt durch die familiäre und sozial-geprägte Kultur, eine gute Atmosphäre herrscht. Einerseits geht das Thema Veränderung eng mit den Gefühlen der Unsicherheit und Angst einher, andererseits bedeutet zu lernen auch Fehler zu machen. Im Rahmen der agilen Organisationsentwicklung kommen alle diese Themen zusammen. Entsprechend gilt es parallel zur Neuausrichtung auch sichere Räume zu schaffen und Zeiten zu allokieren, in welchen ausprobiert und gelernt werden kann.

**Info** | Was ist ein psychologisch sicherer Raum?
Um überhaupt die Mitarbeitenden zu einer offenen und gemeinschaftlichen Zusammenarbeit einladen zu können, braucht es eine vertrauensvolle Atmosphäre. Neben dem Engagement eines jeden Einzelnen sind dabei ein positives Menschenbild, Vertrauen in sich selbst sowie in andere und gleichsam auch das Übernehmen von Verantwortung für sich selbst sowie für andere wichtige Aspekte, die eine offene Atmosphäre für gute und gewinnbringende Zusammenarbeit ermöglichen. Diese Atmosphäre „die sicher genug ist, um darin zwischenmenschliche Risiken einzugehen“ (Edmondson 2020: 7) wird auch mit dem Begriff der psychologischen Sicherheit beschrieben. Sie bezieht sich auf das Gefühl oder die Erfahrung der Mitarbeitenden, dass sie relevante Fragen, Bedenken oder Ideen äußern können, ohne dass ihr Selbstbild in Gefahr ist. Dadurch wird eine offene und authentische Kommunikation möglich, die neue Perspektiven auf Probleme, Fehler und Verbesserungen wirft und das Teilen von Wissen fördert (vgl. Scheller 2017: 386; Edmondson 2020: 7).

Um eine sichere Atmosphäre zu erzeugen, dienen Meetingformen, die Kommunikation im Sinne von wertfreiem Austausch sowie auch Feedback ermöglichen, beispielsweise Retrospektiven. Sie ermöglichen eine Reflexion auf Teamebene und helfen Meinungen und Bedenken aller Mitarbeitenden abzuholen. Diese persönliche Einbindung der Mitarbeitenden lässt sich im kleinen Unternehmen nutzen, um jeden gemäß seinen Fähigkeiten und Kompetenzen zu fordern und zu fördern.

Darüber hinaus ist für die gefühlte Sicherheit und den offenen Austausch auch die Zusammenstellung der zusammenkommenden Personen wichtig. Obwohl in kleinen Unternehmen grundsätzlich zumeist ein gutes Miteinander herrscht, kann sich die Dynamik oder Spannung, die zwischen Personen herrscht, auf das Team ausdehnen – im Positiven wie im Negativen. Gerade auch wenn eine Person verschiedene Rollen auf sich vereint, sind Auswirkungen der Überschneidungen von Rollen zu beachten und Bedenken der Beteiligten vor der Rollenübernahme zu klären.

**Aus der Praxis** | Sensibilisierung für Kommunikation

**Herausforderung:** Die Durchführung von Retrospektiven ist ein erster wichtiger Schritt, um das gemeinsame Streben nach Verbesserung im Team zu verankern sowie die Zeit zur Reflexion im Arbeitsalltag zu etablieren. Doch dabei ist gerade auch die Art und Weise der Kommunikation im Team entscheidend. Es braucht eine sichere Atmosphäre und konstruktive Art der Kommunikation, um zu fördern, dass die Mitarbeitenden die Punkte, die ihnen das Arbeiten erschweren, auch wirklich ansprechen.

Denn auch wenn im kleinen Unternehmen eine offene Kultur und ein familiäres Miteinander herrscht, also grundsätzlich viel und offen kommuniziert wird, so ist es nicht selbstverständlich, dass sich über die Art und Weise der Kommunikation Gedanken gemacht wird. Auch die Wirkung von Sätzen oder Worten wird oftmals weder im Voraus bedacht noch im Nachgang reflektiert.

**Der Schritt in Richtung einer agilen Organisation:** Dabei ist Kommunikation und Austausch ein wichtiges Element des agilen Arbeitens. Darüber hinaus wird in den agilen Arbeitsprozessen im Rahmen von Retrospektiven der Raum geschaffen, um gemeinsam die Arbeitsweise zu reflektieren. Um dort einen wertschätzenden und offenen Austausch zu etablieren, ist die Art und Weise der Kommunikation sowie die bewusste Auseinandersetzung über den Einsatz und Wirkung von Sprachmitteln gewinnbringend. Denn dadurch kann das gemeinsame Arbeiten auf ein konstruktives nächstes Level gehoben werden.

Die Weiterentwicklung der Kompetenzen im Bereich der Kommunikation ist dabei ein Thema, das den Austausch mit anderen braucht. Einzelne Worte können ganz unterschiedliche Kontexte und Bilder bei den Mitarbeitenden entstehen lassen, je nachdem, welche Ausbildung erlebt oder welche Erfahrungen bisher gemacht wurden. Deshalb schaffen interne Workshops zu verschiedenen Themen im Bereich der Kommunikation sowohl die persönliche Sensibilisierung für den bewussten Umgang mit Sprache sowie auch den Raum zum Ausprobieren und Experimentieren. In einzelnen Workshops standen dabei z. B. Feedback, prägnante Kommunikation, die Ermittlungen von Anforderungen und deren Dokumentation im Fokus.

**Reflexion zum Weiterdenken** | Wann und über welche Kanäle kommuniziere ich? Welche Art der Kommunikation triggert mich (positiv/negativ)?

**Für die Praxis** | Canvas „Teamarbeit"
Dieser Canvas hat zum Ziel, den Austausch im Team zu stärken. Er begleitet regelmäßig stattfindende Teammeetings und gibt den Raum, dass Ihr Team sowohl die persönliche Stimmung als auch wichtige Themen, anstehende Ziele und Hindernisse teilt. Dadurch bekommt das gesamte Team einen schnellen und transparenten Überblick über Status und Fortschritt der Aufgaben.

**Anknüpfen an die Ergebnisse:** Dieser Canvas liefert einen schnellen Überblick. Tauchen Sie tiefer in Themen ein, wenn es für Sie notwendig erscheint. Dadurch können Sie notwendigen Handlungsbedarf und Anpassungen in der Planung herausfinden. Nutzen Sie dabei das persönliche Gespräch mit Personen im Team oder Workshops, z. B. eine Retrospektive.

**Anknüpfen** | Retrospektive
Im dritten Teil des Buches wird auf die Vorbereitung und Durchführung von Workshops besonders eingegangen. Dabei wird auch das Format

der Retrospektive genauer erklärt und ein Canvas für die Durchführung einer Retrospektive vorgestellt.

**Im Dialog** | Keiner sagt was.
Birgit, die in der Rolle als Scrum Master arbeitet, erzählt in einem Gespräch mit Carola von einem Meeting des Entwicklungsteams, mit dem sie arbeitet.
Birgit: Ich bin verunsichert in der Arbeit mit dem Team. Wenn ich eine Frage stelle, dann sagt oft keiner was. Es herrscht oft Stille in den Meetings.
Carola: Kannst du genauer beschreiben, wann diese Situation auftritt?
Birgit: Besonders fällt es mir dann auf, wenn Informationen präsentiert wurden und ich gern die Meinung der anwesenden Personen hören möchte. Eine Diskussion kommt bei uns immer langsam in Gang.
Carola: Dann lass uns doch mal gemeinsam überlegen, welche Methoden sich für deine Gruppe an Personen und Themen am besten eignen. Ich habe da ein paar Ideen, wie du durch deine Moderation des Meetings etwas bewirken kannst.
Birgit: Da bin ich gespannt, die höre ich gern.

### Fragen stellen

Die Kommunikation als Dialog spannt sich zwischen verschiedenen involvierten Personen und Personengruppen auf. Im KMU steht hierbei besonders die Förderung des gleichberechtigten Dialogs zwischen Unternehmerpersönlichkeit und Mitarbeitenden sowie zwischen den Mitarbeitenden selbst im Mittelpunkt. Zwar sind durch die flachen Strukturen der informelle Austausch und familiäres Miteinander in den kleinen Unternehmen bereits gegeben, bei der Entwicklung eines fachlichen Austauschs auf Augenhöhe und das Fällen von gemeinsamen Entscheidungen liegt jedoch weiteres Potential für die Unternehmen.

Um einen Dialog zu etablieren und zu erhalten sind Fragen ein wichtiges Kommunikationsmittel. Eine Frage ist ein Impuls, der das Nachdenken anregt. Eine Frage ist eine Einladung zum Gespräch, um die Meinung der Mitarbeitenden zu hören. Eine Frage ist eine Anregung, um sich einzubringen. Damit werden die Mitarbeitenden animiert aus der Rolle der Konsumierenden hin zu aktiven Beteiligten zu wechseln.

Damit werden ein wechselseitiges Handeln und gemeinsames Wirken aufgebaut, welches zunehmend von den Mitarbeitenden selbst geführt und eingefordert wird. Im Austausch wird dabei gleichzeitig ein gemeinsames Verständnis füreinander sowie auch für die fachliche Arbeit geschaffen. Sowohl auf der inhaltlichen, fachlichen Ebene als auch prozessual im Sinne der Agilität bauen die Mitarbeitenden dabei auch ein kollektives Vokabular auf. Ihre Sprache gleicht sich mit der Zeit an und sie verstehen unter denselben Begriffen dasselbe.

Darüber hinaus deckt der gemeinsame Austausch, besonders wenn Fragen gestellt sowie Bedenken und Unklarheiten angesprochen werden, fehlende Kompetenzen und Risiken auf. Es werden dadurch auch Randfälle bedacht und aufgezeigt, wo vertiefendes Wissen notwendig ist. Durch Fragen entsteht entsprechend ein besseres Ergebnis.

Trotzdem darf beim Fragen und Hinterfragen nicht vergessen werden, gesetzte Rahmenbedingungen auch zu akzeptieren, um ein Treten auf der Stelle zu vermeiden. Ein permanentes Hinterfragen behindert ein Vorankommen im Ergebnis. Notwendig ist also ein Gespür für Realisierungsmöglichkeiten, also Innovationsfreude gepaart mit Umsetzungskraft, kurzum agiles Denken.

**Aus der Praxis** | iTED Talks

**Herausforderungen:** Im Unternehmen gibt es viel Wissen. Dieses wird zumeist innerhalb von Projekten aufgebaut oder von einzelnen Personen erarbeitet. Dabei ist es nicht einfach, dieses Wissen transparent zu machen bzw. zu teilen, in welchen Fragestellungen oder Themenbereichen dieses Wissen erarbeitet wurde. Nur dadurch kann schließlich bei ähnlichen Fragestellungen auf diesen Schatz an kollektivem Wissen aufgebaut werden.

**Der Schritt in Richtung einer agilen Organisation:** Eine Maßnahme, um Wissen transparent zu machen und dabei gleichzeitig Einblicke in unterschiedliche Themengebiete und Projekte zu geben sind die „iTED Talks“. Angelehnt an die bekannte Vortragsreihe mit dem Titel „TED Talk“ wird dabei jeweils von einem Mitarbeitenden ein Thema in einer kurzen Präsentation vorgestellt. In der Auswahl der Themen ist fast alles möglich: Die Bandbreite der Ideen reicht von fachlichen Themen, die sich aus der täglichen Arbeit ergeben, bis hin zu fachübergreifenden oder fachfremden Themen, die trotzdem einen Bezug zum Unternehmen bzw. dessen Ziele und Strategie aufweisen. Durch diese iTED Talks wird entsprechend Wissenstransfer ermöglicht und klare Ansprechpartner für ein Thema benannt. Quasi nach dem Motto „Von iTE SI für iTE SI" werden Themen der Projektarbeit oder alltäglichen Praxis vorgestellt, die für die anderen neue Aspekte und Einsichten bieten. Somit werden nicht nur Einblicke in die verschiedenen Aspekte der Arbeit im Unternehmen gegeben, sondern auch Impulse und Ideen zum Übertrag auf andere Projekte und die Verbesserung der Projekt- und Zusammenarbeit gegeben.

**Reflexion zum Weiterdenken** | Wie gut kenne ich die anderen Mitarbeitenden bei mir im Team und im Unternehmen? Welche Frage möchte ich gerne einmal stellen?

**Im Dialog** | Zu viele Fragen
Frank, der nun in einem Projekt als Product Owner arbeitet, kommt nach einer Besprechung auf Carola zu.
Frank: Carola, irgendwie weiß ich nicht, wie ich mit Anton arbeiten soll. Ich weiß, er ist noch nicht so lange im Team, aber er stellt immer so viele Fragen.
Carola: Hallo Peter, grundsätzlich ist es schön, dass sich Anton offen zeigt und aktiv im Team beteiligt. Was stört dich an den Fragen von Anton?
Frank: Du hast ja Recht, und Anton ist wirklich nett. In den Meetings sind die Fragen ja auch okay, jedoch werde ich auch zwischendurch immer wieder von Fragen bei meiner Arbeit unterbrochen.
Carola: Das klingt, als müsstest du zusammen mit Anton abstimmen, wann du für Fragen offen bist und wann du selbst konzentriert arbeiten möchtest. Komm, wir überlegen zusammen, wie wir für beides einen Raum schaffen können.

## Methodenwissen schaffen

Um in einem agilen Team und somit auch in der agilen Organisation mitgestalten zu können, braucht es von den einzelnen Mitarbeitenden mehr als die reine Fachexpertise. Als Grundlage erfordert es ein gemeinsames Verständnis sowie persönliches Wissen über das Thema Agilität an sich und was es bedeutet, in einer agilen Organisation zu arbeiten. Gerade zu Beginn der agilen Transition im Unternehmen gilt es, hier anzusetzen und das verschiedene Wissen und die verschiedenen Auffassungen von Agilität als Thema zu vereinheitlichen.

Mit einmaligem Erzählen ist es dabei nicht getan. Agilität braucht Zeit, um verstanden, erlebt und verinnerlicht zu werden. Verschiedenartige Impulse und Erfahrungsräume geben die Möglichkeit, dass alle Mitarbeitenden in ihrem Tempo und auf ihre Art und Weise lernen können. Auch die Einbindung und Parallelität zu Projekten im Alltagsgeschäft bzw. im Rahmen der Wertschöpfung des Unternehmens muss dabei beachtet werden. Einerseits lassen sich darin situationsspezifische Lernmöglichkeiten schaffen, die zumeist sehr eindrücklich und prägend im Rahmen eines Lernprozesses sind, andererseits bestimmt das Projekt auch, wie viel Zeit für Lernen und Weiterbildung zur Verfügung gestellt werden kann. Sowohl Zeitrahmen als auch Zeitpunkt sind mit Projekten und deren Zielen in Einklang zu bringen.

Neben dem Aufbau von Wissen über Agilität per se ist natürlich die fachliche und überfachliche Weiterbildung der Mitarbeitenden wichtig, vor allem, wenn mit innovativen Themen und Technologien gearbeitet wird. Neben der Einarbeitung in neue Technologien sowie in Werkzeuge und Möglichkeiten, die durch die Treiber im Marktumfeld entstehen, ist besonders auch die Arbeit an Soft Skills, allen voran Themen im Bereich der Kommunikation elementar. Dadurch werden die Mitarbeitenden darin geschult, ihr eigenes Handeln zu reflektieren. Die Art und Weise der Kommunikation hat große Auswirkungen darauf, wie die Zusammenarbeit im Team funktioniert und entsprechend auch auf die Qualität der Ergebnisse.

**Anknüpfen** | Workshops
Mehr Input zum Thema Workshops gibt es im nachfolgenden Teil des Buches. In Kapitel 10 wird die Arbeit mit Canvases als Methode vorge-

stellt. Die folgenden Kapitel geben Input zur Planung von Workshops sowie konkrete Tipps für die Durchführung.

**Aus der Praxis** | Practice Day
**Herausforderung:** In der Alltagspraxis gibt es oft keine Zeit, um gänzlich neue Methoden oder Werkzeuge auszuprobieren. Trotzdem braucht es gerade dafür oftmals ein praktisches Projekt oder Beispiel, um zielorientiert und praxisnah Erfahrungen zu sammeln.
Darüber hinaus ist die Arbeit in den Projekten durch die Arbeit in einem mehr oder weniger festen Team geprägt. Der Austausch geschieht dabei mit denselben Kollegen. Dadurch kann zwar die Zusammenarbeit stetig verbessert werden, indem sich die Handlungsweisen einspielen und in ihrer Art und Weise an die Personen angepasst werden können, trotzdem sind neue Impulse und Input von außen ebenso förderlich, um gemeinsam zu wachsen.

**Der Schritt in Richtung einer agilen Organisation:** Eine gemeinsame Auszeit von allen Projekten und Themen ist der „iTE SI Practice Day". Was als einmalige Aktion mit dem Ziel startete, gemeinschaftlich an der Verbesserung interner Prozesse zu arbeiten und dabei gleichzeitig die Methode des Design Thinking kennenzulernen und anzuwenden, ist inzwischen zu einer wiederkehrenden Aktivität geworden.
Alle diese Tage verbindet, dass erste Ergebnisse innerhalb von wenigen Stunden erarbeitet wurden. In interdisziplinären Teams wurden dabei unterschiedliche Themenstellungen bearbeitet und immer wieder auch neue Methoden kennengelernt. Die Zusammenarbeit über Projektteams hinweg sowie die Förderung der Experimentierfreude sind dabei zentrale Aspekte, die nebenbei gestärkt wurden.
Moderiert und unter dem Schirm eines Mottos ist der Tag in verschiedene Arbeitsphasen gegliedert, in welchen zumeist in Teams verschiedene Aufgabenstellungen bearbeitet werden. So war ein Practice Day der Startschuss für die Arbeit in den Communities of Practice und erste Ideen und Themen konnten dabei als Grundlage erarbeitet werden. Auch um die Idee für eine Weihnachtsaktion für die Kunden und Partner des Unternehmens zu schärfen und umzusetzen, dienten bereits mehrere Practice Days. Es ist also ein Tag, der beim Ausprobieren

und Anwenden neuer Methoden auch produktive und konstruktive Ergebnisse für das Unternehmen liefert.
Gleichzeitig sind die Practice Days wichtige Meilensteine im Rahmen der agilen Organisationsentwicklung, da Zeit und Raum mit allen Mitarbeitenden zur Verfügung stehen: eine gute Möglichkeit, um über die Veränderung miteinander ins Gespräch zu kommen.

**Reflexion zum Weiterdenken** | Wann und wie wird bei uns im Unternehmen Zeit für Lernen aufgewendet? Welche Themen stehen dabei im Fokus?

**Im Dialog** | Das ist doch kein Sprint.
Carola unterhält sich mit Samuel und Frank über die Arbeit in einem Kundenprojekt, in das die beiden zur Unterstützung neu eingestiegen sind.
Carola: Hallo ihr beiden, wie war euer Start im neuen Projekt?
Samuel: Wir sind dort gut gestartet, also zumindest ich für meinen Teil. Die verwenden zwar ein paar andere Softwarewerkzeuge als wir, aber arbeiten auch irgendwie agil. Oder Franz, was meinst du?
Frank: Das Team und die Kollegen sind total nett und hilfsbereit. Aber agil würde ich das nicht unbedingt nennen. Hauptsächlich fallen immer wieder ein paar Begrifflichkeiten, die darauf schließen lassen.
Carola: Jetzt macht ihr mich aber neugierig. Wie meinst du das?
Frank: Naja, am Anfang der Woche gibt es eine Besprechung, um die Aufgaben und Prioritäten zu besprechen. Das wird jede Woche dann als ein Sprint betrachtet. Ein gemeinsames Ziel oder Review der Aufgaben gibt es jedoch nicht, denn jede Woche wird wieder neu geplant.
Carola: Ich verstehe, ihr arbeitet also nicht nach Scrum, aber die Begriffe fallen trotzdem?
Samuel: Stimmt. Das fällt mir jetzt erst auf. Scrum als Methode würde zum Projekt ja auch irgendwie nicht passen. Ein Kanban-Board haben wir jedoch auch und das ist echt sinnvoll.
Carola: Kanban ist auch eine tolle Methode, um Transparenz in Aufgaben und deren Fortschritt zu bringen. Aber zurück zu den Begrifflich-

keiten. Sehr ihr denn eine Möglichkeit, um eure Kollegen im Projekt die richtige Bedeutung näher zu bringen.
Samuel: Naja, ich weiß auch nicht. Ich will ja nicht besserwisserisch klingen.
Carola: Das ist auch wichtig. Es gibt bestimmt mal eine Möglichkeit, um das klarzustellen. Vielleicht lässt es sich auch über ein anderes Thema, z. B. den Unterschied zwischen Kanban und Scrum erklären.
Frank: Das ist eine gute Idee. Wir halten die Augen offen.

## Feedback geben

Agile Strukturen und Prozesse sind darauf ausgelegt, Feedback aktiv zu teilen. Der gemeinsame Dialog und Austausch ist Teil des Entwicklungsprozesses wie auch des kontinuierlichen Verbesserungsprozesses. In Reviews und Retrospektiven steht das gegenseitige Feedback und das Teilen der persönlichen Sichtweise auf die Ergebnisse und die Zusammenarbeit im Vordergrund. Darüber hinaus ist das Thema Feedback für die persönliche Entwicklung der Mitarbeitenden als wichtiges Instrument einzusetzen.

Das Thema Feedback ist alltäglicher als zumeist angenommen. Feedback ist oft negativ konotiert oder wird als nett verpackte Form von Kritik angewendet. Jedoch ist auch ein Lob, ein Dank, ein Ratschlag oder ein Veto eine Form des Feedbacks. Feedback ist entsprechend nichts weiter als die geteilte Sichtweise zu einem spezifischen Thema bzw. die Reflexion, welche Wirkung eine spezifische Handlung auf andere hatte.

Feedback dient dem Einzelnen zur Bestätigung und zur Inspiration. Es ist menschlich, dass die eigene Arbeit als sinnvoll und zielführend angesehen werden soll. Während dabei einerseits die Vision des Unternehmens sowie auch gesetzte Ziele eine Ausrichtung ermöglichen, ist die Wertschätzung und Einordnung anderer Personen ein zweiter wichtiger Aspekt, um Sinnhaftigkeit zu erleben. Neben der Zufriedenheit anderer ist auch deren Sichtweise auf die eigene Person und Stärken für die persönliche Weiterentwicklung bedeutsam. Zwar kann das Handeln einer Person von außen nicht beeinflusst werden, jedoch können Stärken und Handlungsweisen hervorgehoben werden, die beobachtet werden. Das inspiriert, um neue Wege und Möglichkeiten zu sehen.

Nicht zuletzt ist die Formulierung von Feedback nicht außer Acht zu lassen. Nur durch eine angemessene und wertschätzende Formulierung eröffnet es Möglichkeiten zur Veränderung von Handlungsweisen. Der Empfänger kann das Feedback annehmen und sein Tun entsprechend anpassen. Schließlich soll Feedback dazu dienen, gemeinsam zu wachsen und Missverständnisse frühzeitig auszuräumen, anstatt Konflikte zu verursachen. Durch Feedback wird das konstruktive Zusammenwirken von Teams gestärkt.

**Aus der Praxis** | Persönliches Feedback etablieren

**Herausforderung:** Im Grunde ist Feedback alltäglich. Immer wieder wird Lob oder Anerkennung ausgesprochen oder Zweifel und Ideen zur Verbesserung von Arbeitsergebnissen eingebracht. Neben diesem Austausch über Ergebnisse kommt dabei oftmals das Feedback über persönliche Handlungsweisen und deren Wirkung zu kurz.

Gerade auch, um den Prozess der persönlichen Weiterentwicklung zu gestalten, ist es wichtig, sich Zeit zur Reflexion zu nehmen und dabei persönliche Stärken zu evaluieren und sich Ziele zu setzen. Der Austausch mit Personen aus dem eigenen Handlungsfeld sowie das Teilen von deren Sichtweise ist dabei eine wichtige Quelle, um das Selbstbild des Mitarbeitenden zu ergänzen und Feedback zum eigenen Handeln zu bekommen.

**Der Schritt in Richtung einer agilen Organisation:** Ein gemeinsames Feedbackgespräch mit Kollegen bietet einen Raum, um gemeinsam einen Blick auf die aktuelle (Arbeits-)Situation bei iTE SI zu werfen. Dabei wird gemeinsam auf die Aufgaben und Projekte geblickt sowie besprochen, welche Stärken und Kompetenzen dort zum Tragen kommen. Auch ein Blick nach vorn soll dabei auch nicht fehlen, um Möglichkeiten zur Weiterentwicklung zu diskutieren und Ziele für den Mitarbeitenden festzulegen. An diesem Feedback zu seiner Arbeit kann sich jeder Mitarbeitende in seinem Tun zukünftig orientieren. Zudem gibt das Gespräch über die persönliche Wirkung und Stärken, neue Impulse und Ideen, wie diese im Sinne der unternehmerischen Ziele eingesetzt werden können.

Damit ein gleichberechtigtes Gespräch entstehen kann, ist eine Vorbereitung von allen Beteiligten essentiell. Ein paar Leitfragen bilden dabei einen guten Rahmen, um die Gedanken zum Feedbackgespräch zu strukturieren. Eine wertschätzende Haltung sowie das Verständnis um die Freiwilligkeit der Annahme des Feedbacks sind eine weitere wichtige Basis, um ein offenes Gespräch zu führen.

**Reflexion zum Weiterdenken** | Wann und zu welchen Themen bekomme ich Feedback? Von wem wünsche ich mir mehr Feedback?

**Im Dialog** | Wie kann ich das sagen?
Diana hat Carola um ihren Rat gebeten. Die beiden nehmen sich die Zeit, um über Dianas Anliegen zu sprechen.
Carola: Hallo Diana, du hast in deiner Nachricht nur grob erwähnt, worum es geht. Wie kann ich dich unterstützen?
Diana: Hallo Carola, danke, dass du dir Zeit genommen hast. Mich beschäftigt schon länger eine Situation mit Albrecht, und ich weiß nicht genau, wie ich ihm das sagen kann.
Carola: Worum geht es denn genau?
Diana: Ach, im letzten Sprintmeeting hat er einem Kollegen gegenüber einen Kommentar gemacht, der meiner Ansicht nach nicht passend und auch nicht notwendig war. Aber ich traue mich nicht, das anzusprechen. Albrecht ist ja schon so lange im Unternehmen und dann auch noch Product Owner.
Carola: Feedback zu kritischen Situationen zu geben, ist nicht einfach. Gerade wenn du das Gefühl hast, dass es über Hierarchien hinweg geht. Aber im Team sind alle Mitarbeitende gleichberechtigt, ganz ohne eine Hierarchie.
Diana: Ich weiß, ja ... Es fühlt sich anders an. Im Grunde ist Albrecht ja auch offen für Anmerkungen anderer. Die Teamarbeit mit ihm funktioniert sonst immer gut und macht Spaß.
Carola: Habt ihr denn eine Gelegenheit zu zweit zu reden oder macht ihr mal zusammen Pause?
Diana: Das ist eine gute Idee. Ich werde bei einem gemeinsamen Kaffee das Thema ansprechen.

**Anknüpfen** | Meetings moderieren
Die Anleitung und Moderation in einer Besprechung oder im Rahmen eines Workshops ist wichtig, um einen Raum für konstruktives Arbeiten zu schaffen. Methoden und Tipps für die Moderation von Meetings, werden im nächsten Teil des Buches vorgestellt.

## 9.2 Die Dimension Kollaboration

Durch die bisher beschriebenen Dimensionen werden die Rahmenbedingungen geschaffen, um das Unternehmen selbst als ein Netzwerk aus engagierten Mitarbeitenden zu verstehen sowie die eigene Handlungsfähigkeit auf- und auszubauen. Flexibilität und Anpassungsfähigkeit sind keine Eigenschaften, die von Einzelnen im Unternehmen realisiert werden können. Diese müssen auf der Ebene der Organisation hergestellt werden und die Organisation sie in ihrer Gesamtheit besitzen. Nur dadurch kann sie der steigenden Komplexität des Unternehmenskontextes gerecht werden.

Bereits in den 1950er-Jahren fasst dies der Systemtheoretiker Ashby in einer Gesetzmäßigkeit zusammen, dem so genannten „Ashbyschen Gesetz". Es besagt, dass ein komplexes und dynamische Problemsystem stets ein mindestens genauso komplexes Lösungssystem braucht, damit es gelöst werden kann (vgl. Kruse 2007; Lambertz 2020).

Diese Varietät zur Lösung von verschiedenartigsten Problemen wird durch flexible Strukturen ermöglicht und durch die einzelnen Mitarbeitenden mit Leben gefüllt. Durch Kooperation und Kollaboration kann sich sowohl der Einzelne als auch das Unternehmen als Ganzes schnell auf neue Situationen einzustellen. Eine zentrale Frage lautet deshalb: „Wen brauchen wir, um das Problem zu lösen bzw. in dieser Situation voranzukommen?"

Für KMU ist das Thema Kollaboration sowohl intern als auch extern zu betrachten. Einerseits ist die eigene Expertise klar herauszustellen und die Arbeit an der internen Vernetzung ein kontinuierlicher Prozess, andererseits sind die begrenzten internen Ressourcen durch passende Partner und externe Unterstützung zu ergänzen.

Für Kooperationen hat der Mensch, also die Mitarbeitenden eine zentrale Wirkungskraft. Sie erkennen Handlungsbedarf, stellen Kontakte her und führen den Dialog an. Neben ihrer eigenen Fachkompetenz, die sie im Rahmen der Lösungsfindung einsetzen, streben sie auch nach Verknüpfung und gehen gemeinsam an die Umsetzung. Diese verschiedenen Kompetenzen eines Mitarbeitenden werden im T-Shape-Modell anschaulich visualisiert.

**Info** | Was ist das T-Shape-Modell?
Um als agiles Team zu funktionieren, erfordert es von den einzelnen Teammitgliedern mehr als reine Fachexpertise. Um die Fähigkeiten für agiles Arbeiten sichtbar zu machen, wurde das sogenannte „T-Shape-Modell" erfunden. Neben dem Fachwissen, dargestellt durch den langen Balken des T, sollen die Mitarbeiter auch Fähigkeiten zum Netzwerken, zur Kooperation sowie Umsetzungskompetenz besitzen (vgl. Hofert 2018b: 114).

Abb. 10: Verschiedene Kompetenzen von Mitarbeitenden visualisiert im T-Shape Modell (eigene Abbildung nach Hofert 2018b: 114)

Kleine Unternehmen können ihre geringe Größe als Vorteil nutzen, um die Mitarbeitenden individuell auf ihrem persönlichen Kenntnisstand abzuholen und den unternehmensweiten Austausch zu fördern. Zusätzlich kann eine offene Einstellung zu Partnerschaften das Unternehmen situativ ergänzen.

Deshalb sind in der Dimension Kollaboration folgende Themenaspekte für die Unternehmen wichtig:

- **Stärken stärken:** Kompetente Mitarbeitende sind das Kernelement eines jeden Unternehmens. In kleinen Unternehmen sind diese oftmals als Allrounder gefordert und arbeiten in Themen mit, die über das eigentliche Fachgebiet hinausgehen. Aufgaben sind dabei zumeist bereits auf die individuellen Kompetenzen ausgerichtet. Dies gilt es weiter zu fördern, indem die persönlichen Stärken herausgearbeitet werden und Weiterentwicklung, sowohl fachlicher als auch überfachlicher Kompetenzen durch situatives Lernen gefördert wird.
- **Schnittstellen aktiv gestalten:** Eine rein interne agile Transformation ist in kleinen Unternehmen wenig erfolgsvorsprechend, da sie oftmals in lange Wertschöpfungsketten integriert sind. Die Unternehmensumwelt muss entsprechend in gewissem Maße mittransformiert werden. Mit dem Zielbild einer Kooperation auf Augenhöhe gilt es, die Schnittstellen nach außen aktiv zu gestalten und eine Zusammenarbeit zu etablieren, in der jeder Partner seine Stärken ausspielen kann.
- **Partnerschaften etablieren:** Partnerschaften ermöglichen es, die Kompetenzen des Unternehmens situativ zu ergänzen und damit die Umsetzungsmöglichkeiten zu erweitern. Zudem wird dadurch die Varietät des Unternehmens stetig aufrechterhalten, wodurch neue Impulse und Ideen entstehen.
- **Netzwerke nutzen:** Das Unternehmen als Netzwerk nach innen wird durch ein Netzwerk nach außen ergänzt. Berufliche Netzwerke und Verbände dienen dabei als wichtiger Ansatzpunkt. Darüber hinaus wiegen persönliche Kontakte und Netzwerke in kleinen Unternehmen schwer und bereichern wiederum das Unternehmen in seiner Reputation.

**Für die Praxis** | Canvas „Kollaboration"
Dieser Canvas gibt den Raum zur Erarbeitung von eigenen Kompetenzen und Stärken. Darüber hinaus hilft er, fehlende Kompetenzen und Fähigkeiten zu sammeln. Damit wird die Basis geschaffen, um auf die Suche nach ergänzenden Ressourcen und passenden Partnern zu gehen.

**Anknüpfen an die Ergebnisse:** Aufbauend auf der Arbeit mit diesem Canvas können Sie die Zusammensetzung im Team überdenken bzw. die Zusammenarbeit zwischen Personen und Partnern neu gestalten. Suchen Sie passende Ergänzung und scheuen Sie sich nicht davor, Bindungen loszulassen, die keinen Nutzen stiften.

## Stärken stärken

KMU, allen voran kleine Unternehmen, sind als Organisation aus ihrer Natur heraus als Allrounder unterwegs. Ihre Arbeit ist geprägt durch kleine Projekte. Die Unternehmen sind deshalb mit einer Vielzahl von Kunden in Kontakt und eine schnelle Adaption und Anpassung ihrer Prozesse an die Anforderungen der Kunden ist eine ihrer Stärken. Gleichzeitig kann das Agieren als „Allrounder" auch den Mitarbeitenden in den Unternehmen zugeschrieben werden. Sie sind oftmals gefordert, ein breites Themenfeld abzudecken und sich über das eigentliche Fachgebiet hinaus einzubringen. Trotz allem ist es sowohl für die Organisation als auch die Mitarbeitenden wichtig, sich nicht in verschiedensten Aufgaben und Handlungsfeldern zu verlieren, sondern die eigenen Stärken zu kennen, benennen zu können und diese zu stärken.

Um die persönlichen Stärken sehen und reflektieren zu können, ist Feedback ein wichtiges Element. Persönliche Stärken werden von anderen Personen zumeist eher gesehen. Für die persönliche Klarheit über Stärken braucht es deshalb Zeit zur Reflexion des eigenen Handelns und Wirkens.

**Für die Praxis** | Canvas „Persönliches Wirken"
Dieser Canvas schafft einen Raum zur Selbstreflexion. Damit unterstützt er die Abstimmung von Erwartungen zwischen verschiedenen Personen. Er kann im Rahmen des Teambuildings eingesetzt werden oder einen Baustein im Rahmen der persönlichen Weiterentwicklung bilden. Durch die gestellten Fragen lernen Sie sich selbst sowie auch andere Teammitglieder besser kennen.

**Anknüpfen an die Ergebnisse:** Die persönliche Reflexion stützt die Planung der nächsten Schritte in der persönlichen Weiterentwicklung. Darüber hinaus können auch die Zusammenarbeit und Kommunikation im Team an die Bedürfnisse der einzelnen Teammitglieder angepasst werden.

Stärken sind persönliche Kompetenzen und Talente. Dadurch, dass eine Person besondere Fähigkeiten und Begabung auf einem bestimmten Gebiet hat, kann sie eine außergewöhnliche, hohe Leistung erbringen (vgl. Duden 2022b). Damit geht eine Stärke darüber hinaus, etwas gut zu können. Etwas geht leicht von der Hand, macht Freude und gelingt.

In der agilen Organisation geht es darum, diese Stärken besonders in Wirkung zu bringen. Neben dem Können der Mitarbeiter kommen in selbstorganisierten Teams als entscheidende Größen zusätzlich die Möglichkeit (Dürfen) sowie die Motivation (Wollen) hinzu, Verantwortung zu übernehmen. Wenn das gemeinsame Ziel klar und identifikationsstiftend ist sowie die Rahmenbedingungen die Entfaltung des Potentials ermöglicht, sind die Motivation und das Engagement der Mitarbeitenden hoch.

Um diese Stärken auszubauen, muss sie nicht nur in Anwendung gebracht werden, sondern auch aktiv an deren Weiterentwicklung gearbeitet werden. Zeit zum Lernen muss deshalb eingeplant werden. Durch neue Impulse werden unbewusste Handlungsweisen wahrgenommen und können beim nächsten Mal bewusst eingesetzt werden.

Diese Art des Lernens ist äußerst individuell für die Mitarbeitenden, da gerade die Arbeit in Bereichen von Soft Skills durch eigenes Erleben und Ausprobieren geprägt ist. Da das Feld der Weiterbildung und des internen Kompetenzmanagement in kleinen Unternehmen durch geringe oder fehlende HR-Ressourcen zumeist wenig ausgeprägt ist, bietet es sich an, dieses Thema in die Hände der Mitarbeitenden selbst zu legen. Die Mitarbeitenden wissen selbst, was sie zum Lernen brauchen. Sie lernen im Rahmen der eigenen Möglichkeiten und im eigenen Tempo.

Trotzdem ist auch dafür ein Rahmen abzustecken und die Räume zum Austausch zu schaffen, um die eigenen Lernerfahrungen zu teilen. Eine lernende Organisation lebt von der Verknüpfung der Erfahrung und des Wissens jedes Einzelnen sowie davon, dass dieses Wissen im richtigen Moment zur Verfügung steht.

**Aus der Praxis** | Qualitätszeit zur persönlichen Weiterentwicklung
**Herausforderung:** Gute Arbeit zu machen und hohe Qualität in den Arbeitsergebnissen abzuliefern ist jedem Mitarbeitenden bei iTE SI wichtig. Unter dem Begriff „zuverlässig“ ist dies auch in den Werten des Unternehmens „agil. innovativ. zuverlässig.“ verankert. Qualität hat dabei auch viel mit Weiterentwicklung und Lernen zu tun. Im Bereich der Technologien ist es wichtig, neue Vorgehensweisen zu kennen und Entwicklungen zu beobachten. Geradezu alltäglich ist die Einarbeitung in neue Versionen von Skriptsprachen oder Softwarewerkzeugen, die neue Funktionalitäten bieten.

Darüber hinaus ist Lernen sehr persönlich. Das jeweils eigene Set an Fähigkeiten und Kompetenzen der Mitarbeitenden bedingt, dass die Angebote und Themen, die von Interesse sind, eine große Bandbreite aufweisen. Mitarbeitende sind aufgrund der Veränderungen in der heutigen Arbeitswelt nicht mehr nur passive Konsumenten von Weiterbildungs- und Entwicklungsangeboten, sondern sollen vielmehr zu aktiven Produzenten werden, welche sich lebenslang eigenverantwortlich und nach Bedarf weiterbilden.

**Der Schritt in Richtung einer agilen Organisation:** Um diesen Raum zur persönlichen Weiterentwicklung zu bieten, wurde die „Qualitätszeit" eingeführt. Diese Zeit dient der persönlichen Weiterbildung und hat gleichzeitig das Ziel, das gemeinschaftliche Wissen im Unternehmen zu vertiefen. Mit der Qualitätszeit wird zudem die Eigenverantwortung der Mitarbeitenden gestärkt.
Im Zeitrahmen von einer Stunde pro Woche, die flexibel genommen werden kann, können die Mitarbeitenden sich mit Themen beschäftigen, die für das Unternehmen, das Projekt sowie jeden selbst Qualität schafft. Dabei können sowohl fachliche Themen im Fokus stehen als auch die Arbeit an Soft Skills, wie Arbeitsorganisation, Präsentation oder Kommunikation in Angriff genommen werden.
Als Leitfragen, um selbst entscheiden zu können, ob ein Thema in den Rahmen der Qualitätszeit passt oder nicht, unterstützen folgenden Fragen die Mitarbeitenden bei ihrer Einschätzung:

- Schaffe ich damit Qualität für mein Projekt oder iTE SI?
- Bringt es mein Projekt oder iTE SI jetzt und in Zukunft weiter?
- Bringt es mehrere Personen als nur mich selbst weiter?

Nach der Erarbeitung des persönlichen Wissens ist es ein Ziel, dieses Wissen anzuwenden und es auch anderen Mitarbeitenden verfügbar zu machen. Dabei kann es z. B. in die Arbeit in den Communities of Practice mitgenommen werden oder im Rahmen eines iTED Talks vorgestellt werden. Damit entsteht eine lernende Organisation, die mit fähigen Mitarbeitenden auf die Herausforderungen des Marktes vorbereitet ist.

**Reflexion zum Weiterdenken** | Was sind meine Stärken und wie setze ich diese im Team oder im Unternehmen ein? Wie kann ich diese Stärken weiter ausbauen?

**Im Dialog** | Ich kann nichts Besonderes.

Frank hat mit Carola eine Besprechung für ein Projekt. Am Ende der Besprechung hat er noch ein persönliches Anliegen.

Frank: Ich möchte die Gelegenheit, dass wir gerade beieinandersitzen, nutzen und dir noch eine Frage stellen, die mich schon seit ein paar Tagen beschäftigt.

Carola: Gerne. Was beschäftigt dich?

Frank: Ich spüre, dass wir uns als Mitarbeitende im Unternehmen einbringen dürfen. Aber ich weiß nicht, wie *ich* mich richtig einbringen kann. Ich kann doch nichts Besonderes.

Carola: Das würde ich so nicht sagen. Jeder Mitarbeitende hat eine eigene Persönlichkeit und eigene Stärken. Dich schätze ich für dein Engagement im Projekt und dein Durchhaltevermögen sehr.

Frank: Aber andere haben immer neue Ideen und schaffen ganz viel Neues. Ist das nicht irgendwie besser?

Carola: Besser oder schlechter gibt es bei Stärken nicht. Für ein erfolgreiches Projekt brauchen wir beides: eine neue Idee als Lösungsmöglichkeit und das Durchhaltevermögen, um es auch umzusetzen. Deshalb sind wir alle im Unternehmen wichtig.

## Schnittstellen aktiv gestalten

Um eine lernende Organisation zu werden, ist jeder Mitarbeitende gefordert, als Brückenbauer in seinem persönlichen Kontext innerhalb und außerhalb der Organisation zu fungieren.

KMU als Unternehmen pflegen einen engen Kontakt und Austausch mit den Kunden, was ein wichtiges Handlungsprinzip einer agilen Organisation darstellt. Zugleich bestimmt die Einstellung der Kunden maßgeblich auch die Art der Zusammenarbeit. Kleine Unternehmen sind oft in lange Wertschöpfungsketten eingebunden, was wiederum den Kontakt und die Kommunikationswege zu Anwendern der Produkte und Dienstleistungen verlängert – diese sind quasi die Kunden der Kunden.

Die Entstehung der Produkte und Dienstleistungen geschieht somit verteilt in verschiedenen Unternehmen. Entsprechend müssen diese Schnittstellen nach außen bei der agilen Transformation der kleinen Unternehmen miteinbezogen werden. Mitarbeitende sind sonst der Gefahr ausgesetzt, sich an Schnittstellen aufzureiben. Statt Motivation entsteht dann Frustration, während die Kunden und Partner zugleich als Blockierer agieren, ohne es zu wissen.

Deshalb ist es im Sinne der Agilität wichtig, dass die an einem Prozess beteiligten Unternehmen sich selbst nicht als Silo oder abgegrenztes System sehen dürfen. Die Kunden und Partner müssen in der Lösungsfindung als „Partner auf Augenhöhe" verstanden werden. Änderungen in Strukturen und Prozessen im kleinen Unternehmen gilt es gleichsam auch nach außen zu kommunizieren, um damit alle Beteiligten in gleichem Maße abzuholen. So muss beispielsweise bei der Einführung von agilen Arbeitsmethoden erklärt werden, welchen Mehrwert diese haben sowie welche Aufgaben und Erwartungen an alle Beteiligten gestellt werden. Schließlich ändert sich die Zusammenarbeit dadurch maßgeblich und kann viel an Effektivität zulegen.

Eine rein interne agile Transformation ist entsprechend wenig erfolgsversprechend. Die Unternehmensumwelt muss in gewissem Maße mittransformiert werden. Damit kann aus einem ungleichen Kräfteverhältnis in Wertschöpfungsketten zwischen kleinen und großen Unternehmen auch mehr eine Kooperation auf Augenhöhe werden, in der jeder Partner seine Stärken ausspielen kann.

**Aus der Praxis** | Anforderungen von Kunden verstehen

**Herausforderung:** Bei neuen Projekten sind die ersten gemeinsamen Schritte und das Kennenlernen der Kunden und deren Anforderungen besonders spannend. Auf Seite der Kunden bzw. der Anfragenden ist bis zu diesem Zeitpunkt zumeist auch schon einiges passiert, denn schließlich braucht deren Entschluss und Anfrage interne Vorbereitung und teilweise auch Überzeugungskraft von Entscheidern, um die Anfrage an externe Partner überhaupt stellen zu können. Dabei entsteht oftmals ein Lastenheft, welches eine scheinbar vollständige Liste der Aufgaben und Funktionalitäten darstellt, die durch die Lösung umgesetzt werden sollen.

Die Erstellung einer Kostenschätzung bzw. eines Angebots ist dabei der nächste Schritt. Wird einem klassischen Projektablauf gefolgt, dann wird ein Pflichtenheft erstellt, welches die Umsetzungsschritte genau beschreibt und als eine Art ersten Projektplan auch die Aufwände, die in der Implementierung auftreten, auflistet.

In der Softwareentwicklung funktioniert dieses Vorgehen nur mäßig gut. Durch die beschriebenen Anforderungen lassen sich die Bedürfnisse der Kunden oftmals nur grob verstehen und es bleiben viele Fragen offen, die maßgeblich für die Entscheidung für einen Lösungsweg und entsprechend auch den Aufwand sind. Auf Basis eines Lastenhefts kann entsprechend weder ein aussagekräftiges Angebot erstellt werden, noch entsteht später eine gute Lösung für das Problem der Kunden und die Bedürfnisse der Anwender.

**Der Schritt in Richtung einer agilen Organisation:** Um eine für den Kunden passende Lösung zu entwickeln, ist es wichtig, möglichst früh mit dem Kunden in den Dialog zu treten und dessen Anforderungen und Rahmenbedingungen zu verstehen. Dabei können nicht nur direkt offene Fragen geklärt werden, sondern verschiedene Umsetzungsmöglichkeiten können diskutiert sowie Zwischenziele und Ziele für das Projekt festgelegt werden. Somit kann noch vor dem Projektstart ein gemeinsames Verständnis über die Kernaspekte des Problems erarbeitet werden und gleichzeitig findet ein gegenseitiges Kennenlernen statt.

Darüber hinaus bieten agile Arbeitsmethoden ein gutes Vorgehen, um das Projekt in kleinere Funktionseinheiten zu unterteilen, die im Streben nach einem minimal wertstiftenden Produkt (MVP), möglichst schnell dem Kunden einen Nutzen bringen. Dafür ist eine Priorisierung der beschriebenen Aufgaben notwendig. Um verschiedene Sichtweisen zu integrieren, wird auch diese gemeinsam mit dem Kunden durchgeführt. Es entsteht sowohl ein gemeinsames Verständnis für die Anforderungen der Anwender als auch für den Wert oder die technische Machbarkeit einzelner gewünschter Funktionalitäten. Als interdisziplinäres Team wird gemeinsam die Grundlage für eine gute Zusammenarbeit geleistet.

**Reflexion zum Weiterdenken** | Wie empfinde ich die Zusammenarbeit zwischen den Teams bei mir im Unternehmen bzw. mit externen Personen und Teams? Wo sehe ich Potential zur Verbesserung?

**Für die Praxis** | Canvas „Projekt-Kickoff"

Dieser Canvas unterstützt die Startphase eines Projektes, indem er die Gedanken und Blickwinkel aller beteiligter Personen zusammenführt. Die Rahmenbedingungen werden damit sichtbar und können diskutiert werden, sodass ein gemeinsames Verständnis darüber geschaffen wird. Damit wird eine wichtige Grundlage für die Zusammenarbeit verschiedener Personen und Gruppen gelegt.

**Anknüpfen an die Ergebnisse:** Starten Sie in die Teamarbeit, um gemeinsam eine wertstiftende Lösung für Ihre Problemstellung zu entwickeln. Gehen Sie dabei in kleinen Schritten voran und setzen Sie sich Zwischenziele. Retrospektiven helfen Ihnen und dem Team, gemeinsam innezuhalten und den Weg für alle passend zu gestalten.

**Im Dialog** | Die arbeiten nicht wie wir.
In einer Retrospektive innerhalb eines Teams wird von Samuel die Zusammenarbeit mit einem Kunden als Thema angesprochen, wo er Verbesserungsbedarf sieht.
Samuel: Die Zusammenarbeit mit den Mitarbeitenden beim Kunden ist echt schwierig. Die Kollegen dort sind zwar alle nett, aber die arbeiten nicht wie wir.
Carola: Grundsätzlich können wir nicht erwarten, dass dort alles gleich funktioniert und abläuft, wie bei uns. Dort gibt es schließlich eigene Strukturen und Prozesse, die wir auch akzeptieren und berücksichtigen müssen. Was stört dich denn besonders in der Zusammenarbeit?
Samuel: Es scheint, als hätten die Kollegen nur wenig Zeit für das Projekt und wir warten oft auf Informationen oder darauf, dass gemeinsame Termine vereinbart werden.
Carola: Wer ist denn dafür verantwortlich? Was können wir ändern, um die Zusammenarbeit zu verbessern?
Samuel: Das ist eine gute Frage ... Ich glaube, verantwortlich fühlt sich niemand so richtig. Das sollten wir mal klären.
Carola: Eine gute Idee. Dann lass uns doch mal gemeinsam mit dem gesamten Team überlegen, wie und welche Abläufe für alle im Team passend sind und klarstellen, wer welche Verantwortung trägt.

## Partnerschaften etablieren

Eine offene Einstellung zu Partnerschaften kann das Unternehmen situativ ergänzen und Umsetzungsmöglichkeiten erweitern. Durch Partnerschaften wird es möglich, fehlende Kapazitäten sowie nicht vorhandene Kompetenzen auszugleichen, was wiederum die Möglichkeit zur Umsetzung neuer Projekte erhöht.

Durch Partnerschaften wird die Varietät des Unternehmens stetig aufrechterhalten, wodurch neue Impulse und Ideen entstehen können. Somit ist nicht nur die Arbeit an einer netzwerkartigen Struktur nach innen, sondern auch der Aufbau des Netzwerks nach außen ein wichtiges Handlungsfeld der kleinen Unternehmen.

Partnerschaften können in verschiedenen Bereichen und mit unterschiedlichen Partnern etabliert werden, um das Unternehmen sowohl in inhaltlichen Themen zu stärken als auch grundlegende Prozessthemen wie z. B. das Finden und Halten von gutem Personal unterstützen. Da gerade das Kompetenzmanagement und Angebot von Weiterbildungsmöglichkeiten innerhalb der Unternehmen in KMU eher mit geringen Ressourcen und Möglichkeiten ausgestattet ist, ergeben sich hierin positive Effekte im Austausch mit Partnern.

Das Kennen der eigenen Stärken ist im Aufbau von Partnerschaften von besonderer Bedeutung. Es ist wichtig, die eigenen Stärken zu kennen und zu wissen, welches Ziel im Rahmen einer Partnerschaft verfolgt werden soll. Nur dadurch ist es möglich, passende Partner zu finden und Erwartungen sowie Schnittstellen in der Zusammenarbeit zu klären. Dies ermöglicht, die eigenen Ressourcen im Rahmen der Partnerschaft bestmöglich einzusetzen und ein für alle zufriedenstellendes Ergebnis zu erzielen.

**Aus der Praxis** | Gemeinsame Entwicklungsteams

**Herausforderung:** Die Zusammenarbeit und Kommunikation an Schnittstellen gestalten sich oftmals schwierig. Gerade wenn die Projektarbeit ein enges Miteinander von Entwicklungsteam und Kunde fordert, ist es zeitintensiv, regelmäßig Transparenz über den Projektstatus und den erreichten Fortschritt zu schaffen. Trotzdem ist ein gemeinsames und transparentes Bild wichtig, um Abhängigkeiten zu anderen Projekten erkennen zu können. Entsprechend wird damit Planung im Projekt selbst sowie um das Projekt herum ermöglicht. Unwissenheit über Projektstände kann dann zu kurzfristigen Planungsänderungen, Fehlplanungen sowie Unmut und dem Bedürfnis nach Rechtfertigung führen.

**Der Schritt in Richtung einer agilen Organisation:** Entwicklungsteams, die gemeinsam an einem Projekt oder Produkt arbeiten, werden als ein Team betrachtet, egal durch welchen Partner oder welches Unternehmen sie in der Zusammenarbeit mitwirken. Agile Prozessstrukturen werden gemeinschaftlich geführt und die Rollen und Verantwortlichkeiten entsprechend der Stärken und Kompetenzen der einzelnen Teammitglieder verteilt. So verfügen alle im Team über denselben Informationsstand und profitieren von der Regelmäßigkeit in der Kommunikation, die im Rahmen der agilen Prozesse gelebt wird. Damit entsteht ein hohes Maß an Transparenz im Projekt, ohne dass zusätzliche Reporting-Strukturen oder -Meetings eingeführt werden müssen. Darüber hinaus ist die Identifikation aller Teammitglieder mit dem Produkt und Projekt hoch und es wird im Kollektiv das Ziel verfolgt, eine optimale Lösung für die Problemstellung des Kunden zu erstellen. Alle profitieren damit von dieser Zusammenarbeit auf Augenhöhe.

**Reflexion zum Weiterdenken** | Welche Fähigkeiten oder Fertigkeiten fehlen uns im Team oder im Unternehmen bzw. welche Kompetenzen würden uns passend ergänzen?

**Im Dialog** | Braucht es mich da noch?
Carola wurde von Samuel um einen Rat gebeten. Die beiden sitzen deshalb im Besprechungsraum zusammen.
Samuel: Danke, dass du dir die Zeit nimmst. Jetzt bin ich schon so lange hier im Unternehmen und habe meine Aufgaben immer erledigt. Jetzt gibt es so große Veränderungen, vieles ist anders und neu. Braucht es mich da überhaupt noch?
Carola: Grundsätzlich brauchen wir jeden und jede hier im Unternehmen. Du bist ein wichtiger Teil des Teams, gerade indem du deine langjährige Erfahrung aus den Projekten dort einbringst. Was gibt dir das Gefühl, nicht gebraucht zu werden?
Samuel: Die Arbeit im Team ist wirklich toll. Es macht mir Spaß, dort gemeinsam zu arbeiten. Es sind mehr diese Methoden und Prozesse. Ist das nicht alles nur was für junge Menschen?
Carola: Überhaupt nicht. Letztlich profitieren wir alle davon. Jedoch ist es auch richtig, dass die Veränderung im Unternehmen auch persönliche

Veränderung bedeutet, auf die du dich einlassen musst. Und je älter man ist, desto eher überlegt man sich das vielleicht auch anders.
Samuel: Na, so alt bin ich auch noch nicht. Neues zu lernen war mir schon immer wichtig. Da bin ich auch gerne weiterhin offen dafür.

## Netzwerke nutzen

Die Mitarbeitenden sind die wichtigste Ressource des Unternehmens. Sie schaffen und erhalten Beziehungen und sind damit die Kraft zum Aufbau eines Netzwerks im und um das Unternehmen. Die einzelnen Mitarbeitenden werden dabei umso sichtbarer, je kleiner das Unternehmen ist. Sie stehen entsprechend mit ihrer Person für ihre Aufgaben, ihr Fachgebiet und das Unternehmen ein.

Zum weiteren Aufbau eines Netzwerks rund um das Unternehmen können berufliche Netzwerke und Verbände dienen. Auch dabei ist jeder einzelne Mitarbeiter gefordert, um mit seiner Expertise das Unternehmen zu repräsentieren. Deshalb wiegen gerade persönliche Kontakte und Netzwerke in kleinen Unternehmen schwer und bereichern wiederum das Unternehmen in seiner Reputation.

Hierdurch wird untermauert, dass der Aufbau von methodischem Können und einem Handwerkszeug der Agilität ein wichtiger Faktor ist, der in den Unternehmen intern geschehen muss, um nach außen ein kompetenter Partner zu sein. Durch eine gemeinsame Entwicklung von Mitarbeitenden und Organisation gewinnt das Unternehmen an Wissen. In Kombination mit einem Verständnis der Zusammenarbeit auf Augenhöhe wird dieser Entwicklungsraum entsprechend vergrößert und für alle Beteiligten bedeutsam – für das Unternehmen selbst sowie seine Kunden und Partner. Mit diesem Netzwerk ergeben sich für die Unternehmen auch im Bereich Innovation neue Möglichkeiten.

**Aus der Praxis** | Im Verband aktiv
**Herausforderung:** Als kleines Unternehmen ist es teilweise schwierig, Sichtbarkeit für das eigene Tun zu erlangen. Dies ist sowohl in der Akquise von Kunden und neuen Projekten als auch im Rekruiting von passenden Mitarbeitenden ein großes Thema. Schließlich wird nur gefunden, wer sichtbar ist.

Darüber hinaus ist der Austausch über Unternehmensgrenzen hinweg wichtig, um neue Trends und Technologien kennenzulernen sowie sich auch gleichsam über die Erfahrungen im Einsatz und Umgang damit zu lernen. Fachkundige Personen für spezifische Themen stehen im Unternehmen nicht zur Verfügung.

**Der Schritt in Richtung einer agilen Organisation:** Berufsverbände bieten hier einen guten Ansatzpunkt, um ein Netzwerk um das Unternehmen aufzubauen und zu pflegen. Einzelne Eigenschaften, wie beispielsweise eine gemeinsame Branche oder regionale Nähe, sind ein erstes verbindendes Element, auf das weiter aufgebaut werden kann. iTE SI ist besonders in der regionalen IHK sowie im Verband der Maschinen- und Anlagenbauer aktiv. Dort sind Mitarbeitende in Arbeitskreisen aktiv und gestalten durch Vorträge und Workshops auch Veranstaltungen aktiv mit. Entsprechend bekommen durch den Besuch von Veranstaltungen des Verbands nicht nur einzelne Mitarbeitende neuen Input und Impulse, sondern das Unternehmen bekommt dabei auch Sichtbarkeit für das eigene Tun.

**Reflexion zum Weiterdenken** | Welches Netzwerk an Partnern oder Verbänden haben wir um das Unternehmen?

**Im Dialog** | Das ist doch zu schön, um wahr zu sein.
Birgit und Frank treffen sich in der Kaffeeküche und unterhalten sich über ihr neues Projekt.
Birgit: Frank, wie geht es dir im neuen Projekt? Ihr habt da bestimmt ganz schön viel Stress, da ist doch alles irgendwie unklar und unkonkret.
Frank: Hallo Birgit, schön, dich zu treffen. Das neue Projekt macht Spaß und wir kommen gut voran. Einen ersten Prototyp werden wir noch diese Woche einigen Anwendern präsentieren und Feedback einholen.
Birgit: Wie habt ihr das denn so schnell hinbekommen? Gerade zum Start sind Projekte ja oft eher etwas holprig. Das ist meine Erfahrung. Und dann arbeitet ihr auch noch direkt mit dem Kunden im Team. Da kann man ja nichts mal langsamer angehen oder verheimlichen.
Frank: Ganz im Gegenteil. Im Team herrscht eine gute Atmosphäre und niemand braucht etwas verheimlichen. Es wird offen über Bedenken

und Risiken gesprochen und gemeinsam nach einer Lösung geschaut. So haben wir uns von Anfang an auf die Umsetzung der wichtigsten Funktionalität beschränkt, um die Umsetzbarkeit der Idee überhaupt zu validieren.
Birgit: Und wie macht ihr das?
Frank: Wir nutzen unser Netzwerk, um regelmäßig Feedback zu bekommen. Dabei sind es sowohl interne Kollegen als auch externe Personen, die uns wertvollen Input geben, zu dem, was wir erarbeitet haben.
Birgit: Wirklich? Das klingt ja zu gut, um wahr zu sein. Da bin ich schon gespannt, wie es bei euch weitergeht.
Frank: Ich halte dich auf dem Laufenden.

**Reflexion zum Abschluss des Kapitels**
**Lernen:** Was habe ich in diesem Kapitel gelernt?
**Reflektieren:** Was bedeutet das für mich?
**Anwenden:** Was bedeutet das für mein Team, mein Unternehmen, meine Organisation?
**Verändern:** Welchen (kleinen) Schritt der Veränderung kann ich bewirken?

## Zwischenziel #2 erreicht: Die Saat ist ausgesät

Die agile Organisationsentwicklung ist eine komplexe Aufgabe für Unternehmen. Verschiedenste Faktoren beeinflussen die Art und Weise, wie das Unternehmen und die Mitarbeitenden gemeinsam agieren. Analog zu Samen, die ausgesät werden, werden auch in der agilen Organisationsentwicklung nicht alle Maßnahmen und Aktionen auf fruchtbaren Boden fallen. In diesem Teil wurden verschiedene Themen und Möglichkeiten beschrieben, wie Ihr Weg hin zu einer agilen Organisation gestaltet werden kann.

Es sind viele Themen, aber es ist ein Weg, der gemeinsam gegangen wird und ein Ziel, das gemeinsam verfolgt wird. Dieser Weg, sich neu im Sinne der Agilität auszurichten, macht Spaß, kostet jedoch auch Zeit und Energie. Somit ist es mit den Unternehmen wie mit einer Pflanze, die ebenfalls Zeit und Pflege benötigt, damit sie wachsen und blühen kann. Letztlich wächst aus einem Samenkorn eine kräftige Pflanze, die blüht und in einer nächsten Phase auch Früchte trägt.

Für diesen Weg braucht es viele Mitwirkende mit unterschiedlichen Kompetenzen. Das Mitnehmen und das Einbeziehen der Mitarbeitenden sind ein Erfolgsfaktor und gleichermaßen eine Herausforderung. Es ist wichtig zu verstehen, dass das Thema Veränderung ein sehr persönliches und sensibles Thema ist, da es Ängste schürt und der Umgang mit Unsicherheit wenig gelernt ist. Deshalb ist der gemeinschaftliche Dialog unabdingbar, um den richtigen Weg in der agilen Transformation zu finden und die Organisation als Ganzes passend auszugestalten.

Doch trotz der Fehlschritte und Verluste, auf welche Sie gefasst sein sollten, lohnt es sich, zu beginnen. Denn wer nicht sät, hat definitiv keine Chance auf eine Ernte. Zudem haben Sie den Vorteil, die Räume der Veränderung selbst zu gestalten und den Weg in Ihrem Tempo zu gehen. Beginnen Sie mit der gelebten Veränderung in kleinen Schritten. Die ersten zarten Keime der Veränderungen werden dann schnell sichtbar werden.

Für diese Arbeit in Ihrem Unternehmen ist die Agile Blüte ein Werkzeug bzw. eine Visualisierung, welche immerblühend hilft, das gesteckte Ziel im Blick zu behalten. Sie wollen und werden für und mit Ihrer Organisation auch in zunehmend komplexen Rahmenbedingungen einen Mehrwert schaffen, für sich selbst und ihre Kunden. Die zahlreichen vorgestellten

Themenaspekte stellen Ansatzpunkte und Impulse für die individuelle Situation in den Unternehmen dar, die in beliebiger Reihenfolge durchdacht und bearbeitet werden können, um die Veränderung passend zu den eigenen Rahmenbedingungen zu gestalten. Die Agilität wird zunehmend verinnerlicht und Teil des alltäglichen Tuns.

Dafür ist das mitgelieferte Set an Canvases ein anwendbares Werkzeug, das im nachfolgenden Teil im Detail vorgestellt wird. Das Canvas-Set dient dazu, Impulse zu geben und gemeinsam in den Dialog zu kommen. Es gibt Ihnen eine methodische Führung zur Gestaltung der Veränderung in Ihrem Unternehmen an die Hand.

**Zusammenfassenung** | Zehn Hindernisse für die agile Organisationsentwicklung

1. **Keine Unterstützung durch die Unternehmerpersönlichkeit.** Die Entscheidung für die agile Organisationsentwicklung verändert zahlreiche Handlungen grundlegend – sowohl im Unternehmen als auch im externen Umfeld. Darüber hinaus sind gerade auch die Aufgaben und die Rollen der Geschäftsführung maßgeblich von Veränderung betroffen. Deshalb ist es wichtig, dass die Unternehmerpersönlichkeit im persönlichen als auch unternehmerischen Handeln offen für Veränderung ist und den Weg hin zu einer agilen Organisation unterstützt und mitanführt.
2. **Kein vertrauensvolles Miteinander.** Eine sichere Atmosphäre im Umgang miteinander macht es möglich, dass sowohl Ideen und Bedenken geteilt werden als auch neue Handlungsweisen in Form von kleinen Experimenten durchgeführt werden können. Dieser vertrauensvolle Boden erleichtert das gemeinsame Ausprobieren von Neuem und fördert gleichzeitig auch den persönlichen und unternehmerischen Lernprozess. Darauf basiert letztlich der gesamte Prozess der agilen Organisationsentwicklung.
3. **Fehlende Akzeptanz bei den Mitarbeitenden.** Um eine veränderte Handlungsweise als Unternehmen gemeinschaftlich zu praktizieren, braucht es ein verändertes Handeln bei jedem einzelnen Mitarbeitenden. Durch Aufklärung über die Notwendigkeit der Veränderung und dem Aufbau der notwendigen Kompetenzen, werden diese darin unterstützt, die erforderliche Energie aufzubringen. Nur

dann werden die Auseinandersetzung und das Ausprobieren von Neuem mit positiven Erlebnissen verbunden und bringen langfristige Verankerung sowie gemeinsame Erfolge.

4. **Unterschiedliche Wissensbasis der Mitarbeitenden.** Um die Akzeptanz und Offenheit für den Veränderungsprozess zu fördern, gilt es, jeden Mitarbeitenden in seiner Situation und auf seinem Wissensstand abzuholen. Denn jeder einzelne Mitarbeitende ist ein wichtiger Teil des Unternehmens und es damit wert, dass ein passender Zugang zum Thema Agilität geschaffen wird. Gleichzeitig ist die Vielfalt der Sichtweisen und des Wissens bereichernd für die gemeinschaftliche Diskussion und Bearbeitung von Herausforderungen. Es wird somit gleichzeitig gemeinsam gelernt und es werden Lösungen erarbeitet.
5. **Es gibt keine Verantwortlichen.** Eine agile Organisation basiert auf Selbstorganisation, trotzdem brauchen die Mitarbeitenden Führung für ihre Arbeit. Auch ist der gesamte Prozess der agilen Organisationsentwicklung auf ein gemeinschaftliches Gestalten ausgerichtet. Doch auch dieser braucht stetige Beobachtung und Anleitung, um stets eine Balance zu erhalten, die das Unternehmen als Ganzes sowie die einzelnen Mitarbeitenden individuell fordert und fördert. Es braucht also jemanden, der vorangeht, jemanden, der die passenden Rahmen setzt sowie die agilen Methoden und Werkzeuge in Anwendung bringt.
6. **Nicht die richtigen Werkzeuge.** Der Einsatz der passenden Methoden und Werkzeuge ist zwar nicht unbedingt ein Muss, trotzdem sind Werkzeuge, die einfach zu verstehen und anzuwenden sind, eine große Hilfe und vereinfachen den Weg. Für die agile Organisationsentwicklung in KMU und besonders in kleinen Unternehmen dient deshalb die agile Blüte mit dem begleitenden Canvas-Set als Werkzeugkasten. Der nächste Teil des Buches erklärt die Anwendung und gibt Tipps für den Einsatz der einzelnen Plakate.
7. **Wenig digitale Strukturen.** Das Thema Digitalisierung und das agile Arbeiten verzahnen sich eng. Nicht nur, weil die technischen Fortschritte eine agile Handlungsweise bedingen, sondern auch, weil durch den Einsatz digitaler Werkzeuge der Aufbau agiler Strukturen und der Einsatz agiler Methoden unterstützt werden

kann. Digitale Räume ermöglichen zudem, dass Zusammenarbeit und Kommunikation auch über Distanz und in verteilten Teams geschehen können. Selbst Meetings und Workshops können online genauso zielorientiert stattfinden wie vor Ort. Canvases lassen sich dabei immer gewinnbringend einsetzen.

8. **Kein Dialog über die Veränderung.** Kommunikation und Austausch sind wichtig, um zu wissen, ob die Zielrichtung und der Weg mit den aktuellen Rahmenbedingungen noch stimmig sind. In der agilen Organisationsentwicklung sind deshalb offene Kommunikation und Feedback besonders wichtig. Der Dialog hilft, Fragen zu klären sowie Bedenken und Ängste abzubauen. Zusätzlich ist die Sichtweise eines jeden Einzelnen für das Finden einer passenden Lösung gewinnbringend. Durch einen gleichberechtigten Dialog wird entsprechend der Prozess der Veränderung und Weiterentwicklung des Unternehmens mit einem für jeden Mitarbeitenden gangbaren Tempo in Einklang gebracht.
9. **Zu viele Themen auf einmal in Bearbeitung.** Komplexe Problemstellungen lassen sich nicht managen oder vereinfachen. Der einzig gangbare Weg ist deshalb die Eingrenzung und das Setzen eines Fokus. Dadurch werden die einflussbringenden Faktoren auf ein überschaubares Maß reduziert und es wird möglich, Lösungen und greifbare Ergebnisse zu produzieren. Durch fehlenden Fokus und zu viele Themen, an denen gleichzeitig gearbeitet wird, werden die zur Verfügung stehenden Faktoren nicht zielführend eingesetzt und letztlich können keine sichtbaren Erfolge erarbeitet werden. Das ist nicht zufriedenstellend.
10. **Es ist keine Veränderung spürbar.** Die agile Organisationsentwicklung braucht Durchhaltevermögen. Durch sichtbare Erfolge wird die Motivation aufrechterhalten und befördert. Deshalb kann durch kleine Schritte und greifbare Erlebnisse eine Kultur der Veränderung im Unternehmen zunehmend verbreitet werden. Dabei sind es besonders persönliche Erlebnisse und erlebter Mehrwert im eigenen Handlungsfeld, welcher die Beteiligten an diesem gemeinsamen Weg festhalten lässt. Immer wieder wird im Rückblick dann auch eine größere Veränderung spürbar, gerade wenn die einzelnen kleinen Schritte kaum merklich waren.

# Teil III: Die Praxis - Die Agile Blüte anwenden

„Eine Blume überlegt sich nicht,<br>ob sie besser oder schöner ist<br>als ihre Nachbarblume.<br>Sie blüht einfach."<br>Unbekannt

# 10 Das Werkzeug: Das Canvas-Set der Agilen Blüte

**Reflexion zum Start** | Teamarbeit macht Spaß und bringt tolle Ergebnisse: Wo stehen wir als Team oder Unternehmen? Welche Methoden und Werkzeuge setzen wir in unserem Arbeitsalltag regelmäßig und gerne ein?

## Kernaussagen des Kapitels

- Ein Canvas als Methode ist ein vorstrukturiertes Plakat, welches sich mit einem bestimmten Thema befasst und bei dessen strukturierter Bearbeitung unterstützt.
- Canvases sind leicht zu verstehen und brauchen wenig Vorbereitung für die Anwendung. Sie laden zum Dialog und gleichberechtigten Austausch ein.
- Die Canvases sind einfach anzuwenden und flexibel in ihren Einsatzmöglichkeiten. Sie bewirken, dass gemeinsam Themen erarbeitet und Ideen von allen Mitarbeitenden aus dem Unternehmen zusammengebracht werden können.
- Das Canvas-Set der Agilen Blüte umfasst mehrere Canvases, welche jeweils einen Teilaspekt der agilen Organisationsentwicklung aufgreifen. Dadurch wird die Auseinandersetzung mit dem Thema Agilität handhabbar.

Es ist ein bunter Strauß an Themen, welcher durch die agile Organisationsentwicklung in den Unternehmen aufgestellt wird. Aus der Ferne betrachtet wirken diese als eine Einheit. Die Gesamtheit aller Aspekte bildet etwas, das schön anzuschauen ist, an das man sich kaum näher ranzugehen wagt. Die besonderen Details entdecken Sie jedoch gerade dann, wenn Sie näher rücken, einzelne Themen „pflücken“ und genauer betrachten.

Bei der Umsetzung von Veränderung in den Unternehmen, in der Veränderung des täglichen Tuns liegt nunmehr die größte Herausforderung. Die Wechselwirkungen der einzelnen Dimensionen und Handlungsfelder sind eng miteinander verwoben und die Dynamik, die im Unternehmen entsteht, ist nicht vorherzusagen. Auch gestaltet sich das Kennenlernen sowie die Einarbeitung in neue Themen und Arbeitsweisen wie auch der Einsatz einer neuen Methodik auf Grund fehlender dedizierter Ressourcen gerade in kleinen Unternehmen oftmals schwierig.

Jedoch sind all das keineswegs Gründe, um den Spaten in die Ecke zu stellen, Gras über die Sache wachsen zu lassen und dieses Buch zuzuklappen. Denn in diesem dritten Teil wird Ihnen als Lesenden ein praktisches Werkzeug zur Unterstützung der agilen Organisationsentwicklung vorgestellt. Als geeignetes Format hat sich dafür das Canvas, ein vorstrukturiertes Plakat, als passend herausgestellt, denn es ist sowohl einfach zu verstehen als auch anzuwenden.

Ein Canvas kommt selten allein: Das Canvas-Set besteht aus mehreren sich ergänzenden Canvases und baut auf dem Modell der Agilen Blüte auf. Die einzelnen Canvases stellen jeweils einen spezifischen inhaltlichen Aspekt der agilen Blüte in den Fokus. Sie sind ein Handwerkszeug und eine praktische Hilfeleistung, um die agile Organisationsentwicklung in den Unternehmen zu gestalten.

Sie machen die Miteinbeziehung aller Mitarbeitenden möglich und fördern die Erarbeitung einer gemeinsamen Sichtweise. Denn es gilt nicht nur die Individualität der Unternehmen zu beachten, sondern auch auf die darin arbeitenden Menschen zu bauen. Sie sind unersetzlich, um vorhandenes Wissen zu verknüpfen, Neues zu kreieren und Veränderung in die Tat umzusetzen. Wie in einer Blüte jedes einzelne Blütenblatt Teil des Ganzen ist, so ist auch jeder einzelne Mitarbeitende ein wichtiger Baustein für gemeinsam gelebte Agilität. Gemeinsam können sie wachsen, mit gegebenen Ressourcen und unter gegebenen Bedingungen Ergebnisse schaffen, letztlich als Organisation in voller Schönheit blühen. Dieses Ziel wird durch die agile Organisationsentwicklung verfolgt, durch die Agile Blüte und das Canvas-Set möglich.

## 10.1 Über Canvases als Methode

Grundsätzlich gilt: Je weniger Anleitung und Einarbeitung ein Werkzeug benötigt, desto schneller und häufiger kommt es zur Anwendung. Diesem Grundsatz wird das Canvas absolut gerecht. Es ist daher nicht verwunderlich, dass die Canvas-Methode eine große Verbreitung und Bekanntheit erlangt hat. Ursprünglich geht die Idee des Canvas auf den Business Model

Canvas von Alexander Osterwalder (Osterwalder & Pigneur 2010) zurück, der die Kernfragen zur Erarbeitung eines Geschäftsmodells in eine kompakte Form bringt.

**Info** | Was ist ein Canvas?
Ein Canvas, englisch für Leinwand, bezeichnet ein vorstrukturiertes Plakat. Es ermöglicht, eine komplexe Problemstellung strukturiert zu bearbeiten. Ein Canvas ist ein Werkzeug, mit dem ein gemeinsames Verständnis herbeigeführt wird und gemeinsam Ideen entwickelt werden können. Dies wird durch die Fokussierung auf wenige zentrale Fragen innerhalb eines Themas sowie der visuellen Präsentation von Ergebnissen ermöglicht.

Die Kerneigenschaft eines Canvases ist, dass er durch vorgegebene Fragen zum Nachdenken anregt. Damit öffnet es die persönliche Sichtweise auf ein Thema oder eine Problemstellung und lädt darüber hinaus zu einem offenen Austausch ein. Dafür ist das Plakat zumeist in weitere Flächen unterteilt, die wiederum einzelne Aspekte des Themas beleuchten.

### Eigenschaften eines Canvas

- Durch eine logische Anordnung der Felder wird eine intuitive Struktur ermöglicht. Entsprechend braucht es wenig bis keine Erläuterung, und die Bearbeitung des Canvases wird logisch strukturiert.
- Die schnelle Einarbeitung wird durch natürliche Sprache und Wortwahl unterstützt. Deshalb wird auf die Verwendung von Buzzwords oder spezifischer Unternehmenssprache verzichtet.
- Die gemeinschaftliche Arbeitsweise basiert darauf, dass die Gedanken aller Beteiligten visuell festgehalten werden. Damit sind die Erkenntnisse und Ergebnisse transparent und für alle Beteiligten sichtbar. Entsprechend können diese jederzeit neu sortiert, ergänzt und weitergedacht werden.
- Die Canvases können als erstellte Vorlagen immer wieder verwendet werden. Damit sind Canvases nicht nur ressourcenschonend, sondern auch überraschend. Denn selbst der wiederholte Einsatz im selben Projekt oder Team wird immer wieder neue Ergebnisse und Einsichten bringen.

- Mit den zum Download zur Verfügung stehenden Plakaten ist der Einsatz auch schnell vorbereitet. Es braucht einen geringen organisatorischen und materiellen Aufwand für den Einsatz von Canvases.

Durch die beschriebenen Eigenschaften eignet sich die Canvas-Methode gut für den Einsatz in KMU. Der geringe Aufwand zur Einarbeitung und die wenigen Ressourcen zur Verwendung passen zu deren Rahmenbedingungen und schaffen Struktur für einen gemeinschaftlichen Dialog. Die Arbeit mit einem Canvas hilft, um den Status Quo zu erheben und Reflexion zu ermöglichen. Damit wird ein gemeinsames Verständnis als wichtiger Ausgangspunkt für eine weiterführende Diskussion geschaffen. Informationen, die bisher nur einzelne Kollegen wussten, werden explizit und stehen zur gemeinsamen Ausgestaltung zur Verfügung. Die Canvases schaffen somit eine Grundlage für die agile Organisationsentwicklung und unterstützen deren Kernaspekte.

**Für die Praxis** | Jeder Canvas hat ein eigenes Wirkungsfeld
Jeder Canvas widmet sich einem eigenen Thema und bietet eine zum Thema passende individuelle Struktur zu dessen Bearbeitung. Somit unterscheiden sich die Canvases jeweils in der visuellen Darstellung und Anordnung der Felder und Fragen.
Die drei Wirkungskräfte der Agilen Blüte werden durch die einzelnen Canvases unterschiedlich stark angesprochen. Aus der jeweils eigenen Kombination der drei Wirkungskräfte, die im Modell der agilen Blüte im Fokus stehen, ergibt sich ein für jeden Themenaspekt individuelles Wirkungsfeld. Dieses wird durch die Bearbeitung des jeweiligen Canvas herausgestellt und in seiner Weiterentwicklung gestärkt.
Entsprechend lohnt sich die bewusste Auswahl von Thema und Canvas, je nachdem, welche Kraft im Unternehmen neue Impulse oder Stärkung benötigt. Durch die Bearbeitung mehrerer Themen und Canvases wird das Unternehmen in der Entfaltung seiner Wirkungskräfte unterstützt und einzelne, kleine Schritte im Rahmen der agile Organisationsentwicklung gegangen.

**Anknüpfen** | Wirkungskräfte der Agilen Blüte
Die Wirkungskräfte der agilen Blüte werden im zweiten Teil dieses Buches in Kapitel 6 vertieft. Lesen Sie dort noch einmal nach, welche

Kräfte zur Veränderung in den Unternehmen wirken und in welche Dimensionen sowie einzelne Aspekte zur Umsetzung in den Unternehmen sich diese aufgliedern.

Ein Canvas fördert den Dialog und lädt zur Kollaboration ein. Denn es ermöglicht einen gleichberechtigten sowie auch hierarchieübergreifenden Austausch und baut damit Hindernisse für das offene Gespräch ab. Dadurch werden die Ideen und Beiträge aller beteiligten Kollegen sichtbar. Die Ergebnisse werden transparent, während ein einzelnes Thema im Fokus steht. Die Mitarbeitenden sind mit Offenheit für die Meinung der anderen bei der Arbeit und sind aktiv im Austausch beteiligt. Es wird deutlich: Die agilen Werte kommen beim Einsatz der Canvases voll zum Tragen, die agilen Werte werden durch sie gefordert und gefördert.

**Reflexion zum Weiterdenken** | Wo kann ich mir den Einsatz von Plakaten in meinem Arbeitsalltag vorstellen?

**Aus der Praxis** | Schritte der Veränderung
**Herausforderung:** Veränderung ist im Unternehmen stärker gegenwärtig als den Mitarbeitenden bewusst ist. In Projekten und Teams wird nach Verbesserung gestrebt und auch bei internen Prozessen und Strukturen wird Optimierung erzielt. Dies geschieht oftmals unbemerkt und in kleinen Schritten, da wenig darüber gesprochen wird. Die kleinen, stetigen Veränderungen werden häufig schnell im Alltag absorbiert, größere Neuerungen hingegen werden als einschneidend und negativ erlebt. Jedoch wird alles Neue rasch zur Normalität.

**Der Schritt in Richtung einer agilen Organisation:** Um sich gemeinsam der Veränderung bewusst zu werden, wurde ein Workshop zu diesem Thema durchgeführt. Zeit zur Reflexion, welche Veränderung in den vergangenen Jahren stattgefunden hat, nimmt dem Thema die Neuartigkeit und legt gleichzeitig eine Grundlage, warum die Auseinandersetzung mit Agilität notwendig ist. Gemeinsam werden alle großen und kleinen Schritte der Veränderung, die im Unternehmen gegangen wurden, gesammelt. Dies macht die ersten Erfolge sichtbar.

Durch die persönliche Reflexion und den offenen Dialog werden zudem Zweifel und Ängste vor der Ungewissheit in der Veränderung abgebaut. Im Workshop wird die aktive Beteiligung der Mitarbeitenden gelebt und damit die Motivation gestärkt, sich einzubringen. Das Team bekommt eine Plattform, um Ideen zu teilen und Verbesserungsmöglichkeiten anzubringen. Auf diesen Ideen kann mit den folgenden großen und kleinen Schritten der agilen Organisationsentwicklung aufgebaut werden.

**Für die Praxis** | Workshop Entwicklungsperspektiven
Dieser Workshop unterstützt dabei, gemeinsam einen ersten Schritt in die Veränderung machen. Dabei leitet der zum Thema passende Canvas durch verschiedene Phasen der Reflexion, persönlichen Auseinandersetzung mit dem Thema sowie der Übertragung auf den Kontext des Unternehmens.

**Dauer des Workshops**: ca. 2 Stunden

**Ziele des Workshops:**

- Bewusstsein für Veränderung schaffen
- persönliche Reflexion zum Thema Veränderung
- Grundlage für die Auseinandersetzung mit dem Thema Agilität legen
- Sammeln von Ideen für Veränderungsmaßnahmen

**Agenda:**
(Anmerkung: Alle Zeiten dienen als Richtwert und können individuell angepasst werden.)

| Dauer und Titel | Beschreibung | Material und Tipps |
|---|---|---|
| 15 Min.<br>Begrüßung und Check-in: Ankommen | • Aktivierung der Gruppe<br>• Ermitteln eines ersten Stimmungsbildes der Gruppe<br>• Vorstellen der Agenda und Setzen der Erwartungen | Tipp: Für den Check-in genügt eine Frage, die von jedem Teilnehmenden beantwortet wird, z. B.: „Welche innovative Erfindung aus der Weltgeschichte macht mein Leben einfacher?“ oder „Wofür bin ich heute dankbar?“ |

| Dauer und Titel | Beschreibung | Material und Tipps |
|---|---|---|
| 60 Min.<br>Canvas Veränderung: Bewusstsein entwickeln | • Gemeinsame Bearbeitung des Canvases, dabei werden die Felder nacheinander bearbeitet. | Material: Canvas „Veränderung" und Post-its und Stifte (dick)<br>Tipp: Für die Bearbeitung des Canvas eignet sich bei diesem Workshop die Methode „1-2-4-alle" besonders gut. Dabei beschäftigt sich jede Person zuerst alleine mit den Fragen, bevor die Gedanken zu zweit, später zu viert diskutiert werden. Zum Abschluss teilen alle Gruppen ihre Ergebnisse im Plenum. Weitere Methoden zur Bearbeitung eines Canvas werden in Kapitel 11.2 beschrieben. |
| 30 Min.<br>Veränderungs-Backlog: Maßnahmen sammeln | • Gemeinsam in die Zukunft denken und Ideen für Veränderungsmaßnahmen sammeln<br>• Priorisieren der Themen | Tipp: Aufbauend auf dem persönlichen Blick auf Veränderung wird die Lust gestärkt, aktiv Veränderung zu schaffen. Mit den Ideen für Veränderungsmaßnahmen können auch interessierte Mitmachende abgefragt werden. Dadurch gibt es für die weitere Arbeit ein Stimmungsbild, wer bei welchen Aufgaben involviert werden kann. |
| 15 Min.<br>Abschluss: Gemeinsames Ende | • Kurze Zusammenfassung der Ergebnisse<br>• Vorstellen der nächsten Schritte | Tipp: Ein Ausblick, wozu die Ergebnisse dienen, ist eine Form der Wertschätzung für die investierte Zeit und Ideen der Teilnehmenden. |

Tab. 4: Workshop-Agenda zum Thema Veränderung

## 10.2 Mehr als ein Canvas: Das Canvas-Set

Canvases sind einfach und nützlich. Sie sind inzwischen vielleicht schon motiviert, diese Methode einmal auszuprobieren. Seien Sie mutig – es lohnt sich! Seien Sie jedoch auch darauf gefasst, dass Sie und Ihr Team Gefallen an der Arbeit mit einem Canvas finden werden.

Agilität kann als vielschichtiges Thema mit einem einzigen Canvas weder umfassend noch nutzenstiftend abgedeckt werden. Im Set geht das schon besser: Jeder Canvas widmet sich jeweils einem inhaltlichen Aspekt und ermöglicht damit die Bearbeitung der einzelnen Dimensionen, die im zweiten Teil des Buches vorgestellt wurden.

**Info** | Was ist ein Canvas-Set?
Ein Canvas-Set fasst mehrere Canvases zusammen und ist demnach eine Sammlung an Plakaten. Sie deckt jeweils verschiedene Aspekte eines Themengebiets ab und ermöglicht damit eine ganzheitliche Betrachtung und Bearbeitung eines komplexen Themas. Jeder Canvas setzt den Fokus auf ein Thema.
Gleichzeitig stellt ein Canvas-Set ein Angebot dar, wovon jeder einzelne Canvas genutzt werden kann, aber nicht muss. Die Canvases können in beliebiger Reihenfolge bearbeitet werden, auch ist es möglich, nur einzelne Canvases zu bearbeiten. Dadurch ist der Einsatz an individuelle Rahmenbedingungen im Unternehmen anpassbar.
Jedes Team und jede Person kann je nach aktueller Situation und aktuellem Projektstatus die passenden Canvases als Werkzeuge auswählen. Dabei haben sie die Sicherheit, dass alle auf ein gemeinsames Zielbild einzahlen. Auch in ihren Grundstrukturen und in der Anwendung sind alle Canvases ähnlich strukturiert und aufgebaut. Zudem reduziert die einheitliche Quelle und die verständliche wie auch kompakte Präsentation der Canvases die Zeit zur Recherche und Einarbeitung.

Die Komplexität und Vielschichtigkeit der Agilität bleiben. Trotzdem ist das Canvas-Set ist ein ganzheitliches Werkzeug, um sich mit dem Thema Agilität im Unternehmen auseinanderzusetzen. Einerseits zeigt es durch das zugrundeliegende Modell der Agilen Blüte die Themenvielfalt auf und gibt Einblicke, an welchen Dimensionen gearbeitet werden kann. Andererseits dient es als Handwerkszeug, um zu beginnen.

Das Canvas-Set ist ohne Fachwissen zu verstehen und anzuwenden. Damit sind die Hürden zur Anwendung abgebaut und der Mut gestärkt, das Thema Veränderung in den Fokus des gemeinsamen Dialogs im Unternehmen zu rücken und ins Tun zu kommen. Denn schlussendlich ist die agile Organisationsentwicklung „ein viele Themen umfassendes Gespräch zahlreicher Menschen“ (Anderl & Reineck: 2018: 19).

Dieses Gespräch braucht Moderierende, Zuhörer und Dialoggestaltende. Dies passt wunderbar zu einem Canvas-Set, das alle dafür notwendigen Eigenschaften mitbringt: Es schafft dienend Räume für Diskussion und Reflexion, es ist ein geduldiger Zuhörer und ist gleichzeitig mutig, Fragen zu stellen, die zum Nachdenken anregen. Darüber hinaus greifen die einzelnen Canvases inhaltliche Themen und Aspekte auf, die für die agile Organisationsentwicklung von KMU wichtig sind, und setzen gezielte Impulse in den Unternehmen.

**Reflexion zum Weiterdenken** | Was hindert mich daran, einen Canvas einzusetzen?

**Für die Praxis** | Die Prinzipien des Canvas-Sets zur Agilen Blüte
Um ein Rahmenwerk einzusetzen, das eine gewisse Freiheit bietet, ist es wichtig, dessen zugrundeliegenden Prinzipien zu kennen und zu verstehen. Damit Sie also das Canvas-Set mit Mut und Selbstvertrauen einsetzen können, dienen Ihnen die folgenden Prinzipien als roter Faden für Ihre Arbeit in Ihrem Unternehmen.
Dem Canvas-Set liegen fünf Prinzipien zu Grunde. Diese bauen auf den Werten und Prinzipien des agilen Arbeitens auf und helfen dabei, diese zu verinnerlichen und zu leben. Somit dienen diese Prinzipien in doppelter Weise der praktischen Anwendung von gelebter Agilität.

1. **Individualität bereichert.** Als wichtigstes Element und wertstiftendes Vermögen steht der Mensch im Mittelpunkt. Die Menschen einer Organisation ermöglichen es gemeinsam, dass die bestmögliche Lösung für eine komplexe Aufgabenstellung gefunden wird. Dabei ist jeder einzelne als Baustein im Gesamtsystem wichtig, da er durch seine Sichtweise sowohl zum Verständnis der Ausgangslage als auch zur Lösungsfindung beiträgt. Entsprechend ist

es wichtig, gemeinsam ins Gespräch zu kommen und eine gleichwertige Kommunikation zu ermöglichen. Durch die gemeinsame Bearbeitung der Canvases können nicht nur die Mitarbeitenden leicht miteinbezogen werden, sondern jeder Information wird ein gleicher Stellenwert gegeben. Gleichzeitig ist es auch die Themenvielfalt, die bereichert. Die Auseinandersetzung mit immer wieder neuen Themenaspekten, wie sie durch die Bearbeitung einzelner Canvases möglich wird, wirft damit ein Spotlight auf immer wieder andere Aspekte und schafft damit ein breites Verständnis für das Thema Agilität.

2. **Austausch schafft Klarheit.** Kommunikation ist der wichtigste Aspekt in der Zusammenarbeit von Menschen. Das gemeinsame Gespräch, dabei vor allem der Dialog, stärkt bestehende Verbindung durch den Aufbau eines gemeinsamen Verständnisses und schafft neue Verbindungen, indem Gedanken und Ideen aufeinander aufbauend Neues erschaffen. Deshalb dienen die Canvases als Einladung, um in das Gespräch einzusteigen und sich gemeinsam Gedanken zu machen. Die auf den Canvases gestellten Fragen dienen als Impulse und eröffnen diesen Gedankenraum.
3. **Großes beginnt im Kleinen.** Eine Entwicklung ist ein iterativer Prozess – sowohl die Erarbeitung einer Lösung für ein Problem als auch die persönliche oder organisatorische Entwicklung. Deshalb gilt es, jeweils kleine Schritte zu gehen, ohne dabei das große Gesamtbild aus den Augen zu verlieren. Für die Organisationsentwicklung ist es deshalb wertvoll, einzelne Aspekte mit Hilfe der Canvases zu bearbeiten sowie deren Verankerung im Gesamtbild der agilen Blüte zu kennen.
   Zudem ist auch die wiederholte Bearbeitung eines einzelnen Themenaspekts bzw. Canvas lohnenswert. Durch die Offenheit der Fragen und die stetige Weiterentwicklung der Menschen und der Organisation wird mit diesen neuen Blickwinkeln jede erneute Bearbeitung neue Einsichten und Ideen hervorbringen. Somit werden die stetige Weiterentwicklung und Verankerung neuer Denk- und Handlungsweisen gefordert und gefördert.
4. **Rahmen fördern Kreativität.** Rahmen sind Strukturen, die Räume schaffen. Vorgegebene Anforderungen können mit Engagement und Umsetzungskraft positiv ausgestaltet werden. Somit müssen sich über manche Dinge und Aspekte keine Gedanken

mehr gemacht werden. Umso mehr Kreativität kann in die Ausgestaltung dieser Freiräume gelegt werden.
Jedoch gilt es auch zu beachten, welche Rahmen eher fest und welche eher als veränderbar anzusehen sind. Denn gerade für neue und innovative Ideen gilt es, die bestehenden Rahmen auch zu verlassen, trotzdem sind sie meistens gute erste Startpunkte.
Das Canvas-Set schafft zweifach Rahmen: Während jeder einzelne Canvas einen Rahmen für einen Themenaspekt setzt und damit die Auseinandersetzung damit vereinfacht, da direkt losgelegt werden kann, schafft auch das Canvas-Set einen Rahmen, das eine einfache Verwendung der Canvases ermöglicht.
5. **Bewegung erhält Balance.** Nur was in Bewegung ist, kann sich auf natürliche Weise verändern. Deshalb ist es wichtig, die Veränderung als stetigen Prozess zu akzeptieren und entsprechend zu leben. Dann kann sich das Unternehmen parallel zur Aufrechterhaltung der eigenen Betriebsfähigkeit und gemeinsam mit dem eigenen Umfeld zukunftsfähig aufstellen.
Gleichzeitig muss sich auch dieses Canvas-Set mitentwickeln. Dabei gilt es, vorgegebene Rahmen anzupassen und neue Themenaspekte und Canvases hinzuzufügen. Womit gleichzeitig auch die Einladung zum Gespräch und Austausch über das Canvas-Set ausgesprochen wird, um auch dabei von der Bereicherung durch verschiedene Blickwinkel profitieren zu können.

**Reflexion zum Weiterdenken** | Welches Prinzip spricht mich besonders an? In welchem Prinzip sehe ich Schwierigkeiten in der Umsetzung?

**Im Dialog** | Ob das überhaupt ankommt?!
Birgit und Diana organisieren einen Workshop für das Unternehmen. Im Rahmen der Vorbereitung besprechen sie sich mit Carola.
Diana: Das Thema des Workshops ist wirklich spannend und für uns als Unternehmen wichtig. Aber irgendwie bin ich doch ein wenig skeptisch, ob alle Mitarbeitenden mitarbeiten werden.
Carola: Was lässt dich zweifeln, Diana?

Diana: Diese Art und Weise der Zusammenarbeit ist für alle neu, auch die Methoden sind den meisten unbekannt. Da lassen sich manche sicherlich nicht darauf ein.
Birgit: Gewiss ist vieles anders und neu, doch ich sehe es nicht so skeptisch. Wenn wir uns dieses Umstands bewusst sind, dann können wir doch darauf eingehen.
Diana: Wie meinst du das?
Birgit: Lasst uns den Einladungstext noch einmal lesen und prüfen, ob dieser einladend und verständlich geschrieben ist, sodass die Teammitglieder wissen, was sie erwartet. Und bei der Anmoderation der einzelnen Methoden sorgen wir für eine gute Erklärung, was zu tun ist.
Diana: Eine gute Idee, da wird sich dann sicherlich jeder wohlfühlen und mitmachen.

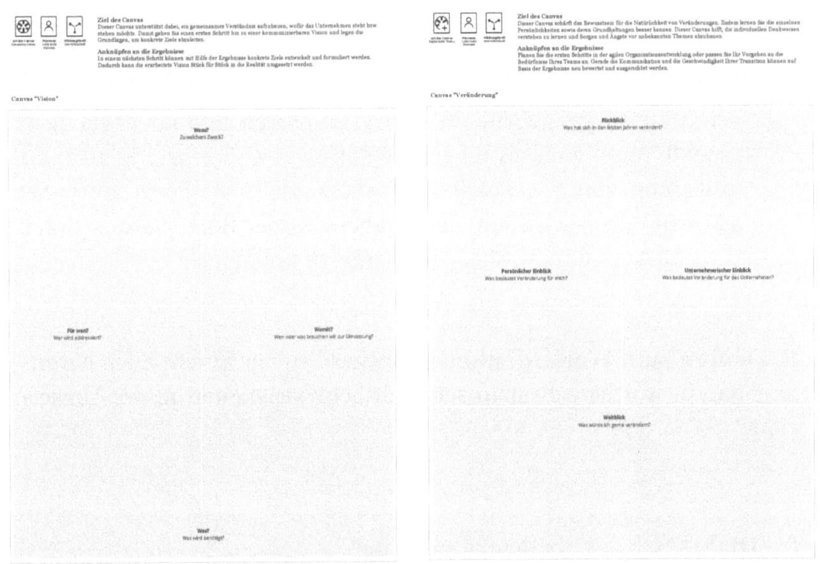


Abb. 11: Zwei Canvases als Beispiele aus dem Canvas-Set der Agilen Blüte

**Reflexion zum Abschluss des Kapitels**
**Lernen:** Was habe ich in diesem Kapitel gelernt?
**Reflektieren:** Was bedeutet das für mich?
**Anwenden:** Was bedeutet das für mein Team, mein Unternehmen, meine Organisation?
**Verändern:** Welchen (kleinen) Schritt der Veränderung kann ich bewirken?

# 11 Die Anwendung: Das Canvas-Set nutzen

**Reflexion zum Start** | Es geht in die Anwendung: Was brauchen ich noch, um mit dem Canvas-Set zu arbeiten?

### Kernaussagen des Kapitels

- Das Canvas-Set gibt mit seinen Prinzipien einen Rahmen vor, jedoch gibt es in der Anwendung und Bearbeitung der Canvases kein Richtig oder Falsch.
- Es gibt verschiedene Methodiken, um einen Canvas zu bearbeiten. Die Canvases können sowohl alleine als auch in kleineren oder größeren Gruppen bearbeitet werden.

Das Canvas-Set bietet zahlreiche, vielleicht sogar unzählbar viele Möglichkeiten, um in den Unternehmen individuell genutzt und zusammengestellt zu werden. Je nach aktueller Situation und Notwendigkeit kann derjenige Themenaspekt gewählt werden, den es in der Organisation zu stärken gilt.

In diesem Kapitel sind nun noch ein paar Hinweise und Methodiken für die Arbeit mit dem Canvas-Set zusammengestellt.

## 11.1 Arbeiten mit dem Canvas-Set

Es gibt immer einen passenden Canvas oder andersherum betrachtet: Die Arbeit mit einem Canvas bringt immer neue Impulse. Somit ist es möglich, zu gegebenen, individuellen Rahmenbedingungen im Unternehmen stets einen passenden Canvas zu finden und damit die agile Organisationsentwicklung weiter voranzubringen.

Die Arbeit mit dem Canvas-Set lässt sich in verschiedene Schritte unterteilen, in welchen jeweils unterschiedliche Personen aktiv sind und werden. Doch keine Angst, auch wenn durch die Aufteilung in einzelne Schritte die Menge an Aufgaben umso größer erscheint, ist im Grunde eher der gegenteilige Effekt zu betrachten: Die einzelnen Schritte und Aufgaben werden damit umso kleiner und sind gut anzupacken.

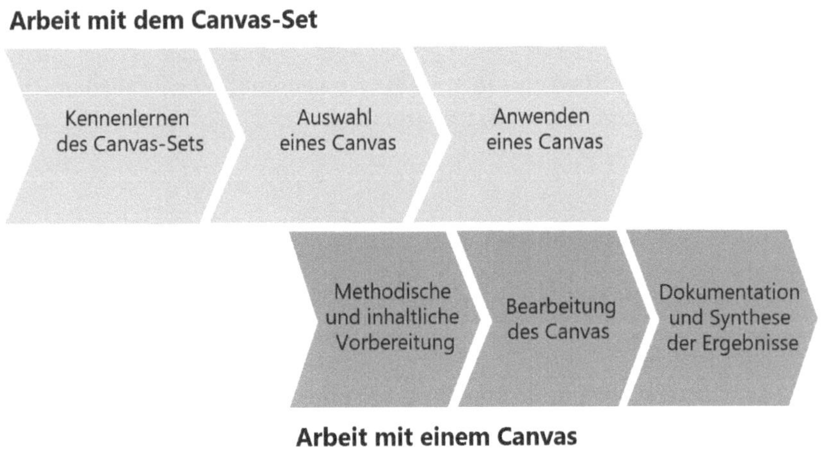

Abb. 12: Phasen in der Arbeit mit dem Canvas-Set

Am Anfang steht das Kennenlernen. Während also zuerst der Umgang mit dem Canvas-Set von den vorangehenden Mitarbeitenden kennengelernt werden muss, ist gleichzeitig auch die aktuelle Situation im Unternehmen zu analysieren. Denn nur dadurch wird es möglich, einen ersten Canvas zur Bearbeitung auszuwählen. Die praktische Anwendung eines Canvas kann wiederum in die Schritte der Vorbereitung, die Bearbeitung sowie die Zusammenfassung der Ergebnisse untergliedert werden. Die Ergebnisse müssen im Nachgang in den Gesamtzusammenhang eingeordnet werden und stehen damit zur weiteren Gestaltung der agilen Organisationsentwicklung zur Verfügung (siehe Tabelle 5).

In allen Phasen sind die vorangehenden Mitarbeitenden führend im Handeln zur Umsetzung. In der Bearbeitung und Anwendung eines Canvas sind auch die mitwirkenden Mitarbeitenden aktiv beteiligt, um möglichst verschiedenartige Sichtweisen auf ein Thema zusammenzubringen.

| | Aufgaben der Phase |
|---|---|
| Kennenlernen des Canvas-Sets | • Vertiefung des Verständnisses von Agilität<br>• Arbeitsweise mit dem Canvas-Set kennenlernen |
| Auswahl eines Canvas | • Evaluation des Status quo im Unternehmen<br>• methodischer Einsatz des Canvas festlegen |
| Anwenden eines Canvas | • gemeinsame Bearbeitung eines Themenaspektes<br>• Zusammenfassen der Ergebnisse |
| Entwicklungen fortführen | • Ableitung und Umsetzung weiterführender Schritte sowie Maßnahmen<br>• Veränderungen im Unternehmen feinfühlig beobachten<br>• Einsatz weiterer Canvases nach Bedarf und Möglichkeiten |

Tab. 5: Aufgaben und Beteiligung der Mitarbeitenden je Phase in der Arbeit mit dem Canvas-Set

**Anknüpfen** | Vorangehende und mitwirkende Mitarbeitende
Lernen Sie ein paar fiktive Personen, sogenannte Personas kennen, die in ihrem Unternehmen in diesen verschiedenen Rollen agieren. In Kapitel 1 werden Hilbert Hirte, Birgit Binder und Carola Coach als vorangehende Mitarbeitende vorgestellt. In Kapitel 6 können Sie Bekanntschaft mit Frank Förderer, Samuel Schaffer und Diana Diener machen, die als mitwirkende Mitarbeitende die agile Organisationsentwicklung miterleben.

### Das Canvas-Set kennenlernen

Als Basis für den Einsatz des Canvas-Sets dient das Modell der Agilen Blüte. Deshalb ist das Modell ein Startpunkt, um das Canvas-Set als Ganzes sowie auch die einzelnen Canvases kennenzulernen. Die Agile Blüte bietet visuell einen Anker und veranschaulicht, wie die einzelnen Themen zusammenhängen und zusammenwirken. Zudem ermöglicht es, sich inhaltlich mit einzelnen Aspekten des Themenkomplexes der Agilität vertraut zu machen. Es ist wichtig, dass das Team der vorangehenden Mitarbeitenden die Vielschichtigkeit der Agilität kennt und das Gesamtbild im Blick behält.

Darüber hinaus ist es von großem Wert, auf eine gemeinsame Grundlage zu bauen. Mit der Agilen Blüte kann der Weg der agilen Organisationsentwicklung gestaltet und dafür notwendige Entscheidungen im Sinne der Agilität getroffen werden. Dabei hat die Unternehmensleitung eine besondere Rolle, indem sie sich bewusst dafür entscheidet, sich auf den Weg zu machen und zu starten.

**Reflexion zum Weiterdenken** | Wer ist mit mir im Team der vorangehenden Mitarbeitenden? Wie bekommen wir die Unternehmensführung mit dazu?

Als weiteren wichtigen Schritt, um das Canvas-Set kennenzulernen, ist es unerlässlich, dass sich die vorangehenden Mitarbeitenden mit den Prinzipien des Canvas-Sets vertraut machen. Dadurch werden sie gestärkt, um die Arbeit mit den Canvases anzuleiten. Die mitwirkenden Mitarbeitenden arbeiten hauptsächlich bei der Bearbeitung einzelner Canvases mit. Dafür brauchen sie eine gute Moderation und Anleitung im Workshop.

**Reflexion zum Weiterdenken** | Welches Prinzip des Canvas-Sets ist mir besonders in Erinnerung geblieben?
Tipp: Die Prinzipien des Canvas-Sets werden in Kapitel 10.2 vorgestellt.

**Anknüpfen** | Moderation eines Workshops
Dem Thema Moderation widmet sich das nächste Kapitel. Lesen Sie dort nach, was bei der Moderation eines Workshops sowie auch eines Canvas beachtet werden kann. Probieren Sie mit diesen Tipps den Einsatz eines Canvas aus und gehen Sie selbstbewusst in die gemeinsame Arbeit mit Ihrem Team.

### Einen Canvas auswählen

In der Bearbeitung der Canvases gibt es keine feste Reihenfolge. Die Rahmenbedingungen und Menschen in den Unternehmen fordern stets andere Impulse und an sie angepasstes Handeln. Durch die vielen individuellen

Ausgangssituationen ist es nicht möglich – und nicht im Sinne der Agilität – eine Checkliste oder eine Formel zur Auswahl der Canvases an die Hand zu geben. Denn in erster Linier gilt auch hier der Grundsatz, möglichst schnell ins Tun zu kommen, Feedback einzuholen und entsprechend die Vorgehensweise zu adaptieren. Jegliche Blaupause wäre wenig erfolgsversprechend.

Das Canvas-Set hält Canvases für verschiedene Themen bereit. Diese können in drei Kategorien unterteilt werden:

- Canvases für einzelne Dimensionen der Agilen Blüte
- Canvases für übergreifende Themen
- Canvases zur Stärkung der Zusammenarbeit im Projekt

**Für die Praxis** | Welche Eigenschaften hat ein Canvas?
Jeder Canvas verfügt über eine kurze Beschreibung, die die wichtigsten Themen und Eigenschaften vorstellt. Es wird beschrieben, wozu der Canvas eingesetzt werden kann und wie Sie im Anschluss mit den erarbeiteten Ergebnissen weiterarbeiten können.
Icons zeigen die Kategorie des Canvas an und welche Wirkungskraft damit am stärksten gefördert wird. Es wird zudem visualisiert, wie viele Personen für die Bearbeitung zu empfehlen sind. Zwar können alle Canvases allein bearbeitet werden, bei wenigen lohnt sich die Bearbeitung durch eine Gruppe von Personen.

Personenanzahl

Stärkste Wirkungskraft

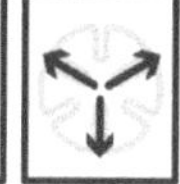

Abb. 13: Icons zur Visualisierung der Canvas-Eigenschaften

Durch die Unterschiedlichkeit der einzelnen Canvases bietet das Canvas-Set eine große Flexibilität und stellt gleichzeitig vor die Herausforderung der Wahl.

Um eine Auswahl zu treffen, brauchen vorangehende Mitarbeitende eine Antwort auf die Fragen:

- Welcher erste bzw. nächste Canvas bringt uns als Unternehmen weiter?
- Welcher Canvas ist in der aktuellen Situation der richtige?

**Reflexion zum Weiterdenken** | Wie beantworte ich diese Fragen, wenn ich auf die Situation bei mir im Team und im Unternehmen blicke?

Um Ihnen eine weitere Handreichung zur Auswahl eines Canvases zu geben, dient die Wortwolke in Abbildung 14 als Anhaltspunkt. Die dargestellten Begriffe sowie Ihre persönlichen Antworten auf die nachfolgenden Fragen helfen Ihnen, eine Entscheidung für ein für Sie wichtiges Thema zu treffen.

- Welche Themen beschäftigen uns gerade als Unternehmen?
- Welches Thema kann uns jetzt und in Zukunft voranbringen?
- Welche unserer Wirkungskräfte gilt es aktuell besonders zu aktivieren?

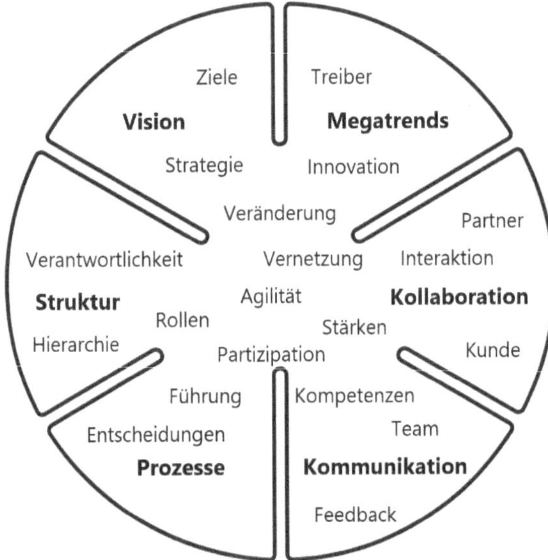


Abb. 14: Wortwolke als Hilfestellung zur Auswahl eines passenden Canvas

**Reflexion zum Weiterdenken** | Wie verändern oder erweitern sich meine Gedanken zur Situation in meinem Team und in meinem Unternehmen mit diesen Fragen?

Suchen Sie Ihre Antworten in der Wortwolke in Abbildung 14. Deren Platzierung hilft bei der Eingrenzung des Themenaspektes bzw. der Dimension, die für Ihr Unternehmen in der aktuellen Situation besonders nutzenstiftend ist. Der passende Canvas kann anhand seiner Wirkungsrichtung entsprechend gewählt werden.

Einen Canvas auszuwählen mag Ihnen am Beginn Ihres Weges noch schwierig vorkommen, doch Sie werden schon bald Sicherheit und Routine bekommen, während Sie sich mit Vorfreude für einen Canvas entscheiden. Und seien Sie gewiss: Jeder Canvas bringt Sie im Rahmen der Organisationsentwicklung einen Schritt weiter. Sie können also keine falsche Entscheidung treffen. Selbst die wiederholte Anwendung eines Canvas ist möglich. Und Sie werden erstaunt sein, dass jedes Mal neue Gedanken aufkommen und andere Ergebnisse entstehen.

Denken Sie zusätzlich daran, Ihre Schritte in der Organisationsentwicklung zu dokumentieren. Auch das unterstützt Sie bei der Auswahl eines passenden Canvas und der Planung nächster Schritte.

**Für die Praxis** | Canvas „Wachstumskarte"
Dieser Canvas ist dazu da, um Ihren Fortschritt sowie die gemachten Erfolge im Rahmen der agilen Organisationsentwicklung nicht aus den Augen zu verlieren. Er unterstützt dabei, den Überblick zu behalten, welche Maßnahmen der Veränderung initiiert wurden. Gleichzeitig können Sie darauf auch Ideen für die Zukunft festhalten und anstehende (Fokus-)Themen planen.

**Anknüpfen an die Ergebnisse:** Bleiben Sie dran: Überdenken Sie Ihre initiierten Maßnahmen. Sind diese noch adäquat und Ihren Zielen dienlich? Bearbeiten Sie weitere Dimensionen und Themen, die Veränderung bedürfen. Falls Sie sich unsicher sind, welche das sind, wählen Sie eine Dimension, an der Sie noch nicht oder schon länger nicht mehr tätig waren.

**Im Dialog** | Wir müssen an so vielem arbeiten.
Inzwischen hat sich im Unternehmen einiges getan. Hilbert, Birgit und Carola sitzen zusammen, um die nächsten Themen und Aufgaben im Rahmen der Organisationsentwicklung zu besprechen.

Carola: Im Unternehmen ist die Entwicklung inzwischen spürbar. Die Mitarbeitenden bringen sich aktiv ein und ein intensiver Austausch ist in den Projekten sowie auch teamübergreifend zu beobachten.
Hilbert: Das stimmt, da entwickelt sich vieles sehr positiv. Aber es gibt auch noch wirklich viel zu tun.
Carola: Da gebe ich dir Recht. Welche Themen haben wir denn, wo es neue Impulse oder unsere Unterstützung braucht?
Hilbert: Ich sehe da die interne Kommunikation zwischen den Teams als verbesserungswürdig, die Zusammenarbeit mit so manchem Kunden kann neu gestaltet werden, die Prozesse laufen noch nicht überall rund, und ich bin mir auch nicht sicher, ob allen im Unternehmen die neuen Rollen und deren Verantwortungsbereiche bewusst sind.
Birgit: Puh, das sind aber viele Themen und Aufgaben. Wo fangen wir da an?
Carola: Wir müssen an die kleinen Schritte denken. Welches Thema hat Priorität? Bei welchem Thema ist es wichtig, dass wir einen nächsten Schritt gehen?
Hilbert: Es ist alles wichtig.
Carola: Bist du sicher? In jedem priorisierten Backlog kann auch nur eine Sache ganz oben stehen. Was ist also die eine wichtigste Sache?

### Die Entwicklung gestalten

Durch die Arbeit an einem Canvas werden Informationen und Impulse in die Gruppe der Mitwirkenden gegeben sowie gleichermaßen Input von ihnen eingeholt. Gleichzeitig werden mit der Arbeit an den Canvases Erfahrungen und Erlebnisse provoziert. Alle Beteiligten können erleben, was es bedeutet, Mitgestalter zu sein.

Deshalb ist es wertvoll, das Canvas-Set und dessen Prinzipien bei allen Mitarbeitenden bekannt zu machen, die Canvases regelmäßig einzusetzen und somit in eine breite Anwendung innerhalb des Unternehmens zu bringen. Sind erste positive Erlebnisse mit der Methode gemacht, angeleitet von den vorangehenden Mitarbeitenden, verringert sich die Hemmschwelle für das eigenständige Ausprobieren. Somit wird die persönliche Entwicklung der Mitarbeitenden gestärkt und die Lust und Motivation erhöht, sich einzubringen.

Agile Entwicklung ist ein Prozess und lebt von kurzen Wiederholungen, Inspektion und Adaption. Dabei ist es wichtig, Feedback und Anpassungen nicht nur auf den jeweiligen vergangenen Abschnitt zu beziehen, sondern auch zu prüfen, ob mit den gemachten Schritten dem Zielbild und der Vision nähergekommen wurde. Der systematische Blick auf das Ganze darf somit nie aus den Augen verloren werden – besonders nicht in der agilen Organisationsentwicklung.

**Aus der Praxis** | Die Entwicklung festhalten

**Herausforderung:** Die Veränderung geschieht teilweise unmerklich in kleinen Schritten und oft geht es Schlag auf Schlag. Deshalb ist es ratsam und motivierend, die Veränderung im Unternehmen zu dokumentieren. Dadurch kann einerseits immer ein Überblick behalten werden, was an Veränderung im Unternehmen bereits geschehen ist, und andererseits können daraus neue Kraft und Motivation gezogen werden, wenn die Schritte in einer Phase mal kleiner werden oder mehr Energie benötigen.

**Der Schritt in Richtung einer agilen Organisation:** Um diese Funktion auszufüllen, gibt es einen besonderen Canvas, die Wachstumskarte. Aufgebaut als Raster, das sich in die sechs Dimensionen der agilen Blüte aufgliedert, dient es der Transparenz und Dokumentation der initiierten Veränderungen. Dadurch werden keine Maßnahmen aus dem Auge verloren und es gibt einen Platz für die Ideen, die das Unternehmen zukünftig voranbringen könnten – quasi eine Art Unternehmensbacklog.

Durch die weitere Unterteilung in Quartale hilft die Wachstumskarte bei der Planung nächster Schritte und kann somit als eine Art Roadmap den Prozess der agilen Organisationsentwicklung visualisieren, während sie gleichzeitig zeigt, ob alle Dimensionen ausgewogen bedient werden.

**Für die Praxis** | Workshop Vision und Stärken

Eine Vision ist zur Ausrichtung der Handlungen und Entscheidungen elementar. Deshalb ist die aktive Auseinandersetzung damit wichtig, damit das Team diese nicht nur kennt, sondern sich auch damit identifiziert. Das Commitment der Mitarbeitenden wird dadurch gestärkt.

**Dauer des Workshops**: ca. 4 h

**Ziele des Workshops:**

- gemeinsames Verständnis für die Vision schaffen
- innovatives und zielgerichtetes Denken fördern
- Bewusstsein für vorhandene Stärken schaffen
- Gemeinschaftsgefühl im Team stärken und Zusammenhalt fördern

**Agenda:**
(Anmerkung: Alle Zeiten dienen als Richtwert und können individuell angepasst werden.)

| Dauer und Titel | Beschreibung | Material und Tipps |
|---|---|---|
| 20–30 Min.<br>Begrüßung und Check-in: Ankommen | • Aktivierung der Gruppe<br>• Ermitteln eines ersten Stimmungsbildes der Gruppe<br>• Vorstellen der Agenda und Setzen der Erwartungen | Tipp: Als Check-in können eine oder mehrere Fragen dienen, die zum Thema hinführen, z. B. „Was war Ihr Traumberuf als Kind?" oder „Was ist eine Innovation, die ihr Leben vereinfacht?"<br>Möglich ist auch eine kleine Aktivität zur Anregung der Gruppe, z. B. „Zeichne in drei Minuten, was du in 20 Jahren in deiner Hosentasche (oder Handtasche) mit dir herumträgst." Die Zeichnungen werden im Anschluss gegenseitig vorgestellt. |
| 45 Min.<br>Canvas „Vision":<br>Zielbild erarbeiten | • gemeinsame Bearbeitung des Canvases | Material: Canvas „Vision"<br>Tipp: Dieser Canvas kann gut in der Gruppe bearbeitet werden: Zuerst die Gedanken in Stille hinkleben, bevor diese gruppiert und diskutiert werden. Weitere Methoden zur Arbeit mit einem Canvas gibt es im nachfolgenden Kapitel 11.2. |

| Dauer und Titel | Beschreibung | Material und Tipps |
|---|---|---|
| 60 Min.<br>Visionsboard: Ein Stimmungsbild erstellen | • Erstellung einer stimmungsvollen Visualisierung der Vision durch Bilder, Grafiken, Schlagworte oder Zitate (evtl. in Kleingruppen mit anschließender gegenseitiger Präsentation) | Material: Flipchart-Papier bzw. Papier in großem Format, Stifte, Papier, Zeitschriften oder die Möglichkeit zum Zugriff auf einen Drucker<br>Tipp: Diese Aufgabe kann für die Teilnehmenden ungewohnt sein. Deshalb im Rahmen der Moderation Lust machen, auch mal wild und kreativ zu sein: „Malen, schreiben, schneiden, kleben… Sucht verschiedene Bilder und Grafiken, die für euch zu unserer Vision passen und erstellt auf dem Flipchart ein gemeinsames Bild, das die Vision visuell darstellt. Was euch gefällt, ist dabei erlaubt.“ |
| 90 Min.<br>Webseitenentwurf: Stärken kommunizieren | • Erarbeitung von Stärken<br>• Erstellen einer Startseite für eine Webseite mit Benennung der Stärken und ergänzenden Themen inkl. Bilder (alleine oder in Kleingruppen)<br>• gegenseitige Präsentation der Ergebnisse | Material: Vorlage der Startseite einer Webseite (digital oder auf großem Format ausgedruckt)<br>Tipp: Durch die Erarbeitung einer aussagekräftigen und ansprechenden Kommunikation wird indirekt auch das Bewusstsein für die Zielgruppe und Sprache des Unternehmens geschärft. |

| Dauer und Titel | Beschreibung | Material und Tipps |
|---|---|---|
| 15 Min.<br>Abschluss: Gemeinsames Ende | • kurze Zusammenfassung der Ergebnisse des Workshops<br>• Vorstellung der nächsten Schritte | |

Tab. 6: Workshop-Agenda zum Thema Vision

## 11.2 Arbeiten mit den Canvases

Die einzelnen Canvases sind das Herzstück des Canvas-Sets. Dabei ist jeder Canvas etwas besonderes und gerade durch diese Fokussierung auf jeweils einen spezifischen Aspekt decken sie in Summe ein breites, inhaltliches Feld ab.

Für die praktische Arbeit mit den Canvases gibt es eine Vielzahl an Möglichkeiten für deren methodischen Einsatz. Da ein Canvas auf der Grundidee und -form eines Plakates aufbaut, funktionieren Canvases am besten, wenn sie auf einer großen Fläche dargestellt sind und mehrere Personen gemeinsam daran arbeiten können, z. B. an einem Flipchart, Whiteboard oder einer Metaplanwand. Durch den Einsatz von digitalen Medien, speziell von Kollaborationstools, quasi virtuellen Whiteboards, ist die Zusammenarbeit auch remote umsetzbar. Somit ist der Einsatz der Canvases sowohl physisch in gedruckter Form als auch online möglich.

In der Bearbeitung durch kleinere oder größere Gruppen zeigt ein Canvas seine Stärke. Jeder Teilnehmende kann seine Gedanken einbringen und es entsteht ein gemeinsamer Austausch. Dann bringt der Canvas den bestmöglichen Nutzen. Die Größe der Gruppe für die Bearbeitung eines Canvases ist nicht festgelegt auf eine Mindest- oder Maximalanzahl an Personen. Selbst die Bearbeitung mit allen Mitarbeitenden eines kleinen Unternehmens ist gut umsetzbar. Genauso wertstiftend ist auch die alleinige Bearbeitung eines Canvas. Dabei hilft es vor allem den Fachkräften in KMU, denen es oftmals an Sparringspartnern fehlt und bietet ihnen Impulse zum Nachdenken und zum Weiterdenken.

Verschiedene methodische Herangehensweisen unterstützen die Arbeit mit dem Canvas. Gleichzeitig bleibt die Arbeit mit den Canvases auch durch den Einsatz verschiedener Methoden abwechslungsreich. Je nach Anzahl der Beteiligten und Art der Zusammenarbeit können diese passend gewählt werden. Ideen für den methodischen Einsatz der Canvases sind in Tabelle 7 dargestellt. Basierend auf dem Grundgedanken der Kreativitätsmethode des morphologischen Kastens können dort die verschiedenen Möglichkeiten aus den einzelnen Feldern über die Zeilen hinweg miteinander kombiniert werden.

| **Zusammenarbeit** | vor Ort | online | |
|---|---|---|---|
| **Gruppengröße** | 1 Person | Kleingruppe (2 bis 5 Personen) | ab 5 Personen |
| **Informations-sammlung** | sichtbare Sammlung der Ergebnisse | persönliche Bearbeitung pro Mitarbeitendem | gemeinsame Sammlung (Brainstorming) |
| **Bearbeitung der Felder** | alle auf einmal | eines nach dem anderen | |
| **Austausch** | persönliche Reflexion | in Kleingruppen (feste oder variable) | alle miteinander |
| **Präsentation der Ergebnisse** | Präsentation der eigenen Ergebnisse | Vorstellung durch die moderierende Person | Vorstellung mit Zusammenfassung |
| **Bewertung** | Bewertung durch die Bearbeitenden selbst | Bewertung durch andere | |

Tab. 7: Möglichkeiten für den methodischen Einsatz der Canvases

Es wird deutlich: Trotz des wiederkehrenden, gleichen Formats der Canvases lässt sich deren Bearbeitung sehr abwechslungsreich gestalten. Es zeigen sich erneut die Stärken des Canvas-Sets, die darin liegen, dass es einfach zu verstehen und trotzdem abwechslungsreich in der Anwendung ist.

Nach der Bearbeitung eines Canvases müssen die Ergebnisse dokumentiert und die gesammelten Erkenntnisse in konkrete Veränderungen und Aufgaben überführt werden. Die einfachste und schnellste Variante der Dokumentation ist die Fotodokumentation des Canvas. Die Synthese der

Ergebnisse gestaltet sich je nach Thema und Canvas unterschiedlich. Dabei ist auch die Kombination mit weiterführenden Methoden möglich. Der eigenen Kreativität und Offenheit für Neues sind dabei keine Grenzen gesetzt.

**Reflexion zum Weiterdenken** | Welche Methode für die Arbeit mit einem Canvas eignet sich für mich und mein Team am besten?

Für die Anwendung in der Gruppe – vor allem, wenn diese hauptsächlich aus mitwirkenden Mitarbeitenden besteht – ist eine souveräne Moderation, die kurz in das Thema einführt und die jeweils gewählte Methodik vorstellt, essentiell. Nur dadurch kann ein zielführender Ablauf der Zusammenarbeit im Rahmen einer Besprechung oder eines Workshops sichergestellt werden.

**Anknüpfen** | Canvas im Workshop
Im nächsten Kapitel gibt es zur Planung und Durchführung von Workshops mehr Informationen und Tipps. Nutzen Sie zur Vorbereitung des nächsten Workshops den Canvas zum Thema „Workshop planen". Er hilft dabei, die groben Rahmeninformationen übersichtlich darzustellen. Zudem üben Sie den Umgang und den Einsatz eines Canvas für den Workshop.

**Reflexion zum Abschluss des Kapitels**
**Lernen:** Was habe ich in diesem Kapitel gelernt?
**Reflektieren:** Was bedeutet das für mich?
**Anwenden:** Was bedeutet das für mein Team, mein Unternehmen, meine Organisation?
**Verändern:** Welchen (kleinen) Schritt der Veränderung kann ich bewirken?

# 12 Die Praxis: Workshops mit Canvases gestalten

**Reflexion zum Start** | Was verbinde ich mit einem Workshop? Welche Erwartungen werden durch diesen Begriff geweckt?

## Kernaussagen

- Ein Workshop bietet einen Rahmen, um ein Thema gemeinschaftlich und zielorientiert zu erarbeiten. Dabei ist eine aktive Mitwirkung aller Teilnehmenden wichtig.
- Durch die Moderation wird ein Rahmen vorgegeben, der die Teilnehmenden dabei unterstützt, dass alle ihren Beitrag leisten können.
- Die Planung eines Workshops kann in eine eher organisatorisch ausgerichtete Grobplanung und eine inhaltlich ausgerichtete Feinplanung untergliedert werden. Zusätzlich helfen Checklisten und eigene Erfahrungen.
- Die Moderation eines Workshops zu übernehmen, braucht etwas Mut und ein Bewusstsein für den Rollenwechsel der Person, die moderiert. Dabei ist eine bewusste Kommunikation eine Hilfe für diese Person selbst sowie die Teilnehmenden am Workshop.
- Ein Canvas braucht in der Anwendung keine ausgedehnte Moderation. Nach einer Einführung, mit welcher Methode gearbeitet wird, ist eine selbstständige Bearbeitung und Vorstellung der Ergebnisse durch die Gruppe möglich.

Ein Canvas ist nur ein Teil eines größeren Ganzen. Damit ist in diesem Fall ausnahmsweise nicht das Canvas-Set gemeint, sondern der gemeinsame Dialog und Prozess. Im Businessjargon findet die gemeinsame Erarbeitung eines Themas unter dem Titel „Workshop“ einen Raum. Im Gegensatz zu einer Besprechung, in welcher zumeist das gesprochene Wort die Oberhand hat, sind die Erwartungen aller Teilnehmenden bei einem Workshop auch auf praktisches Tun getrimmt.

Mit welchem methodischen Vorgehen ein Canvas bearbeitet werden kann, wurde im vorigen Kapitel bereits vorgestellt. In diesem Kapitel liegt das Augenmerk deshalb auf der Gestaltung eines Workshops als Ganzes. Ein Workshop gibt einem Canvas einen Kontext und ermöglicht die Kombination mit anderen Methoden, die entweder zur Einführung und Herleitung des Themas oder auch der weiterführenden Synthese der Ergebnisse dienen können.

Lesen Sie also in diesem Kapitel, wie Sie einen Canvas im Rahmen eines Workshops einsetzen und nehmen Sie Tipps für die Planung, Durchführung und Moderation eines Workshops mit.

## 12.1 Zu einem Workshop einladen

Manche Mitarbeitende stöhnen, andere freuen sich, wenn eine Einladung zu einem Workshop anstatt zu einer Besprechung oder einem Meeting kommt. Für viele Unternehmen bedeutet ein Workshop etwas Besonderes, wenngleich im Grunde das Gegenteil der Fall sein sollte: Gemeinsam Ergebnisse zu erarbeiten und dabei praktisch zu werden, um diese festzuhalten und ein gemeinsames Bild zu bekommen, sollte Alltag werden.

### Grundlegendes über Workshops

Ein Workshop ermöglicht es, ein Thema fokussiert gemeinsam zu bearbeiten sowie dabei zeitlich kompakt, also effizient und zielorientiert, vorzugehen. Ein Workshop bietet Raum für Diskussion und greift dabei die Erfahrungen aller Beteiligten aus ihrem Arbeitsalltag auf. Alle diese Eigenschaften zeichnen auch die Zusammenarbeit als agiles Team aus. Deshalb tun Sie gut daran, mit Workshops dieses „neue Normal“ zu üben und umzusetzen. Auch ein Workshop ist damit gleichzeitig ein Werkzeug zur Erarbeitung von Inhalten und ein erlebtes Zielbild der Agilität.

**Info** | Was ist ein Workshop?
Ein Workshop ist aktiv. Dieses Wort bringt die Eigenschaften passend auf den Punkt:

- Eine aktive Beteiligung aller Teilnehmenden ist notwendig und wird durch den Einsatz verschiedener Methoden gefordert.

- Eine aktive Erarbeitung der inhaltlichen Ergebnisse findet gemeinsam statt. Von den Teilnehmenden ist in der Regel keine Vorbereitung notwendig.
- Eine aktive Vermittlung von Inhalten findet statt, indem an bestehendes Wissen angeknüpft wird.
- Ein aktiver Austausch der Erfahrungen und Ideen zwischen den Teilnehmenden findet statt.

Ausgerichtet an einem gemeinsamen Ziel wird im Rahmen eines Workshops ein Thema bearbeitet. Die Teilnehmenden bringen sich ein, nehmen Wissen auf und sammeln direkt neue Erfahrungen. Dabei leiten verschiedene Methoden diesen Prozess an und schaffen einen Rahmen. Für den Erfolg des Workshops bzw. die Qualität der Ergebnisse ist deshalb eine gute Vorbereitung, Durchführung und Moderation elementar.

Zusammengefasst ist ein Workshop ein Rahmen, der es den Beteiligten ermöglicht sich auf das Thema einzulassen, sich einzubringen und die persönlichen Erkenntnisse zu neuen, gemeinschaftlichen Ergebnissen zu kombinieren. Um diesen Prozess anzuleiten, ist eine methodische und inhaltliche Struktur wichtig, die von einer moderierenden Person vorbereitet und begleitet wird. Darüber hinaus ist die Atmosphäre ein wichtiger Faktor, um ein gemeinschaftliches und offenes Arbeitsklima zu schaffen.

Im Vergleich zu Besprechungen, die durch Präsentationen oder Monologe einzelner Personen gekennzeichnet sind – was in manchen Situationen durchaus passend ist –, bieten Workshops den Vorteil, dass neue Themen oder Sachverhalte gründlicher betrachtet und dauerhafter gelernt werden. Neues Wissen wird auf der Basis des vorhandenen Kenntnisstandes erarbeitet, wodurch ein vernetztes und anwendungsorientiertes Lernen ermöglicht wird. Darüber hinaus findet Wissensaustausch in der Gruppe der Teilnehmenden statt.

**Info** | Welche Arten von Workshops gibt es?
Ein Workshop gleicht als Begriff und Methode einer Hülle, die individuell mit verschiedenen Inhalten gefüllt werden kann. Entsprechend ist die Anzahl an verschiedenen Arten an Workshops unendlich.

Ein Workshop ist, was Sie daraus machen. Vergessen Sie dabei nie, welches Ziel Sie erreichen möchten. Ausgerichtet daran können folgende Arten unterschieden werden:

- neue Inhalte vermitteln
- Impulse geben und Bewusstsein für ein Thema schaffen
- Ideensammlung zu einem Problem oder Sachverhalt
- Feedback zu (Zwischen-)Ergebnissen
- Retrospektive, Rückschau auf ein Thema, Projekt oder Zeitraum

**Reflexion zum Weiterdenken** | Erinnern Sie sich an einen vergangenen Workshop: Welches Thema haben wir bearbeitet? Was ist mir positiv in Erinnerung geblieben?

### Ablauf eines Workshops

Obwohl oder gerade weil ein Workshop einen Rahmen für jedweden Inhalt bietet, welcher gemeinsam erarbeitet werden soll, ist der grobe Ablauf eines Workshops immer ähnlich. Diese Abfolge verschiedener Phasen ist in Abbildung 15 dargestellt.

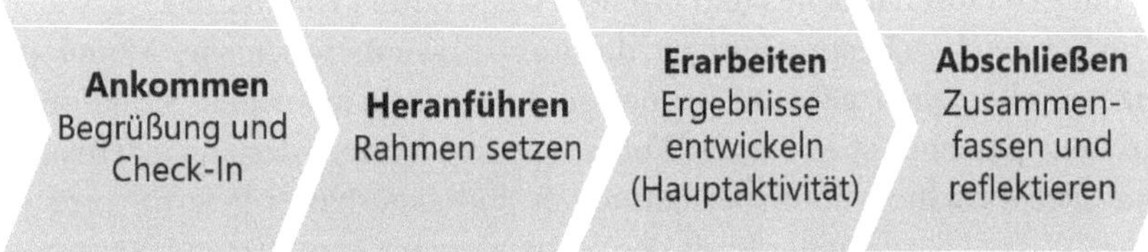


Abb. 15: Die Phasen eines Workshops

Neben einer Begrüßung, die als Einstieg und Auftakt wichtig ist, ist das Ankommen der Teilnehmenden zu Beginn des Workshops wesentlich. Damit ist weniger das physische als mehr das mentale Ankommen gemeint. Jeder Teilnehmende kommt aus einem anderen Kontext, mit anderen Gefühlen und bringt Gedanken, eventuell sogar Sorgen oder Ängste mit. Ein Check-in sorgt dafür, dass der persönliche Fokus beim Workshop ankommen kann.

**Info** | Was ist ein Check-in?
Ein Check-in ist ein Allrounder mit vielen Vorzügen. Er bietet für die gesamte Gruppe einen aktiven Start und schafft die Möglichkeit, dass jeder einzelne Teilnehmende zu Wort kommt. Dadurch wird nicht nur eine Verbindung zwischen allen Beteiligten geschaffen, sondern auch die persönliche Hemmschwelle, sich zu beteiligen wird gesenkt.
Der Check-in bringt auch die volle Präsenz auf das Thema des Meetings und verdrängt bis dahin vorherrschende Themen aus den Köpfen. Darüber hinaus kann der Check-in mit einer Vorstellung der Personen oder dem Kennenlernen eines neuen Werkzeugs – vor allem in Online-Workshops – kombiniert werden. Die gemeinsame Übung kann in Inhalt und der Vorgehensweise entsprechend ausgesucht werden. Dadurch bekommt die moderierende Person ein Gefühl für das Level an Energie und Aktivitätsfreude der Gruppe.
Auch die impliziten Regeln eines Workshops, dass alle willkommen sind und der persönliche Beitrag wertgeschätzt wird, werden durch ein Check-in gelebt.

Nach dieser gemeinsamen Einleitung folgt der Hauptteil, also die Zeit zur inhaltlichen Erarbeitung des Themas und der Ergebnisse. Hierfür wird zumeist ein Großteil der Zeit eingeplant. Trotzdem bedeutet das nicht, dass diese Zeit komplett mit der Bearbeitung eines Canvas gefüllt werden muss. Der Canvas kann durch weitere Methoden ergänzt werden, die entweder einleitend fungieren und eine inhaltliche Heranführung bieten oder die Ergebnisse weiterverwenden und z. B. in konkrete Maßnahmen, Ziele oder Handlungsoptionen überführen.

Gerade in diesem Hauptteil ist eine gewisse Dramaturgie wichtig. Lassen Sie die Inhalte und Methoden aufeinander aufbauen, um den Teilnehmenden in der Bearbeitung der Inhalte eine klare Struktur zu geben. Dabei bieten sich verschiedene Möglichkeiten je nach Ziel und Thema an (Abbildung 16).

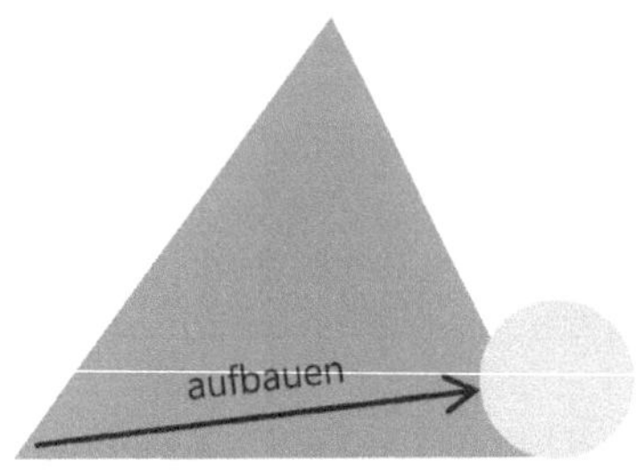


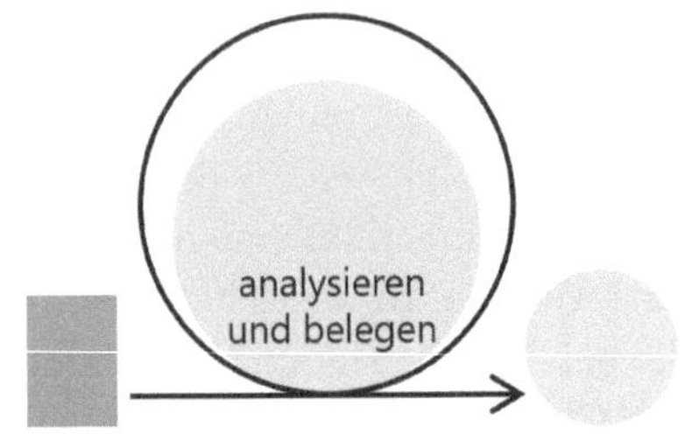


**Liegende Pyramide**
Linearer Aufbau der Themen und Methoden

**Kreis**
Eine Annahme (Hypothese) oder ein (hypothetisches) Ergebnis wird iterativ analysiert und verfeinert.

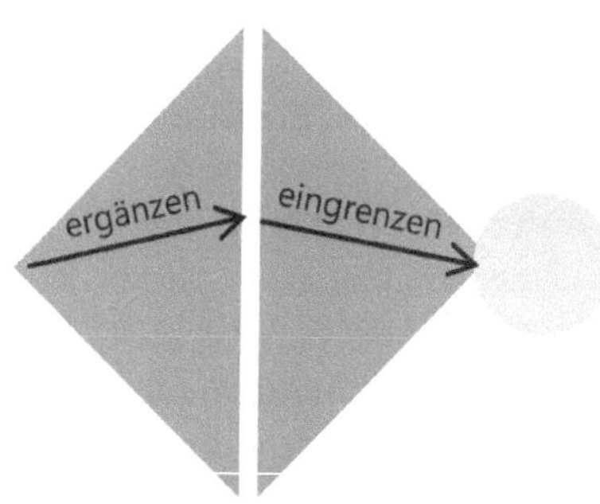


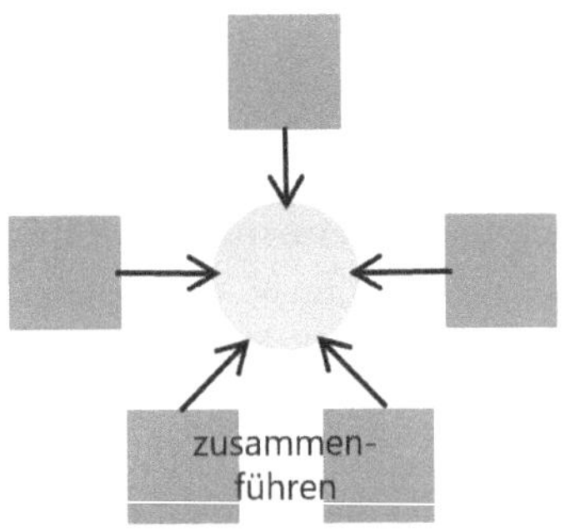


**Diamant**
Erarbeitung eines Themas mit schneller und starker Reduzierung auf einen Kernaspekt

**Stern**
Erarbeitung einzelner Themen, die dann zu einem Ergebnis zusammengeführt werden

Abb. 16: Die Dramaturgie im Workshop gestalten

Ein guter Abschluss beendet nicht nur den Workshop, sondern rundet diesen ab. Durch eine kurze Zusammenfassung, eine Beschreibung der nächsten Schritte und/oder eine Einordnung, was mit den Ergebnissen geschehen wird, wird den Teilnehmenden ein gutes Gefühl mitgegeben. Darüber hinaus können Sie als Gastgebende die Wertschätzung für die gemeinsam aufgebrachte Zeit, das Teilen der persönlichen Gedanken und Ideen zeigen. Sie alle haben schließlich Ihr Bestes gegeben.

**Reflexion zum Weiterdenken** | Was hindert mich daran, einen Workshop für mein Team oder mein Unternehmen zu planen?

## 12.2 Einen Workshop organisieren

Da die Inhalte für einen Workshop nicht vorbereitet werden können, ist eine gute und gründliche methodische Vorbereitung ein absolutes Muss für eine erfolgreiche Umsetzung. Einen passenden Rahmen zu setzen und die passende Atmosphäre zu schaffen, sind schließlich die Basis für gute Ergebnisse.

### Einen Workshop vorbereiten

In der Vorbereitung eines Workshops ist es wichtig, das zu erreichende Ziel im Vorfeld abzustecken sowie die eingesetzten Methoden darauf abzustimmen. Zusätzlich braucht es, um einen Workshop durchführen zu können, nicht nur die inhaltliche Vorbereitung, sondern auch einige organisatorische Tätigkeiten. Dabei kann in eine Grobplanung, also Tätigkeiten, die länger im Voraus zu erledigen sind, und eine Feinplanung, quasi letzte Erledigungen vor dem Workshop, unterschieden werden. Die Grobplanung verfolgt das Ziel, dass alle notwendigen Informationen zu Raum, Ort und Inhalt des Workshops festgelegt sind. Auch die Einladung an die Workshopteilnehmenden ist eine der Aufgaben.

Die zentralen Fragen der Grobplanung sind:

- Welches Ziel hat der Workshop?
- Wer sind die Teilnehmer?
- Wo findet der Workshop statt?
- Welchen zeitlichen Rahmen hat der Workshop?

**Für die Praxis** | Wie viel Zeit plane ich für einen Workshop?
Die zeitliche Planung ist für einen Workshop essentiell, gleichzeitig liegt hier auch die größte Flexibilität. Als Grundlage für die Planung gibt es zwei Startpunkte: Entweder ist ein Thema gegeben und die dafür eingesetzte Zeit kann frei festgelegt werden oder es gibt ein festes Zeitfenster, z. B. auf Grund von Verfügbarkeiten wichtiger Teilnehmenden.
Wenn es Freiraum zur Festlegung des zeitlichen Umfangs gibt, dann stellt sich die Frage nach der richtigen Balance zwischen Aufwand und Nutzen, das für das Thema aufgebracht werden kann. Gerade zu Beginn in der Arbeit im Rahmen der agilen Organisationsentwicklungen ist auch hier das Prinzip der kleinen Schritte zu beachten. Setzen Sie lieber mit kleinen Workshops erste positive Akzente, anstatt die Mitarbeitenden im Unternehmen mit großen Aktionen zu überfordern. Gleichzeitig ist auch das Halten eines hohen Energielevels für den Zeitrahmen entscheidend: Wann und wie lange können Sie bei sich und Ihren Kollegen genügend Energie für konzentriertes Arbeiten aufrecht halten?
Im zweiten Fall ist die Dauer nicht zu diskutieren und somit schnell festgelegt. Hier liegt die Herausforderung in der Ausgestaltung der inhaltlichen Tiefe des Workshops: Was kann in diesem Zeitrahmen erarbeitet oder vermittelt werden?
Tipp: Gehen Sie gerade zu Beginn Ihrer Karriere als Workshop-Organisierende eher mit einem moderaten Umfang an Inhalt und Methoden ins Rennen. Geben Sie sich und den Teilnehmenden genügend Zeit, um sich auszutauschen und das Thema zu erarbeiten. Sie werden sich wundern, wie schnell die gemeinsame Zeit verfliegt.

Mit einem Thema und einem groben Zeitrahmen können die weiteren wichtigen Fragen in der Grobplanung des Workshops angegangen werden. Dies sind einerseits die Teilnehmenden, ohne die ein Workshop nicht umzusetzen ist, andererseits braucht es einen passenden Ort, an dem der Workshop stattfinden kann.

**Info** | Wer sind die richtigen Teilnehmenden?
Der Workshop steht und fällt mit seinen Teilnehmenden. Schließlich sind diese der Schlüssel, um den vorbereiteten Rahmen mit inhaltlichen

Ergebnissen zu füllen. Entsprechend ist eine gute und bewusste Auswahl der Personen wichtig. Auch ist es oftmals sinnvoll, z. B. bei Ideensammlungen oder für die Aufnahme des Status quo einer Situation eine nicht zu kleine Gruppe zusammenzubringen, sodass ein Austausch entstehen kann.
Fragen für die Einladung der Personen:

- Wer hat sich bereits mit dem Thema auseinandergesetzt?
- Wer kennt die Zielgruppe und den Kontext gut?
- Wer hat Entscheidungskompetenz im Thema?
- Wer hat Wissen und Erfahrung, welche für mögliche Lösungswege wichtig sind?

Tipp: Die Einladung zum Workshop ist bereits der erste Schritt, um die Teilnehmenden in das Thema mitzunehmen und Lust auf die gemeinsame Bearbeitung zu machen. Schicken Sie deshalb zusammen mit der Einladung nicht nur die Rahmendaten für den Termin mit, sondern beschreiben Sie auch, warum es sich lohnt, diese Zeit zu investieren. Mit einem Zitat oder einem Witz als Aufhänger können Sie zudem einen Hinweis auf das Thema geben.
Falls die Teilnehmenden etwas vorbereiten müssen, sollten Sie das ebenfalls in der Einladung benennen und bestenfalls wenige Tage vor dem Workshop noch einmal daran erinnern.

Die Gestaltung des Raums, an dem alle Beteiligten für den Workshop zusammenkommen, ist für die Atmosphäre entscheidend – wenngleich diese Eindrücke eher unterbewusst wirken. Die bewusste Wahl für einen andersartigen Raum im Vergleich zum alltäglichen Arbeiten, lässt auch das persönliche Denken in weniger standardisierten Bahnen zu.

Die Frage nach dem richtigen Raum ist inzwischen durch das Fortschreiten der Digitalisierung nicht mehr nur rein physisch zu betrachten und die Möglichkeit bzw. teilweise auch die Notwendigkeit für einen virtuellen Workshop sind mitzubedenken.

**Für die Praxis** | Wo ist der passende Raum für den Workshop?
Auch die Frage nach der Örtlichkeit für den Workshop ist von verschiedenen Faktoren abhängig. Dabei sind folgende Fragen eine Hilfestellung für die Raumwahl:

- Wo sind die Teilnehmenden? Ist es möglich an einen gemeinsamen Ort zu kommen?
- Welche Möglichkeiten die alltäglichen Räumlichkeiten zu verlassen oder diese temporär umzugestalten gibt es?
- Welche Möglichkeiten zur Interaktion werden durch zusätzliche Methoden gefordert bzw. gewünscht?

Tipp: Falls nicht alle Mitarbeitenden vor Ort sein können, gibt es auch die Möglichkeit einen hybriden Workshop durchzuführen. Seien Sie sich jedoch bewusst, dass eine hybride Veranstaltung am schwierigsten umzusetzen ist. Sowohl in der Vorbereitung als auch in der Durchführung gibt es viel zu bedenken und viele Fallstricke, die den Workshop weniger erfolgreich machen können. Deshalb ist es zu bevorzugen, dass alle Teilnehmenden „gleich" sind und dass nicht eine einzelne Person vor dem Bildschirm sitzt, während viele andere in einem Raum zusammenarbeiten. Hybride Workshops brauchen ein hohes Maß an Vorbereitung sowie eine sensible und aufmerksame Moderation, um keine Person oder Gruppe zu benachteiligen.

| Vor-Ort-Workshops | Virtuelle Workshops |
|---|---|
| • zwischenmenschliche Kommunikation auf verschiedenen Ebenen wahrnehmbar<br>• schnelle Interaktion und Reaktion zwischen den Teilnehmenden möglich<br>• Aufteilung in Kleingruppen ist einfach möglich<br>• Pausengespräche können gehalten werden<br>• gemütliche Atmosphäre ist gestaltbar<br>• geringere technische Ausstattung notwendig | • Teilnahme von verschiedenen Orten möglich<br>• Zusammenarbeit mit vielen Teilnehmenden auf einmal möglich<br>• virtuelle „Gleichstellung" der Teilnehmenden<br>• verschiedene Methoden sind einfach kombinierbar durch technische Möglichkeiten<br>• einfaches Ordnen, Kopieren, Verschieben und Strukturieren von Inhalten<br>• unendlicher Platz auf Kollaborationstools in der Zusammenarbeit<br>• schnelle Dokumentation der Ergebnisse<br>• keine Fahrzeiten oder Reisekosten |

Tab. 8: Vorteile von Vor-Ort-Workshops und virtuellen Workshops

Egal ob physisch vor Ort oder als Onlineveranstaltung – die Raumwahl hat große Wechselwirkungen mit der inhaltlichen Ausgestaltung des Workshops. Je nachdem welche unterschiedlichen Möglichkeiten in der Interaktion zur Verfügung stehen, können passende Methoden zur Zusammenarbeit im Raum gewählt werden.

In der Grobplanung werden die zentralen Elemente des Workshops festgelegt. Somit steht das Thema fest, die zu erreichenden Zielen sind formuliert, die teilnehmenden Personen sind eingeladen sowie Zeit, Dauer und Raum abgestimmt. Auf dieser Basis kann die detailliertere Planung des Workshops aufbauen.

Die zentralen Fragen der Feinplanung sind:

- Welcher Canvas wird bearbeitet?
- Welche Methoden ergänzen die Erarbeitung des Themas passend?
- Welches Material und technisches Equipment werden benötigt?

**Für die Praxis** | Canvas „Workshop"
Der Workshop-Canvas unterstützt sowohl bei der Grobplanung als auch der Feinplanung eines Workshops. In verschiedenen Feldern hält er die passenden Fragen bereit und hilft Ihnen dabei das Thema von den Zielen bis hin zu konkreten Methoden und dafür benötigtes Material aufzugliedern.

**Anknüpfen an die Ergebnisse:** Planen Sie die ersten Schritte in der agilen Organisationsentwicklung oder passen Sie Ihr Vorgehen an die Bedürfnisse Ihres Teams an. Gerade die Kommunikation und die Geschwindigkeit Ihrer Transition können auf Basis der Ergebnisse neu bewertet und ausgerichtet werden.

Alle Aufgaben, die in der Organisation eines Workshops zu erledigen sind, fasst Tabelle 9 als Übersicht zusammen. Mit der fortschreitenden Feinplanung rückt auch der Workshop selbst immer näher und die Vorfreude, wie auch die Aufregung steigt. Die letzten Vorbereitungen finden am Tag des Workshops statt und schlagen die direkte Brücke zur Durchführung des Workshops.

| Grobplanung | Feinplanung | Am Tag des Workshops |
|---|---|---|
| • Thema festlegen<br>• Ziele festlegen<br>• Raum reservieren<br>• Kreis der Teilnehmenden festlegen<br>• Einladung verschicken | • detailierte Ausgestaltung der Methoden und Inhalte<br>• Ausfüllen des Workshop-Canvases zur Planung der einzelnen Schritte des Workshops<br>• Zeitplanung für den Ablauf des Workshops erstellen<br>• Vorbereitungen für die einzelnen Methoden (z. B. Erstellen einer Präsentation, Malen von Flipcharts)<br>• Erinnerung an die Teilnehmenden zu notwendigen Vorbereitungen versenden | • Technik überprüfen<br>• notwendige Boards und Flipcharts bereitstellen<br>• zusätzliche Materialien (z. B. Stifte, Post-its, etc.) bereitlegen<br>• evtl. Abstimmung/Briefing im Moderationsteam (bei mehreren Personen)<br>• Verpflegung im Raum aufbauen |

Tab. 9: Aufgaben in den verschiedenen Phasen der Workshopplanung

**Für die Praxis** | Materialliste für einen Workshop

- vorbereitete Canvases (als ausgedruckte oder virtuelle Vorlage)
- zusätzliches Papier für Flipcharts oder Whiteboards
- passende Stifte (für Whiteboard oder Flipchart)
- Post-its bzw. Moderationskarten und Pinnnadeln
- schwarze Stifte mit dicker Mine, die von Weitem gut lesbar sind
- sichtbare Uhr
- Klebepunkte (zum Priorisieren)
- Getränke und Verpflegung

**Reflexion zum Weiterdenken** | Zu welchen Themen möchte ich einen nächsten Workshop für mein Team oder mein Unternehmen durchführen? Wann lege ich mit der Planung los?

## Einen Workshop durchführen

Es ist so weit und der Tag ist gekommen. Während voller Vorfreude und Anspannung die letzten Vorbereitungen erledigt werden, treffen bald schon die ersten Teilnehmenden ein. Für die Personen, die organisatorische

Aufgaben oder die Moderation übernehmen, sind diese Minuten besonders spannend. Sie können die Stimmung der Anwesenden spüren und deren Verhalten beobachten. Gleichzeitig dient diese Zeit des Ankommens auch einem lockeren Gespräch und gegenseitigen Kennenlernen. Dadurch verfliegt zumeist auch die Aufregung zu großen Teilen.

Bei der Durchführung des Workshops bietet die gute Vorbereitung Sicherheit und gleichzeitig Flexibilität. Sie können sich mit dem Start des Workshops an den vorbereiteten Rahmen halten, sollten jedoch mit Offenheit für Veränderungen an die Sache gehen. Die Reaktionen und Mitarbeit der beteiligten Personen kann nicht vorhergesagt werden und so kommen die ersten Planänderungen sicherlich schneller als erwartet.

Gerade die zeitliche Planung braucht situative Anpassung sowie Flexibilität in der Moderation. Trotzdem war diese Arbeit in der Vorbereitung nicht vergebens, denn gerade die genaue zeitliche Planung und Übersicht der nächsten Schritte machen es möglich zu entscheiden, welche Methode gekürzt wird, wenn eine andere Methode mehr Zeit benötigt oder welche Arbeitsphase verlängert wird, wenn ein Schritt weniger Zeit beansprucht. Somit wird es nur durch eine gründliche Vorbereitung möglich, während der Durchführung flexibel und situativ auf die sich ändernden Rahmenbedingungen zu reagieren. Und wieder einmal wird bewusst: Durch einen Workshop üben sich alle Beteiligten in gelebter Agilität.

**Für die Praxis** | Was ist ein gutes Ende?
Ein gemeinsamer Abschluss des Workshops ist für alle Beteiligten wichtig. Für die Teilnehmenden ist dabei eine Zusammenfassung der besprochenen Themen und Inhalte nützlich, um das Lernen und Erinnern zu unterstützen. Zudem ist ein Ausblick der nächsten Schritte bzw. über die Verwendung der Ergebnisse eine wertschätzende Geste für die Zeit und Ideen, die im Rahmen des Workshops investiert wurden. Für die Organisierenden ist eine kurze Reflexion und ein Feedback zum Workshop selbst hilfreich, um auch in der Organisation und Durchführung einem kontinuierlichen Lern- und Verbesserungsprozess zu folgen.
Im Rahmen eines kurzen Blitzlichts oder mit einem Board zur Retrospektive kann der inhaltliche und methodische Rückblick auch kombiniert werden. Stoßen Sie damit einen gemeinsamen Reflexionsprozess an und erstellen sie als Gruppe gemeinsam die inhaltliche Zusammenfassung, während Sie gleichzeitig das Feedback der Teilnehmenden zur Umsetzung des Workshops sammeln.

**Reflexion zum Weiterdenken** | Was ist mir bei der Durchführung an einem Workshop besonders wichtig? Was ist ein sogenanntes „No-Go“ für mich?

## Einen Workshop nachbereiten

Mit dem Ende des Workshops ist die Arbeit noch nicht getan. Schließlich sind die gemeinsamen Ergebnisse von Relevanz. Diese wollen und sollen weiterverwendet werden. Um somit nicht in Vergessenheit zu geraten bzw. Ideen oder Erkenntnisse in der Fülle der Ergebnisse zu verlieren, braucht es eine Dokumentation. Durch die visuelle Arbeitsweise mit den Canvases kann diese in Form eines Fotoprotokolls jedoch sehr effizient gestaltet werden.

**Info** | Was ist ein Fotoprotokoll?
Fotografieren Sie jeden einzelnen Canvas bzw. jedes Board und fügen Sie diese zu einem Dokument zusammen. Ergänzen Sie einzelne Highlights, wichtige Ergebnisse und nächste Schritte, um bei einem späteren, erneuten Blick darauf, schnell wieder einen Überblick zu bekommen.
Bei der Verwendung eines Online-Kollaborationstools gibt es zumeist die Möglichkeit, die dargestellten Inhalte zu exportieren. Damit können quasi auch Fotos der einzelnen Arbeitsflächen gemacht werden, die als Bilder in der Dokumentation zusammengefasst werden können.

Vergessen Sie im Nachgang des Workshops eine persönliche Reflexion nicht. Diese hilft Ihnen persönlich, um das eigene Handeln und die Wirkung als moderierende Person zu reflektieren. Damit verbessern Sie Ihre Selbstwahrnehmung und gehen mit gestärktem Selbstbewusstsein an die Vorbereitung und Durchführung des nächsten Workshops – ganz im Sinne von stetiger Weiterentwicklung und kontinuierlichem Lernen.

Fragen zur persönlichen Reflexion:

- Was hat bei der Durchführung gut funktioniert?
- Was wurde spontan umgeplant?
- Wo sehen Sie Verbesserungspotential?

**Reflexion zum Weiterdenken** | Wie kann ich meine Abläufe in der Vorbereitung, Durchführung oder Nachbereitung eines Workshops optimieren?

## 12.3 Einen Workshop moderieren

Während die Organisation eines Workshops vor allem etwas Zeit benötigt, um die gesammelten Aufgaben zu erledigen sowie Kreativität und Ideen für die methodische Umsetzung bedarf, ist für das Übernehmen der Moderation eines Workshops vor allem eines gefragt: Mut.

### Die Rolle als moderierende Person

Die Moderation ist eine zentrale Aufgabe in einem Workshop. Sie dient dazu, einen strukturierten Ablauf des Workshops zu gewährleisten und die Gruppe in der Zusammenarbeit zu begleiten. Die Aufgabenliste ist deshalb lang.

Einige zentrale Tätigkeiten sind:

- Anmoderation: Die Begrüßung der Teilnehmenden sowie Überleitungen zwischen einzelnen Methoden schaffen den grundlegenden Rahmen und leiten durch den Workshop.
- Erklärung: Einführung der einzelnen Methoden, um zu erläutern, wie gearbeitet wird, welche Aufgabe von den Teilnehmenden zu tun ist und welche Ergebnisse entstehen werden.
- Zeitmanagement: Durch das Zeitnehmen bei den einzelnen Methoden und Pausen sowie situativen Anpassungen im Zeitplan wird der geplante Zeitrahmen eingehalten.
- Technik: Die technische Umsetzung des Workshops wird oftmals von einer Person parallel zur Moderation übernommen, vor allem bei virtuellen Workshops.

Alle diese Aufgaben müssen nicht unbedingt durch ein und dieselbe Person übernommen werden. Auch macht diese Person nicht zwingend die organisatorischen Vorbereitungen des Workshops. Es ist sehr bereichernd, einen Workshop auch als Team aus mehreren Personen zu moderieren oder einzelne Aufgaben, wie die Technik, an Teammitglieder zu übergeben. Dies ist vor allem empfehlenswert, wenn Sie noch nicht so viel Übung und Erfahrung bei der Moderation haben. Durch einen kleineren Verantwortungsbereich fühlen Sie sich sicherer und können Ihre Aufgaben souverän umsetzen.

**Reflexion zum Weiterdenken** | Wie fühle ich mich bei dem Gedanken, die Moderation eines Workshops zu übernehmen?

In KMU, besonders in kleinen Unternehmen, übernimmt jeder Mitarbeitende zahlreiche Rollen und wechselt im Arbeitsalltag häufig zwischen diesen hin und her, oftmals gänzlich unbewusst und unbemerkt. Durch diese Rollen werden mit jeder Person und ihrem Handeln bestimmte Erwartungen verbunden.

**Anknüpfen** | Was ist eine Rolle?
Das Thema „Rolle" wird im zweiten Teil des Buches vorgestellt. In Kapitel 8.1 können Sie noch einmal nachlesen, warum das Denken in Rollen für agile Teams wichtig ist.

Die anderen Rollen, die Sie in der alltäglichen Zusammenarbeit im Team übernehmen, schwingen stets auch bei einem Wechsel der Rollen mit und stellen Sie deshalb vor individuelle Herausforderungen, wenn Sie die Moderation für einen Workshop übernehmen.

**Normalerweise sind Sie Führungskraft:** Sie sind normalerweise für die Führung eines Teams, vielleicht sogar der Beteiligten im Workshop, verantwortlich. Dabei verfolgen Sie einen persönlichen Stil, wie Sie Informationen an Mitarbeitende weitergeben oder Entscheidungen treffen. Diese Handlungsweise wird für die anderen Teammitglieder auch im Workshop präsent sein. Deshalb ist es für Sie wichtig, im Workshop bewusst im Sinne der agilen Führung zu handeln. Stellen Sie Fragen und laden Sie damit die Beteiligten ein, sich einzubringen. Schließlich ist es das Ziel des Workshops, die Ergebnisse gemeinsam zu erarbeiten.

**Anknüpfen** | Was ist agile Führung?
Unter dem Begriff „dienende Führung" wird Führung im Sinne der Agilität beschrieben. In Kapitel 7.1 gibt es noch weitere Informationen zu diesem Thema.

**Normalerweise sind Sie Teammitglied:** Während Sie normalerweise Umsetzungsaufgaben übernehmen, haben Sie als moderierende Person nun eine Führungsrolle. Sie haben die Aufgabe, die anderen Teammitglieder im Workshop anzuleiten. Dieser Rollenwechsel fühlt sich für Sie selbst vielleicht komisch an, da Sie gänzlich andere Aufgaben übernehmen als in Ihrem Alltag. Toll, dass Sie diesen Mut haben. Seien Sie bei der Umsetzung nicht zu streng – mit dem Team und mit sich selbst – und lassen Sie sich von allen Beteiligten unterstützen. Agile Führung bedeutet schließlich keine Änderung in der Hierarchie, Sie sind noch immer ein Team mit einem gemeinsamen Ziel.

**Normalerweise sind Sie Scrum Master/Agiler Coach:** Für Sie ist die Moderation eines Workshops nicht Neues. Bedenken Sie trotzdem, dass jeder Workshop durch die verschiedenen Personen immer anders sein wird. Probieren Sie in einem Workshop auch einfach mal Neues aus, z. B. eine neue Methode oder eine andere Art Inhalte zu vermitteln, so dient jeder Workshop als Möglichkeit, um sich weiterzuentwickeln.

**Für die Praxis** | Rollenwechsel während eines Workshops
Wenn Sie in einem KMU, vor allem in einem kleinen Unternehmen, einen Workshop durchführen, ist es wahrscheinlich, dass Sie auch in Ihrer inhaltlich-fachlichen Rolle gefordert sind bzw. Ihr Wissen und Ihre Erfahrung für die Erarbeitung der Ergebnisse wichtig sind. Zwei Rollen in einem Workshop innezuhaben ist grundsätzlich kein Problem. Mit ein paar Hinweisen und klarer Kommunikation können Sie sowohl für die anderen Teilnehmenden als auch sich selbst, den Wechsel zwischen den Rollen bewusst machen.
Wechseln Sie von der Rolle als moderierende Person in die fachliche Mitarbeit:

- „Wenn ich das Thema mit meinem Wissen über X betrachte, dann kann ich ..."

- „Aus meiner Erfahrung zum Thema, kann ich ergänzen ..."
- „Wenn ich aus der Sichtweise der Umsetzenden schaue, dann denke ich, dass ..."

Wechseln Sie von der Rolle als Person vom Fach in die Moderation:

- „Zusammenfassend können wir festhalten ..."
- „Welche Gedanken oder Informationen haben Sie zu ergänzen?"

**Reflexion zum Weiterdenken** | Welche meiner Stärken kann ich im Rahmen einer Moderation besonders gut einsetzen? Vor welchen Herausforderungen stehe ich beim Rollenwechsel beim Moderieren?

### Einen Canvas moderieren

Die Bearbeitung eines Canvas ist ein Teil eines Workshops, entsprechend gliedert sich die Moderation dieser Methode in den Gesamtablauf ein. Da ein Canvas in großen Teilen für sich selbst spricht und den Rahmen zur Erarbeitung der Ergebnisse setzt, sind in der Moderation folgende Aspekte zu beachten:

- **Anmoderation:** Um vorzustellen, in welcher Art und Weise der Canvas bearbeitet wird, braucht es eine kurze Vorstellung der methodischen Vorgehensweise. Dadurch wird den Beteiligten eine Anleitung und Einführung gegeben und eventuellen Startschwierigkeiten vorgebeugt. Schon wenige Worte genügen, um die einzelnen Arbeitsschritte für die Workshopteilnehmenden verständlich machen:
  - Welche Aufgabe ist zu erledigen?
  - Wie viel Zeit steht dafür zur Verfügung?
  - Welches Ergebnis wird erwartet?
- **Bearbeitung:** Während der Bearbeitung des Canvas wird grundsätzlich keine Moderation benötigt. Die Bearbeitungszeit variiert je nach Gruppengröße und gewählter Methodik. Geben Sie in der Bearbeitung des Canvas genügend Zeit, um der Reflexion aber auch dem Austausch zum Thema genügend Raum zu geben.
- **Zusammenfassung:** Nach Ablauf der Bearbeitungszeit ist es die Aufgabe der Moderation, die Vorstellung der Ergebnisse anzuleiten. Diese

können von einzelnen Personen vorgestellt werden oder im Rahmen der Moderation zusammengefasst werden, abhängig auch von der zur Verfügung stehenden Zeit. Auch die anschließende Diskussion der Ergebnisse wird von der moderierenden Person angeleitet.

Ein Canvas ist in der Moderation pflegeleicht und eignet sich gut für einen Start, um sich in der Moderation zu üben. Warten Sie also nicht länger und planen Sie einen Workshop für Ihr Team, um in den Austausch zu kommen und das Gemeinschaftsgefühl zu stärken. Es ist motivierend, gemeinsam zu erarbeiten, wie sie in einem Thema und in ihrer Zusammenarbeit besser werden können.

**Reflexion zum Weiterdenken** | Was ist für mich das Schlimmste, was in einem Workshop passieren könnte?

**Info** | Was ist eine Retrospektive?
Zweck einer Retrospektive ist, im alltäglichen Treiben kurz Pause zu drücken und als Team innezuhalten. Dabei liegt der Blick weniger auf den Ergebnissen, sondern vielmehr wird die Art und Weise der Zusammenarbeit in den Mittelpunkt gerückt, also, wie diese eigentlich entstehen.
Die Retrospektive ist durch das Rahmenwerk Scrum bekannt geworden, welches es als festen Bestandteil einer Iteration im Team macht. Letztlich ist das Format selbst nichts Neues, jedoch wird darin die Regelmäßigkeit und Häufigkeit der Durchführung neu definiert. Regelmäßig wird im Entwicklungsprozess damit die Möglichkeit zur Verbesserung der Prozesse geschaffen.
Eine Retrospektive schaut jeweils auf einen definierten Zeitraum oder ein Thema:

- Die Zusammenarbeit in einem bestimmten Zeitraum, z. B. über eine Sprintlänge für Retrospektiven im Rahmen von Scrum oder über einen längeren Zeitraum in der übergreifenden Zusammenarbeit zwischen Teams
- Die Entwicklungen in einem Thema, z. B. kurze Zeit nach Einführung einer neuen Methode oder Maßnahme im Unternehmen

Eine Retrospektive schafft dem Team Raum, um persönliche Beobachtungen und Erlebnisse zu teilen, Feedback zu geben und aus der Vergangenheit zu lernen. Gemeinsam werden Hindernisse und Herausforderungen aufgedeckt sowie Verbesserungsmöglichkeiten in der Zusammenarbeit gesucht. Mit dem Engagement eines jeden Einzelnen wird dadurch die Arbeitsweise im Team stetig verbessert.

**Für die Praxis** | Canvas „Retrospektive"
Dieser Canvas unterstützt Sie bei der Durchführung einer Retrospektive. Er begleitet durch die wichtigen Phasen der Reflexion und des Sammelns von Beobachtungen sowie der Zusammenführung der Ergebnisse und dem Ableiten von Maßnahmen, um die nächste Stufe einer tollen Zusammenarbeit im Team zu erreichen.

**Anknüpfen an die Ergebnisse:** Bleiben Sie an den gemeinsam erarbeiteten Maßnahmen dran und setzen Sie diese in die Tat um. Dadurch verbessern Sie nicht nur die Zusammenarbeit im Team, sondern beweisen Verlässlichkeit – ein wichtiger Wert für Vertrauen und eine psychologisch sichere Arbeitsatmosphäre. Falls Sie nicht alle Themen im Detail besprechen konnten, seien Sie nicht betrübt – die nächste Retrospektive bietet Raum dafür.

**Für die Praxis** | Workshop Retrospektive
Eine Retrospektive dient dem Team dazu, um aus der Vergangenheit zu lernen. Deshalb ist die regelmäßige Durchführung einer Retrospektive wichtig. Diese Workshop-Agenda beschreibt die einzelnen Schritte einer Retrospektive. Dabei kommt der Canvas „Retrospektive" zum Einsatz.

**Dauer des Workshops:** ca. 90 Minuten (Je nach Thema, das im Fokus steht, der Teamsituation und der Regelmäßigkeit der Durchführung kann eine Retrospektive mit unterschiedlicher Dauer durchgeführt werden.)

**Ziele des Workshops:**

- gemeinsamer Rückblick des Teams, Lernen aus gemachten Erfahrungen
- Vereinbarung von Verbesserungen für die Arbeitsweise des Teams

**Agenda:**
(Anmerkung: Alle Zeiten dienen als Richtwert und können individuell angepasst werden.)

| Dauer und Titel | Beschreibung | Material und Tipps |
|---|---|---|
| 10 Min<br>Check-in: Ankommen | • Ankommen im Termin<br>• Atmosphäre für ein offenes Gespräch schaffen<br>• Schaffen eines ersten Stimmungsbildes | Es sind verschiedene Methoden anwendbar. Schaffen Sie Abwechslung, wenn Retrospektiven regelmäßig stattfinden. |
| 20 Min<br>Reflexion: Informationen sammeln | • Reflexion der Teammitglieder<br>• Sammeln der Beobachtungen und Ereignisse in der Zusammenarbeit<br>• Vorstellen der Ergebnisse in der Gruppe | Material: Canvas „Retrospektive“ und Post-its und Stifte<br>Tipp: In der Retrospektive werden persönliche Empfindungen geteilt ohne dass diese von anderen gewertet werden, ein sicherer Raum ist deshalb wichtig.<br>Sprechen Sie deshalb proaktiv an, dass alles, was gemeinsam besprochen wird, den „Raum nicht verlässt“. |
| 30 Min<br>Synthese: Erkenntnisse entwickeln | • Gruppieren der Ergebnisse<br>• Priorisieren der Themen<br>• Vertiefende Diskussion der wichtigsten Themen, um Probleme zu erörtern und Ursachen aufzudecken | Tipp: Durch die Gruppierung der persönlichen Beobachtungen entstehen Cluster und ein erstes Gefühl für zu besprechende Themen kristallisiert sich heraus. Trotzdem ist eine Priorisierung der Themen sinnvoll, um Veränderung an den für das Team wichtigsten Themen zu bewirken. |

| Dauer und Titel | Beschreibung | Material und Tipps |
|---|---|---|
| 25 Min<br>Weiterentwicklung: Verbesserung initiieren | • Ideen sammeln für Maßnahmen zur Veränderung der Situation<br>• Entscheiden für umsetzbare Lösungen<br>• Benennen einer verantwortlichen Person, die sich um die Umsetzung kümmern wird | Tipp: Der Verantwortliche pro Maßnahme muss sich nicht alleine um deren Umsetzung kümmern bzw. das ist überhaupt nicht möglich. Er behält im Blick, dass es mit der Umsetzung vorangeht, bezieht andere Teammitglieder mit ein und erinnert das Team an gemachte Entscheidungen für veränderte Handlungsweisen.<br>Die Umsetzung der vereinbarten Maßnahmen wird im Rahmen der nächsten Retrospektive gemeinsam besprochen und gehört dort als zusätzlicher Punkt in die Agenda. |
| 5 Min<br>Abschluss: Gemeinsames Ende | • Commitment aller Teammitglieder zu den abgestimmten Maßnahmen<br>• Positiver Abschluss des Meetings | Tipp: Ein ausgesprochenes Einverständnis mit den Ergebnissen von jedem Teammitglied stärkt das Commitment und damit auch den Willen, die besprochenen Maßnahmen auch wirklich in die Tat umzusetzen. |

Tab. 10: Workshop-Agenda zum Thema Retrospektive

Tipp: Wählen Sie ein Motto für Ihre Retrospektive. Haben Sie sich z. B. schon einmal überlegt, welche Superhelden in Ihrem Team arbeiten, wie das zurückliegende Projekt als Fußballspiel kommentiert werden würde oder was der letzte Sprint mit einem Schokokuchen gemein hat? Dadurch wird die Retrospektive nicht nur spaßig, sondern die Kreativität der Teilnehmenden wird angeregt und es werden immer wieder andere Themen und Verbesserungen angesprochen.

**Im Dialog** | Eine Lösung ist nicht immer sofort parat.
Fast am Ende des Buches angekommen, müssen wir als Lesende Carola Coach noch eine Frage stellen: Liebe Carola, wie schaffst du es, für jedes Problem eine Lösung zu haben?
Carola: Da muss ich einen Irrtum auflösen: Weder habe für jedes Problem eine Lösung, noch weiß ich auf jede Frage eine Antwort. Jedoch bin ich fest davon überzeugt, dass es irgendwo im System, für uns also im Unternehmen, die richtige Antwort gibt, wir müssen diese nur finden. Um die Antwort zu finden, müssen wir Fragen stellen, das Wissen von verschiedenen Personen kombinieren und Vertrauen haben. Vertrauen darauf, dass eine gute Antwort gefunden wird und eine passende Lösung entsteht.
Eine passende Lösung ist Teamarbeit und braucht Zeit sowie den passenden Raum. Um nach vorne zu schauen, müssen wir uns als Team auch die Zeit nehmen, um zu sehen, wo wir stehen und wie wir dort hingekommen sind. Denn gemeinsam zu arbeiten ist immer ein Prozess und ein Wechselspiel verschiedener Sichtweisen, Kompetenzen und Kräfte.
Kurzum: Ich weiß nicht alles und würde das auch nie von mir behaupten. Ich stelle jedoch gerne Fragen und helfe damit anderen dabei, Antworten zu finden.

**Reflexion zum Abschluss des Kapitels**
**Lernen:** Was habe ich in diesem Kapitel gelernt?
**Reflektieren:** Was bedeutet das für mich?
**Anwenden:** Was bedeutet das für mein Team, mein Unternehmen, meine Organisation?
**Verändern:** Welchen (kleinen) Schritt der Veränderung kann ich bewirken?

## Zwischenziel #3 erreicht: Es wachsen zarte Pflänzchen

Durch Workshops wird Veränderung erlebbar. Gleichzeitig geben sie Menschen die Zeit und die Möglichkeit gemeinsam an einem Thema zu arbeiten, mitzudenken und sich einzubringen. Diese Räume müssen aktiv gestaltet werden, wie in diesem Teil des Buches vorgestellt wird. Mit Tipps und Planungshilfen sind Sie nun gut ausgerüstet, um diese Art der Zusammenarbeit in Ihrem Team oder in Ihrem Unternehmen in die Praxis umzusetzen.

Das Canvas-Set ist Ihnen ein Begleiter für diese Arbeit. Damit ausgerüstet sind Sie bereit, die Veränderung in Ihrem Unternehmen zu gestalten. Der Einsatz mit den Canvases wird schnell gelernt. Sie werden merken, wie Sie und Ihr Team stetig routinierter im Umgang damit werden und wie dadurch der aktive Austausch gefördert wird. Aus zarten ersten Pflänzchen im Dialog wird sich dieses aktive Gespräch auch auf andere Situationen und die Zusammenarbeit im Team auswirken. Sie werden zunehmend mehr Fragen stellen, den Austausch suchen und gemeinsam an einem Ziel arbeiten.

Durch Workshops mit Canvases schaffen Sie Erlebnisse und eröffnen den Dialog. Gleichzeitig geben Sie die Möglichkeit, um zu lernen und zu wachsen – sowohl für die Teilnehmenden im Workshop als auch für Sie persönlich, wenn Sie eine neue Rolle, z. B. im Rahmen der Moderation eines Workshops übernehmen. Durch dieses eigene Erfahren und Ausprobieren wird das Lernen gefördert und beschleunigt.

Agiles Denken und Handeln ist bestimmt durch das Durchführen von Experimenten gepaart mit dem Mut, Neues auszuprobieren sowie der Offenheit dieses Vorgehen immer wieder anzupassen, um durch kleine Schritte neue Wege Verhaltensweisen zu verankern. Jede einzelne Persönlichkeit und die Organisation als Ganzes werden diesen Lernprozess erfahren und sich verändern. Seien Sie dabei achtsam auf die individuellen Bedürfnisse, sogar Sorgen und Ängste, die durch die Veränderung entstehen. Schaffen Sie ein geschütztes Umfeld, das durch Rahmen und Führung, Freude und Lust auf Neues schafft. Dabei können Sie ein Vorbild sein, das die agile Art der Zusammenarbeit vorlebt. Haben Sie den Mut, diese Rolle zu übernehmen. Sie werden das gut machen.

**Zusammenfassung** | Zehn Dinge, die in der Arbeit mit Canvases schief gehen können …

1. **Sie haben wenig Zeit für die Vorbereitung.** Ein Canvas ist pflegeleicht, gerade in der Vorbereitung. Die vorbereiteten Vorlagen stehen Ihnen zum Download bereit und somit direkt zur Anwendung zur Verfügung. Seien Sie sich in der Vorbereitung zudem bewusst, dass Sie „nur" den Rahmen schaffen, die inhaltliche Arbeit wird gemeinsam gemacht. Jedoch geht es nicht gänzlich ohne Vorbereitung. Falls Sie überhaupt keine Zeit dafür haben, sollten Sie den Termin verschieben.
2. **Sie haben keine Zeit für die Dokumentation.** Das Festhalten der Ergebnisse ist wichtig, jedoch sollte diesem Schritt sowieso nicht viel Zeit zugewendet werden. Schließlich wollen Sie an den Inhalten weiterarbeiten, anstatt sich mit der Dokumentation zu beschäftigen. Setzen Sie deshalb auf ein Fotoprotokoll, also einem Foto des Canvases. Sparen Sie bei der Nachbereitung Zeit, indem Sie darauf achten, dass sich angebrachte Klebezettel nicht überschneiden und alle Inhalte lesbar sind.
3. **Es ist zu wenig Platz auf dem Canvas.** Es ist toll, wenn viele Informationen, Gedanken und Ideen durch die Teilnehmenden gesammelt werden. Der zur Verfügung stehende Platz soll und darf dabei kein Hindernis sein oder eine Einschränkung notwendig machen. Virtuell ist es überhaupt kein Problem, da Online-Whiteboards quasi als unendlich große Fläche angelegt sind. Es kann also um den Canvas herum einfach weitergearbeitet werden. Auf physischen Boards ist der Platz eher begrenzt. Je nachdem, wo der Canvas aufgehängt wurde, steht eventuell auch die Wand zur Ausweitung zur Verfügung. Post-its kleben auch dort gut und lassen sich mühelos und ohne Rückstände wieder entfernen. Ansonsten können auch einzelne Felder bzw. Fragen auf ein separates Board umgezogen werden.
4. **Es ist zu wenig Zeit für einen Canvas.** Die Teilnehmenden haben Interesse am Thema und es entsteht eine Diskussion. Das ist genau das, was Sie erreichen wollten. Wenn Sie spüren, dass dieser Austausch für die Gruppe wichtig und wertvoll ist, dann justieren Sie Ihre Workshopplanung: Kann eine spätere Einheit

gekürzt oder weggelassen werden? Kann durch die Anpassung der Methodik Zeit gespart werden, denn z. B. eine Ideensammlung in der Gesamtgruppe geht schneller als alleine oder Kleingruppen mit anschließender Präsentation. Oder Sie vertagen einen Teil des Workshops auf einen nächsten Termin, um das Thema weiter zu bearbeiten.

5. **Sie haben zu viel Zeit eingeplant für einen Canvas.** Zeit zu haben ist während eines Workshops ein großes Gut. Geben Sie der Gruppe Raum, die Ergebnisse zusammenzufassen und die nächsten Schritte zu besprechen. Somit können Sie den zeitlichen Puffer für folgende Aktivitäten und Übungen einsetzen, die entsprechend etwas mehr Zeit bekommen können. Alternativ regen Sie eine Diskussion in der Gruppe durch weiterführende Fragen an.
6. **Es kommt kein Austausch zustande.** Wenn die Gruppe sich oder das Thema nicht gut kennt, z. B. die Teilnehmenden zum ersten Mal zusammenarbeiten oder sich zum ersten Mal mit einem Thema befassen, dann kann der Austausch schleppend sein. Stellen Sie Fragen, um den Dialog anzuregen oder gehen Sie methodisch noch einmal einen Schritt zurück und geben Zeit zur Reflexion. So kann sich jeder einen eigenen Standpunkt suchen, von welchem der Austausch beginnen kann.
7. **Nicht jeder Mitarbeitende kommt zu Wort.** Aufgrund der individuellen Persönlichkeiten der Teilnehmenden kann das Gespräch durch wenige Personen dominiert sein. Greifen Sie in diesem Fall in Ihre Methodenkiste: Die individuelle Sammlung der Gedanken mit Vorstellung lässt jede Person in der Gruppe zu Wort kommen. Sprechen Sie zurückhaltende Personen mit Fragen zudem auch persönlich an, wenn Sie wissen, dass diese einen Beitrag zu leisten weiß. Achten Sie darauf, niemanden in eine unangenehme Situation zu bringen.
8. **Es gibt eine abschweifende Diskussion.** Die Gruppe ist im regen Austausch, super. Wenn das Gespräch jedoch nicht beim Thema bleibt oder nicht zielführend ist, ist es Ihre Aufgabe, die Diskussion zum Thema zurückzuführen. Dabei dürfen Sie in der Rolle als moderierende Person die Teilnehmenden bitten, sich kurz zu fassen

oder einen Beitrag zu vertagen. Stellen Sie zudem Fragen, die die Gruppe zum Thema zurückbringen.

9. **Es ist kein Elan in der Gruppe.** Ein Workshop ist anstrengend und fordert sowohl von Ihnen als auch der Gruppe Energie. Planen Sie regelmäßig Pausen, um etwas Regeneration zu schaffen und Bewegung zu ermöglichen. Auch kleine Übungen, sogenannte Energizer, können dafür sorgen, dass Elan und Spaß bei den Teilnehmenden geweckt werden. Davon gibt es zahlreiche, legen Sie sich welche in Ihre Methodenkiste.
10. **Sie haben Fragen und Zweifel während der Moderation.** Warum zweifeln Sie? Sie haben einen mutigen Schritt bereits getan und sich auf die Aufgabe der Moderation eingelassen. Bei jedem Workshop, den Sie halten lernen Sie dazu. Wenn Sie während des Workshops unsicher sind, dann fragen Sie gerne auch die Teilnehmenden um Rat. Schließlich machen Sie diesen gemeinsam. Am Ende des Workshops können Sie die gesamte Gruppe oder einzelne Personen daraus um Feedback bitten, sodass Sie lernen, wie Sie auf Ihre Gegenüber wirken. Dabei werden Sie merken, Ihre Unsicherheit und Fragen fallen bei den Teilnehmenden selten auf und wenig ins Gewicht – so sind Sie authentisch.

# 13 Im Laufe der Zeit: Es blüht

„Es gibt überall Blumen für den,
der sie sehen will."
Henri Matisse

Agilität stiftet Mehrwert. Deshalb ist die Auseinandersetzung mit dem Thema lohnend, wie in allen Teilen dieses Buches deutlich wird. Es wird ein angepasstes und gemeinschaftliches Arbeiten möglich, das durch ein motivierendes Miteinander gestützt wird. Davon können und sollten kleine Unternehmen wie große Unternehmen gleichermaßen profitieren.

Für einen erfolgreichen Start in die agile Transformation braucht es zusätzlich eine bewusste Auseinandersetzung mit dem Thema Agilität. Welche Anforderungen dabei an KMU gestellt werden und welche Themen zu bearbeiten sind, wurde in den vergangenen Kapiteln beschrieben. Diesen Weg in die Agilität zu ermöglichen und das Thema Agilität für kleine Unternehmen greifbar und erlebbar zu machen, ist Ziel dieses Buches. Zudem schaffen die Agile Blüte und das Canvas-Set ein ganzheitliches Verständnis für Agilität und zeigen gleichzeitig konkrete Handlungspunkte auf, sodass Sie Lust bekommen zu starten und sich mit Agilität auseinanderzusetzen. In Ihrem Unternehmen steckt wie im Thema Agilität viel Potential – durch eine Kombination kann Einzigartiges entstehen.

Es wurde mehrmals geschrieben: Agile Organisationsentwicklung ist eine komplexe Aufgabe. Zwar wäre das Übernehmen eines standardisierten Vorgehens bequem, doch das eigene Gestalten des Weges ist so viel wertvoller und wird Sie begeistern – auch wenn es Zeit, Ressourcen und Energie kostet. Die Zeit, in der eine einzelne Person die perfekte Antwort kennt, ist vorbei. Nur gemeinschaftlich besteht die Chance, eine adäquate Lösung zu finden. Das eigene Ausprobieren ermöglicht es, zu erleben, zu erfahren und zu lernen. Dabei entwickeln Sie nicht nur die Organisation oder das Unternehmen als System, sondern auch Ihr eigenes Wissen und Können im Sinne der agilen Grundsätze stetig weiter.

Das Beenden und aus der Hand legen dieses Buches soll deshalb ganz im Sinne der Agilität kein Schlusspunkt sein, sondern stellt vielmehr einen erreichten Meilenstein und Durchgangspunkt dar. Nehmen Sie das Buch auf

Ihrem weiteren Weg der agilen Organisationsentwicklung immer wieder als Ideen- und Impulsgeber zur Hand.

Die wichtigste Grundlage für Agilität ist Offenheit: Offenheit, um anderen Menschen zu begegnen und diese so kennen zu lernen, wie sie wirklich sind, Offenheit, um nicht zu schnell in Lösungen zu denken, sondern einem Problem auf den Grund zu gehen und es zu verstehen, Offenheit für Beziehungen, um anzunehmen und gleichzeitig zu geben. Mit dieser Offenheit lenken Sie den Blick weg von sich selbst, hin auf Ihr Team und Ihr Unternehmen als Ganzes. Dabei werden Sie Spannendes beobachten und entdecken: wenig beachtete Wechselwirkungen, unbekannte Talente und neue Potentiale.

Denken Sie bei dieser Arbeit in Ihrem Team, Ihrem Unternehmen und Ihrem Kontext gärtnerisch. Bereiten Sie einen guten Boden mit den richtigen Nährstoffen und kümmern Sie sich ausdauernd, um die Blüte zum Blühen zu bringen und schließlich die Früchte zu ernten.

**Reflexion zum Abschluss des Buches** | Bevor Sie dieses Buch zur Seite legen, nehmen Sie sich noch etwas Zeit für eine persönliche Retrospektive zu diesem Buch und machen Sie sich Gedanken über Ihr nächstes Ziel. Sie haben alles, was Sie dafür benötigen: Offenheit für Veränderung, Mut für den ersten Schritt und ein passendes Werkzeug-Set.

- Was habe ich durch die Lektüre gelernt?
- Welches Ziel möchte ich bis wann erreichen?
- Was ist der erste kleine Schritt auf diesem Weg, den ich direkt umsetzen kann?
- Was benötige ich dafür?
- Welche Person kann mich auf diesem Weg begleiten?

## Ein persönlicher Rückblick: Erntedank

„Danke ist ein Wort wie Blumen.
Es öffnet Herzen."
Karl-Hans Jacobs

Agilität verändert. Das kann ich als Autorin aus meinen persönlichen Erfahrungen berichten. Deshalb ist es mir eine Freude, dass ich mein Wissen und meine Erfahrungen, die ich beim Arbeiten nach agilen Prinzipien machen konnte, in diesem Buch weitergeben kann. Damit wird es möglich, die Früchte meiner Arbeit zu teilen und anderen zur Verfügung zu stellen.

Das Thema Agilität mit allen seinen Facetten übt auf mich einen besonderen Reiz aus und bringt gleichzeitig einen großen Mehrwert, wie ich im Rahmen verschiedener Projekte bei der Anwendung agiler Arbeitsmethoden erleben durfte. Es macht Spaß, sich mit Agilität vertieft auseinanderzusetzen und dabei Entwicklungen, wie sie in allen Bereichen geschehen, zu recherchieren und nachzuvollziehen. Die Themen leben und bereichern sich gegenseitig und spannen damit interessante Welten auf.

Auf meinem persönlichen Lernweg habe ich sowohl im großen Konzern als auch im kleinen Unternehmen erlebt, was die agile Transformation für ein Unternehmen bedeutet und wie unterschiedliche Wege der agilen Organisationsentwicklung aussehen können. So ist Schritt für Schritt nicht nur mein Wissen im Thema gewachsen, sondern ich bin auch iT Engineering Software Innovations begegnet, einem Unternehmen, das offen und bereit ist, den Weg hin zu mehr organisatorischer Agilität zu gehen und wo ich in der praktischen Tätigkeit als Agile Coachin wertvolle Erfahrungen sammeln konnte. In der Dualität zwischen Theorie und Praxis kommt dementsprechend meine persönliche Erlebniswelt der Agilität zusammen, die ich in den letzten Jahren entdecken und entwickeln konnte.

Mit diesem Buch bin ich der Herausforderung begegnet, diese gesammelten Informationen, Erlebnisse und Erfahrungen für andere Personen aufzubereiten und zur Verfügung zu stellen. Damit möchte ich einen Beitrag leisten, um die agile Transformation in anderen Unternehmen zu unterstützen. Beim Schreiben habe ich selbst viel dazugelernt und mich weiterentwickelt. Deshalb hoffe ich, dass Sie als Lesende mindestens genauso viel von der Lektüre profitieren und Freude in der Anwendung des Gelesenen finden.

Ein gemeinsamer Dialog und Austausch über ein Thema sind mir persönlich sehr wichtig. Deshalb möchte ich es nicht versäumen, an dieser Stelle meinen Dank auszusprechen. Mein Dank gilt allen Personen, mit denen ich zusammenarbeiten darf und die sich mit mir zum Thema unterhalten haben. Jeder Einzelne hat mir bewusst oder unbewusst, offen ausgesprochen oder eher indirekt Anstöße und Ideen mitgegeben, die allesamt in diesem Buch verarbeitet sind. Ohne diesen wertvollen Austausch, die Offenheit für Neues und die Möglichkeit, persönliche Erfahrungen machen zu dürfen, wäre ich nicht, wer ich heute bin, und wäre nicht dort, wo ich heute stehe.

Vielen Dank an Mama, Papa und meine Schwester Verena für eure stetige Unterstützung in sämtlichen Dimensionen und mit großer Wirkungskraft.

Vielen Dank an Bernd, Oli, Tina, Patrick für euer wertvolles Feedback, eure gedanklichen Impulse und Korrekturen für das Manuskript.

Vielen Dank an Wolfram und das Team von iTE SI für die bewusste und unbewusste Mitwirkung an diesem Buch sowie eine Arbeitsstelle, die sich nicht nach Arbeit anfühlt.

Vielen Dank an Prof. Dr. Steffen Scheurer für den Glauben an das Potential der Agilen Blüte und die impulsgebende Zusammenarbeit.

Vielen Dank an Nadja Hilbig und Dr. Jürgen Schechler vom UVK Verlag für die unkomplizierte und konstruktive Zusammenarbeit sowie Unterstützung bei der Veröffentlichung.

Vielen Dank an all die geistreichen Vordenker und Sparringspartner, auf deren Theorien, Modellen und Ideen ich mit meinen Gedanken aufsetzen darf – dieses Wissen ist ein großes Geschenk.

Vielen Dank an jeden Einzelnen, auch Ihnen als Lesende, die Sie sich Zeit für die Lektüre genommen haben. Alle haben ihren persönlichen Beitrag geleistet.

Jetzt sind Sie dran: Nehmen Sie das Modell mit in Ihr Unternehmen und gestalten Sie die Veränderung Ihrer Organisation mit. Ich bin gespannt, wie es Ihnen dabei geht. Ich lese gerne Ihr Feedback und freue mich auf alles, was wir in Zukunft gemeinsam gestalten und erleben dürfen.

# Anhang

**Art des Canvas**
Dimension-Canvas

**Personen**
1 oder mehr Personen

**Wirkungskraft**
Innovationskraft

**Ziel des Canvas**
Dieser Canvas unterstützt dabei, ein gemeinsames Verständnis aufzubauen, wofür das Unternehmen steht bzw. stehen möchte. Damit gehen Sie einen ersten Schritt hin zu einer kommunizierbaren Vision und legen die Grundlagen, um konkrete Ziele abzuleiten.

**Anknüpfen an die Ergebnisse**
In einem nächsten Schritt können mit Hilfe der Ergebnisse konkrete Ziele entwickelt und formuliert werden. Dadurch kann die erarbeitete Vision Stück für Stück in die Realität umgesetzt werden.

**Canvas "Vision"**

**Wozu?**
Zu welchem Zweck?

**Für wen?**
Wer wird addressiert?

**Womit?**
Wen oder was brauchen wir zur Umsetzung?

**Was?**
Was wird benötigt?

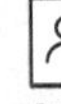

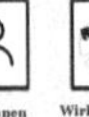

**Ziel des Canvas**
Dieser Canvas schärft das Bewusstsein für die Natürlichkeit von Veränderungen. Zudem lernen Sie die einzelnen Persönlichkeiten sowie deren Grundhaltungen besser kennen. Dieser Canvas hilft, die individuellen Denkweisen verstehen zu lernen und Sorgen und Ängste vor unbekannten Themen abzubauen.

**Anknüpfen an die Ergebnisse**
Planen Sie die ersten Schritte in der agilen Organisationsentwicklung oder passen Sie Ihr Vorgehen an die Bedürfnisse Ihres Teams an. Gerade die Kommunikation und die Geschwindigkeit Ihrer Transition können auf Basis der Ergebnisse neu bewertet und ausgerichtet werden.

**Canvas "Veränderung"**

**Rückblick**
Was hat sich in den letzten Jahren verändert?

**Persönlicher Einblick**
Was bedeutet Veränderung für mich?

**Unternehmerischer Einblick**
Was bedeutet Veränderung für das Unternehmen?

**Weitblick**
Was würde ich gerne verändern?

**Art des Canvas**
Dimension-Canvas

**Personen**
1 oder mehr Personen

**Wirkungskraft**
Innovationskraft

### Ziel des Canvas

Mit diesem Canvas wird die Wahrnehmung für herrschende Megatrends sensibilisiert und deren Einfluss auf das eigene Marktumfeld und unternehmerische Handeln angedacht. Die Beschäftigung damit hilft Ihnen, die Treiber zu entdecken, die Sie und Ihr Unternehmen besonders beeinflussen.

### Anknüpfen an die Ergebnisse

Machen Sie sich auf den Weg: Die Ergebnisse machen einerseits Lust, sich mit innovativen Themen auseinanderzusetzen, andererseits zeigen sie Ihnen auf, wie dringend der Handlungsbedarf ist. Auf Basis der erarbeiteten Gedanken können Sie Ihren Weg der Organisationsentwicklung starten. Evaluieren Sie zudem Ihr Portfolio an Produkten und Services und entwickeln Sie neue Ideen, die zukünftig am Markt Bestand haben werden.

## Canvas "Megatrends"

| | **Treiber** | | | |
|---|---|---|---|---|
| | Technologische Treiber | Ökonomische Treiber | Ökologische Treiber | Soziale Treiber |
| **Gegenwart**<br>Welche Themen beeinflussen unser Handeln? | | | | |
| **Auswirkungen**<br>Wie spüren wir deren Auswirkungen? | | | | |
| **Hindernisse**<br>Was blockiert uns in unserer Arbeit? | | | | |
| **Chancen**<br>Welche Chancen liegen in dieser Entwickung? | | | | |
| **Zukunft**<br>Welche zukünftigen Entwicklungen sind denkbar? | | | | |

**Ziel des Canvas**
Dieser Canvas hat zum Ziel, sich den gegebenen Strukturen im Unternehmen bewusst zu werden und diese zu evaluieren. Nur wenn Sie diese kennen, können Sie beginnen, sie zu verändern.

**Anknüpfen an die Ergebnisse**
Auf Basis der gesammelten Anforderungen und Rahmenbedingungen an die Strukturen in Ihrem Team oder Unternehmen können Ideen zur neuen Ausgestaltung erarbeitet werden. Seien Sie dabei mutig und hinterfragen Sie auch Themen, die als unverrückbar eingeordnet wurden - vielleicht entdecken Sie doch einen Weg zur Veränderung.

**Canvas "Struktur"**

**Rahmenbedingungen**
Welche unternehmerischen Randbedingungen gibt es?

| Was ist fest? | Was ist veränderbar? |
|---|---|

**Persönliche Einflussfaktoren**
Was ist uns persönlich wichtig?

| Was ist fest? | Was ist veränderbar? |
|---|---|

**Infrastruktur**
In welchem Kontext bewegen wir uns?

| Was ist fest? | Was ist veränderbar? |
|---|---|

**Ziel des Canvas**
Viele Prozesse in den Teams sind gewachsen und laufen unbewusst ab. Deshalb hilft dieser Canvas, die Zusammenarbeit im Team zu reflektieren und Potential für Verbesserung aufzudecken. Verwenden Sie den Canvas sowohl für die Arbeit im Team, im Projekt oder auf Ebene des Unternehmens.

**Anknüpfen an die Ergebnisse**
Schaffen Sie neue Standards in Ihren Prozessen und validieren Sie vorhandene Prozesse auf deren Gültigkeit und Anwendbarkeit. Die Arbeit mit dem Canvas zeigt die Rahmenbedingungen und Erwartungen auf, die dabei zu berücksichtigen sind. Wichtig ist, zu starten und zu iterieren anstatt nach einer ersten perfekten Lösung zu suchen.

**Canvas "Prozesse"**

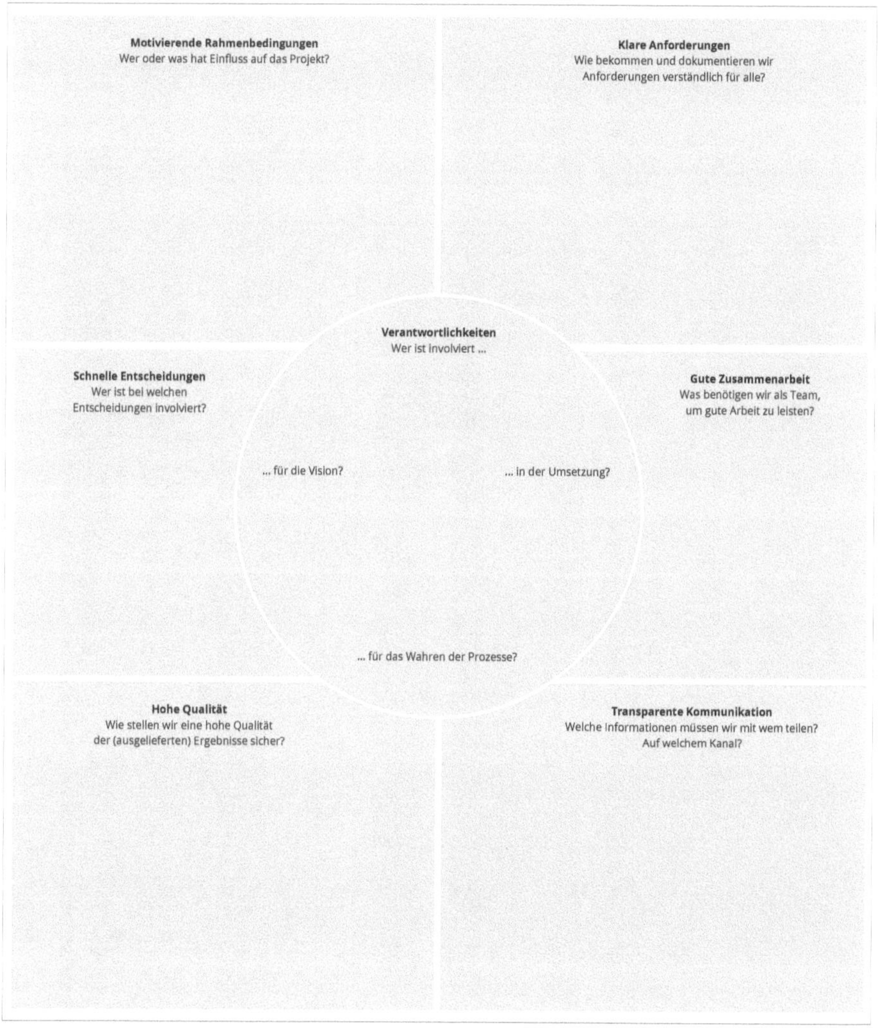

**Motivierende Rahmenbedingungen**
Wer oder was hat Einfluss auf das Projekt?

**Klare Anforderungen**
Wie bekommen und dokumentieren wir Anforderungen verständlich für alle?

**Verantwortlichkeiten**
Wer ist involviert ...

**Schnelle Entscheidungen**
Wer ist bei welchen Entscheidungen involviert?

**Gute Zusammenarbeit**
Was benötigen wir als Team, um gute Arbeit zu leisten?

... für die Vision?

... in der Umsetzung?

... für das Wahren der Prozesse?

**Hohe Qualität**
Wie stellen wir eine hohe Qualität der (ausgelieferten) Ergebnisse sicher?

**Transparente Kommunikation**
Welche Informationen müssen wir mit wem teilen? Auf welchem Kanal?

**Art des Canvas**
Ergänzendes Thema

**Personen**
< 2 Personen

**Wirkungskraft**
Gemeinschafts-kraft

### Ziel des Canvas

Der Canvas zum Thema Rollen schafft ein gemeinsames Bild der Erwartungen und Aufgaben, die an eine spezifische Rolle gestellt werden. Neben der Klärung von Pflichten, Verantwortlichkeiten und Kompetenzen steht dabei auch die Abgrenzung zu anderen Rollen im Fokus. Damit legt dieser Canvas die Grundlage, um offen über Erwartungen an Personen, die eine Rolle inne haben, zu sprechen.

### Anknüpfen an die Ergebnisse

Starten Sie in die Teamarbeit. Übergeben Sie Aufgaben und Verantwortung an die Personen, die die jeweilige Rolle inne haben, und schenken Sie Vertrauen. Auch die Art und Weise der Zusammenarbeit und Kommunikation im Team lassen sich auf Basis dieser Ergebnisse tiefergehend erarbeiten.

### Canvas "Rollenverständnis"

**Aufgaben**
Welche Aufgaben übernimmt diese Rolle?

**Mission**
Wozu trägt diese Rolle maßgeblich bei?

**Verantwortung und Entscheidung**
Welche Themen treibt diese Rolle voran?

**Zusammenarbeit**
Von wem wird diese Rolle unterstützt?

**Nicht**
Was ist nicht Aufgabe der Rolle?

**Werkzeuge**
Welche Hilfsmittel braucht es zur Erledigung der Aufgaben?

**Kompetenzen**
Was brauche ich um diese Rolle auszuüben?

**Ziel des Canvas**
Dieser Canvas hat zum Ziel, die Art und Weise Ihrer Kommunikation zu reflektieren. Damit wird ein Bewusstsein für die Wichtigkeit eines geregelten Austausches geschaffen sowie ein Anstoß zur Vereinheitlichung von Kommunikationskanälen und -rhythmen gegeben. Machen Sie sich also mit Ihrem Team bewusst, wo und wie Sie miteinander kommunizieren.

**Anknüpfen an die Ergebnisse**
Die Auseinandersetzung mit dem Thema Kommunikation wirkt sich in der Teamarbeit bewusst und unbewusst aus. Die verwendeten Räume und Kanäle können bewusst neu gestaltet und gelebt werden, die Art und Weise der Kommunikation wird sich auf einer neuen, gemeinsamen Art und Weise etablieren.

**Canvas "Kommunikation"**

**Beobachtungen**
Wie nehme ich die Kommunikation wahr?

Was funktioniert gut?

Welche Missverständnisse gibt es?

**Zeit**
Wann stehen wir im Austausch?

**Raum**
Wo findet Austausch statt?

**Personen**
Mit wem kommunizieren wir?

**Ziele**
Wozu dient die Kommunikation?

**Art des Canvas**
Stärkung der Zusammenarbeit

**Personen**
< 2 Personen

**Wirkungskraft**
Gemeinschafts-kraft

**Ziel des Canvas**
Dieser Canvas hat zum Ziel, den Austausch im Team zu stärken. Er begleitet regelmäßig stattfindende Teammeetings und gibt den Raum, dass Ihr Team sowohl die persönliche Stimmung als auch wichtige Themen, anstehende Ziele und Hindernisse teilt. Dadurch bekommt das gesamte Team einen schnellen und transparenten Überblick über Status und Fortschritt der Aufgaben.

**Anknüpfen an die Ergebnisse**
Dieser Canvas liefert einen schnellen Überblick. Tauchen Sie tiefer in Themen ein, wenn es für Sie notwendig erscheint. Dadurch können Sie notwendigen Handlungsbedarf und Anpassungen in der Planung herausfinden. Nutzen Sie dabei das persönliche Gespräch mit Personen im Team oder Workshops, z. B. eine Retrospektive.

**Canvas "Teamarbeit"**

| Datum | Datum | Datum | Datum |
|---|---|---|---|
| **Stimmung**<br>Wie geht es mir heute? | **Stimmung**<br>Wie geht es mir heute? | **Stimmung**<br>Wie geht es mir heute? | **Stimmung**<br>Wie geht es mir heute? |
| **Themen**<br>Was sind aktuelle Aufgaben? | **Themen**<br>Was sind aktuelle Aufgaben? | **Themen**<br>Was sind aktuelle Aufgaben? | **Themen**<br>Was sind aktuelle Aufgaben? |
| **Ziele**<br>Was ist das nächste Ziel? | **Ziele**<br>Was ist das nächste Ziel? | **Ziele**<br>Was ist das nächste Ziel? | **Ziele**<br>Was ist das nächste Ziel? |
| **Hindernisse**<br>Was blockiert uns? | **Hindernisse**<br>Was blockiert uns? | **Hindernisse**<br>Was blockiert uns? | **Hindernisse**<br>Was blockiert uns? |

**Art des Canvas** Dimension-Canvas

**Personen** 1 oder mehr Personen

**Wirkungskraft** Gemeinschafts-kraft

### Ziel des Canvas

Dieser Canvas gibt den Raum zur Erarbeitung von eigenen Kompetenzen und Stärken. Darüber hinaus hilft er, fehlende Kompetenzen und Fähigkeiten zu sammeln. Damit wird die Basis geschaffen, um auf die Suche nach ergänzenden Ressourcen und passenden Partnern zu gehen.

### Anknüpfen an die Ergebnisse

Aufbauend auf der Arbeit mit diesem Canvas können Sie die Zusammensetzung im Team überdenken bzw. die Zusammenarbeit zwischen Personen und Partnern neu gestalten. Suchen Sie passende Ergänzung und scheuen Sie sich nicht davor, Bindungen loszulassen, die keinen Nutzen stiften.

### Canvas "Kollaboration"

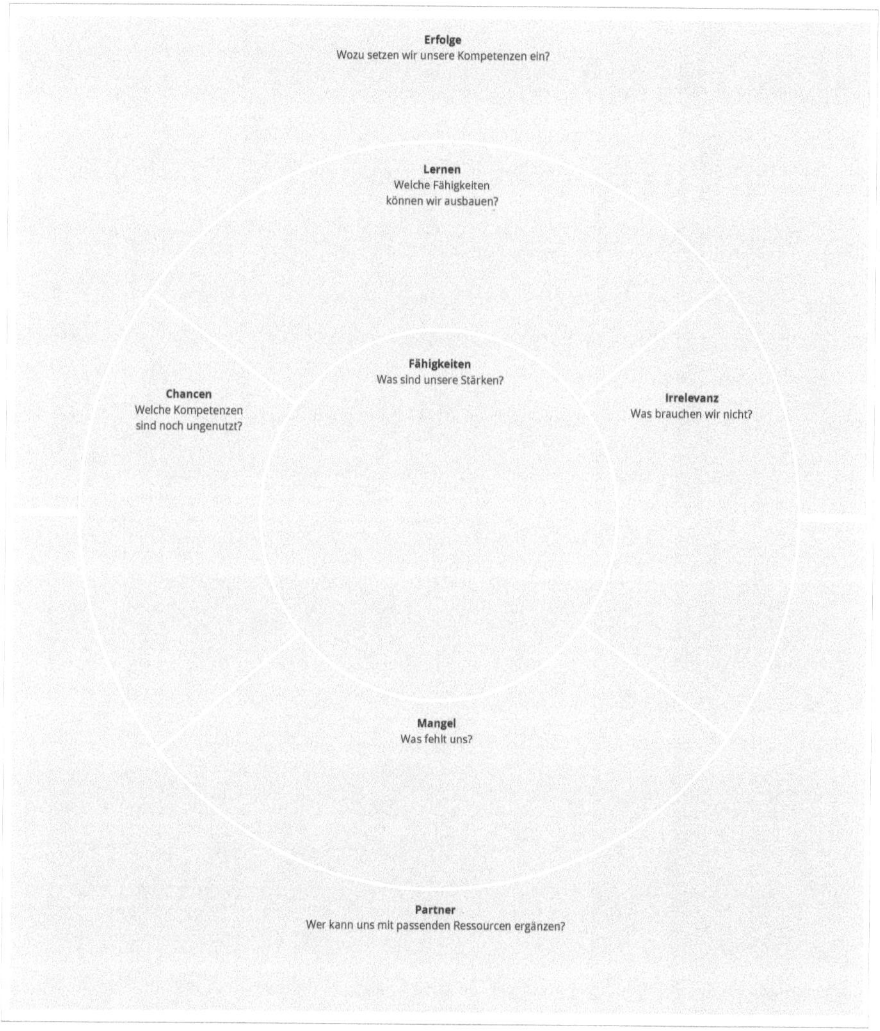

**Erfolge**
Wozu setzen wir unsere Kompetenzen ein?

**Lernen**
Welche Fähigkeiten können wir ausbauen?

**Fähigkeiten**
Was sind unsere Stärken?

**Chancen**
Welche Kompetenzen sind noch ungenutzt?

**Irrelevanz**
Was brauchen wir nicht?

**Mangel**
Was fehlt uns?

**Partner**
Wer kann uns mit passenden Ressourcen ergänzen?

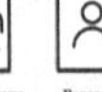

**Art des Canvas** Ergänzendes Thema **Personen** 1 oder mehr Personen **Wirkungskraft** Gemeinschaftskraft

**Ziel des Canvas**
Dieser Canvas schafft einen Raum zur Selbstreflexion. Damit unterstützt er die Abstimmung von Erwartungen zwischen verschiedenen Personen. Er kann im Rahmen des Teambuildings eingesetzt werden oder einen Baustein im Rahmen der persönlichen Weiterentwicklung bilden. Durch die gestellten Fragen lernen Sie sich selbst sowie auch andere Teammitglieder besser kennen.

**Anknüpfen an die Ergebnisse**
Die persönliche Reflexion stützt die Planung der nächsten Schritte in der persönlichen Weiterentwicklung. Darüber hinaus können auch die Zusammenarbeit und Kommunikation im Team an die Bedürfnisse der einzelnen Teammitglieder angepasst werden.

**Canvas "Persönliches Wirken"**

**Motivation**
Was motiviert mich?

**Prinzipien**
Was ist mir wichtig bei meiner Arbeit?

**Bedürfnisse**
Was brauche ich für meine Arbeit?

**Unzufriedenheit**
Was frustriert mich?

**Art des Canvas**
Stärkung der Zusammenarbeit

**Personen**
1 oder mehr Personen

**Wirkungskraft**
Strukturkraft

**Ziel des Canvas**

Dieser Canvas unterstützt die Startphase eines Projektes, indem er die Gedanken und Blickwinkel aller beteiligter Personen zusammenführt. Die Rahmenbedingungen werden damit sichtbar und können diskutiert werden, sodass ein gemeinsames Verständnis darüber geschaffen wird. Damit wird eine wichtige Grundlage für die Zusammenarbeit verschiedener Personen und Gruppen gelegt.

**Anknüpfen an die Ergebnisse**

Starten Sie in die Teamarbeit, um gemeinsam eine wertstiftende Lösung für Ihre Problemstellung zu entwickeln. Gehen Sie dabei in kleinen Schritten voran und setzen Sie sich Zwischenziele. Retrospektiven helfen Ihnen und dem Team, gemeinsam innezuhalten und den Weg für alle passend zu gestalten.

**Canvas "Projekt-Kickoff"**

**Stakeholder**
Wer ist involviert?

**Auswirkungen**
Welche Erfolge sind erreichbar?

**Ziele**
Wozu dient das Projekt?

**Infrastruktur**
Wie ist der Kontext?

**Risiken und Hürden**
Welche Einschränkungen sind zu berücksichtigen?

**Ziel des Canvas**
Dieser Canvas ist dazu da, um Ihren Fortschritt sowie die gemachten Erfolge im Rahmen der agilen Organisationsentwicklung nicht aus den Augen zu verlieren. Er unterstützt dabei, den Überblick zu behalten, welche Maßnahmen der Veränderung initiiert wurden. Gleichzeitig können Sie darauf auch Ideen für die Zukunft festhalten und anstehende (Fokus-)Themen planen.

**Anknüpfen an die Ergebnisse**
Bleiben Sie dran: Überprüfen Sie, ob Ihre initiierten Maßnahmen noch adäquat und Ihren Zielen dienlich sind. Bearbeiten Sie weitere Dimensionen und Themen, die Veränderung bedürfen. Falls Sie sich unsicher sind, welche das sind, wählen Sie eine Dimension, an der Sie noch nicht oder schon länger nicht mehr tätig waren.

**Canvas "Wachstumskarte"**

**Strukturkraft**
Was passiert an Veränderung in den Dimensionen Struktur und Prozesse?

**Fokus**
Was ist gerade wichtig?

**Erfolge**
Was wurde bereits umgesetzt?

**Backlog**
Welche Ideen gibt es noch?

**Innovationskraft**
Was passiert an Veränderung in den Dimensionen Vision und Megatrends?

**Fokus**
Was ist gerade wichtig?

**Erfolge**
Was wurde bereits umgesetzt?

**Backlog**
Welche Ideen gibt es noch?

**Gemeinschaftskraft**
Was passiert an Veränderung in den Dimensionen Kommunikation und Kollaboration?

**Fokus**
Was ist gerade wichtig?

**Erfolge**
Was wurde bereits umgesetzt?

**Backlog**
Welche Ideen gibt es noch?

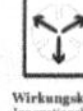

**Art des Canvas**
Stärkung der Zusammenarbeit

**Personen**
1 oder mehr Personen

**Wirkungskraft**
Innovationskraft

### Ziel des Canvas

Der Workshop-Canvas unterstützt sowohl bei der Grobplanung als auch bei der Feinplanung eines Workshops. In verschiedenen Feldern hält er die passenden Fragen bereit und hilft Ihnen dabei, das Thema von den Zielen bis hin zu konkreten Methoden und dafür benötigtes Material aufzugliedern.

### Anknüpfen an die Ergebnisse

Auf die Planung folgt die Durchführung: Viel Spaß bei Ihrem Workshop. Genießen Sie die Atomsphäre der konstruktiven und ideenreichen Zusammenarbeit, die Sie geschaffen haben und erfreuen Sie sich an den gemeinsam mit den Teilnehmenden erarbeiteten Ergebnissen. Vergessen Sie die Reflexion der Planung und Durchführung im Anschluss nicht, um aus Ihrem eigenen Handeln zu lernen.

## Canvas "Workshop"

**Ziele**
Wozu dient der Workshop? Was ist der Anlass?
Welche Ergebnisse sollen entstehen?

**Rahmenbedinungen**
Wann ist der Workshop?
Wie viel Zeit ist zur Verfügung?
Wer nimmt teil?
Wo findet der Workshop statt?

**Ablaufplanung**
Welche zentralen Themen und Methoden gibt es für die verschiedenen Phasen des Workshops?

**Ankommen**
Zeit/Dauer
Benötigtes Material

**Erkunden (Impuls geben & Informationen sammeln)**
Zeit/Dauer
Benötigtes Material

**Entwickeln (Erkenntnisse gewinnen, Entscheidungen herbeiführen)**
Zeit/Dauer
Benötigtes Material

**Abschluss**
Zeit/Dauer
Benötigtes Material

**Hürden**
Was könnte einen konstruktiven und produktiven Workshop stören?

**Art des Canvas**
Stärkung der Zusammenarbeit

**Personen**
< 2 Personen

**Wirkungskraft**
Gemeinschafts-kraft

### Ziel des Canvas

Dieser Canvas unterstützt Sie bei der Durchführung einer Retrospektive. Er begleitet durch die wichtigen Phasen der Reflexion und des Sammelns von Beobachtungen sowie der Zusammenführung der Ergebnisse und dem Ableiten von Maßnahmen, um die nächste Stufe einer tollen Zusammenarbeit im Team zu erreichen.

### Anknüpfen an die Ergebnisse

Bleiben Sie an den gemeinsam erarbeiteten Maßnahmen dran und setzen Sie diese in die Tat um. Dadurch verbessern Sie nicht nur die Zusammenarbeit im Team, sondern beweisen Verlässlichkeit - ein wichtiger Wert für Vertrauen und eine psychologisch sichere Arbeitsatmosphäre. Falls Sie nicht alle Themen im Detail besprechen konnten, seien Sie nicht betrübt - die nächste Retrospektive bietet Raum dafür.

**Canvas "Retrospektive"**

| **Thema**<br>Worauf schauen wir gemeinsam zurück? | **Erster Eindruck**<br>Welches Wort ist eine passende Beschreibung dafür? |
|---|---|

| **Lernen**<br>Was habe ich gelernt? | **Gefallen**<br>Was funktioniert gut für mich? | **Fehlen**<br>Was habe ich vermisst? |
|---|---|---|

| **Vertiefen**<br>Welche Themen bieten Potential zur Verbesserung? |
|---|

| **Verbessern**<br>Durch welche Aktion kann ein Schritt zur Optimierung gemacht werden? |
|---|

## Quellenverzeichnis


Anderl, Mirja & Uwe Reineck (2018) *Mini-Handbuch Organisationsentwicklung.* Basel: Beltz.

Andresen, Judith (2019) *Agiles Coaching.* 2. Aufl. Hanser: München.

Beck, Kent, Mike Beedle, Arie van Bennekum, Alistair Cockburn, Ward Cunningham, Martin Fowler, James Grenning, Jim Highsmith, Andrew Hunt, Ron Jeffries, Jon Kern, Brian Marick, Robert C. Martin, Steve Mellor, Ken Schwaber, Jeff Sutherland und Dave Thomas (2001) Agile Manifesto, [online] http://agilemanifesto.org/ [20.08.2022].

Becker, Wolfgang & Patrick Ulrich (2011) *Mittelstandsforschung: Begriffe, Relevanz & Konsequenzen.* Stuttgart: Kohlhammer.

Brown, John L. & Neil McK Agnew (1982) Corporate Agility. Business Horizons, S. 29-33.

BMWI, Bundesministerium für Wirtschaft und Energie (2019) Wirtschaftsmotor Mittelstand – Zahlen und Fakten zu den deutschen KMU, [Online] https://www.bmwk.de/Redaktion/DE/Publikationen/Mittelstand/mittelstandische-unternehmen-zahlen-und-fakten-zu-den-deutschen-kmu.html [21.8.2022]

Coldewey, Jens (2012) Was heißt hier eigentlich Agil? Kennzeichen agiler Organisationen. OBJEKTspektrum, SIGS DATACOM. 05/2012. S. 14 – 19.

Dove, Rick (1992) The 21st Century Manufacturing Enterprise Strategy or What Is All This Talk about Agility? Whitepaper.

Duden (2022a) Agil, [Online] https://www.duden.de/rechtschreibung/agil [20.8.2022].

Duden (2022b) Stärke, [Online] https://www.duden.de/rechtschreibung/Staerke [21.8.2022].

Edmondson, Amy (2020) *Die angstfreie Organisation.* München: Franz Vahlen.

Europäische Kommision (2022) SME definition, [Online] https://ec.europa.eu/growth/smes/sme-definition_en [21.8.2022]

Foegen, Malte & Christian Kaczmarek (2016) *Organisation in einer digitalen Zeit.* 3. Auflag. Darmstadt: wibas.

Förster, Kerstin & Roy Wendler (2012) Theorien und Konzepte zu Agilität in Organisationen. Dresdner Beiträge zur Wirtschaftsinformatik, Nr. 63/12. Technische Universität Dresden.

Fraunhofer IAO, Institut für Arbeitswirtschaft und Organisation (2013) Arbeit der Zukunft. Veröffentliche Broschüre.

Fueglistaller, Urs, Alexander Fust, Christoph Brunner & Bernhard Althaus (2015) KMU und ihre Innovationskraft – Inspirationen für den KMU Alltag. Veröffentlichung, [Online] https://www.alexandria.unisg.ch/241157/1/KMU%20und%20ihre%20Innovationskraft%20-%202015.pdf [21.8.2022]

Futurum (2019) Zusammenfassung „Agilität in KMU" (Studie 2019), [Online] https://futurum.ch/de/ueber-uns/aktuelles/studie2019 [4.2.2021]

Gatterer, Harry (2020) Die 5 wichtigsten Megatrends für Unternehmen in den 2020er Jahren, [online] https://www.zukunftsinstitut.de/artikel/die-5-wichtigsten-megatrends-fuer-unternehmern-in-den-2020ern/ [20.8.2022]

GfUK, Akademische Gesellschaft für Unternehmensführung und Kommunikation (2018) Why organizations have to become more agile, in Communication Insights Issue 5, S. 6-9.

Gloger, Boris & Dieter Rösner (2017) *Selbstorganisation braucht Führung.* 2. Aufl. München: Carl Hanser.

Häusling, André & Martin Kahl (2018) Treiber für Agilität – Gründe und Auslöser in Häusling, André (Hrsg.) *Agile Organisationen.* Freiburg: Haufe-Lexware.

Heiler, Stephan & Gebhard Borck (2018) *Chef sein? Lieber was bewegen.* o.O.: Heiler & Borck.

Hofert, Svenja (2018a) *Agiler führen.* 2. Aufl. Wiesbaden: Springer.

Hofert, Svenja (2018b) *Das agile Mindset.* Wiesbaden: Springer.

HolacracyOne (2021) Constitution. [Online] https://www.holacracy.org/constitution/5 [21.8.2022]

IfM, Institut für Mittelstandsforschung Bonn (2022) Definitionen, [Online] https://www.ifm-bonn.org/definition [20.8.2022]

IfM, Institut für Mittelstandsforschung Bonn (2016) Innovationen, [Online] https://www.ifm-bonn.org/en/statistics/mittelstand-themes/innovationen [21.8.2022]

Kaschny, Martin, Matthias Nolden & Siegfried Schreuder (2015) *Innovationsmanagement im Mittelstand.* Wiesbaden: Springer Gabler.

Kienbaum Management Consultants (2015) Agility – überlebensnotwendig für Unternehmen in unsicheren und dynamischen Zeiten. Change-Management-Studie 2014/2015, Studienbericht.

Kreutzer, Rudolf (2022) Systemisches Denken, [Online] https://www.zentrum-systemisches-denken.de/ [13.8.2022]

Kruse, Peter (2007) Prof. Peter Kruse über Kreativität, [Online] http://www.youtube.com/watch?v=oyo_oGUEH-I&;t=2s [21.8.2022]

Laloux, Frederic (2017) *Reinventing Organizations visuell.* München: Franz Vahlen.

Lambertz, Mark (2020) Ashby's Law of Requisite Variety, [Online] https://intelligente-organisationen.de/ashbys-law-of-requisite-variety [21.8.2022]

Lindner, Dominic (2017) Agilität in kleinen und mittleren Unternehmen – eine Befragung ausgewählter Experten. Veröffentlichung von Studienergebnissen, [Online] https://agile-unternehmen.de/paper/Lindner-Studie.pdf [21.8.2022]

Lindner, Dominic (2019) *KMU im digitalen Wandel.* Wiesbaden: Springer Gabler.

Nowotny, Valentin (2017) *Agile Unternehmen.* 3. Aufl. Göttingen: Business Village.

Oestereich, Bernd & Claudia Schröder (2019) *Agile Organisationsentwicklung.* München: Verlag Vahlen.

Olbert, Sebastian und Hans Gerd Prodoehl (2019) 10 Thesen zum Agilität-Management in Organisationen in Olbert, Sebastian und Hans Gerd Prodoehl (Hrsg.) *Überlebenselixier Agilität.* Wiesbaden: Springer Fachmedien.

Osterwalder, Alexander & Yves Pigneur (2010) *Business Model Generation.* Frankfurt: Campus.

Powers, Simon (2016) What is agile? [online] https://www.linkedin.com/pulse/what-agile-simon-powers/ [20.08.2022]

Prodoehl, Hans Gerd (2019) Das agile Unternehmen in Olbert, Sebastian und Hans Gerd Prodoehl (Hrsg.) *Überlebenselixier Agilität.* Wiesbaden: Springer Fachmedien.

Robertson, Brian J. (2016) *Holacracy.* München: Franz Vahlen.

Roffmann, Jörg & Olaf Bogdahn (2017) Zukunftsfähige Organisation – Agilität als Organisationsprinzip im Mittelstand. Studienbericht.

Rüther, Christian (2018) *Soziokratie, S3, Holakratie, Frederic Laloux' „Reinventing Organizations" und „New Work".* 2. Aufl. Norderstedt: BoD.

Sauer, Frank (2021) Was sind Werte? [Online] https://www.values-academy.de/was-sind-werte/ [20.8.2022]

Scheller, Torsten (2017) *Auf dem Weg zur agilen Organisation.* München: Franz Vahlen.

Schulke, Arne & Silke Jütte (2019) Kann der deutsche Mittelstand „agil"? IUBH Whitepaper.

Schwaber, Ken & Jeff Sutherland (2017) The Scrum Guide 2017, [Online] https://scrumguides.org/docs/scrumguide/v2017/2017-Scrum-Guide-German.pdf [20.8.2022]

Schwaber, Ken & Jeff Sutherland (2020) The Scrum Guide 2020, [Online] https://scrumguides.org/docs/scrumguide/v2020/2020-Scrum-Guide-German.pdf [20.8.2022]

Sharifi, H. & Z. Zhang (1999) A methodology for achieving agility in manufacturing organizations: An introduction. International Journal of production economics 62 (1999). S. 7-22.

Sharifi, H. & Z. Zhang (2001) Agile manufacturing in practice – Application of a methodology. International Journal of Operations & Production Management. S. 772 – 794.

Strauch, Barbara & Annewiek Reijmer (2018) *Soziokratie.* München: Franz Vahlen.

Weber, Isabel, Stephan Fischer & Cathrin Eireiner (2018) Wissenschaftliche Grundlagen für ein agiles Reifegradmodell in Häusling, André (Hrsg.) *Agile Organisationen.* Freiburg: Haufe-Lexware.

Weigelt, Kurt (2016) Das KMU-Prinzip. Erfolgsrezepte für kleinere und mittlere Unternehmen. Veröffentlichung der IHK St. Gallen Appenzell.

Wenzel, Eike, Anja Kirig & Christian Rauch (2009) *Greenomics.* München: Redline Wirtschaft.

Welch, Jack (o. J.) Jack Welch – Quotable Quotes. [Online], https://www.goodreads.com/quotes/185636-if-the-rate-of-change-on-the-outside-exceeds-the [21.8.2022]

Werther, Simon & Christian Jacobs (2014) *Organisationsentwicklung – Freude am Change.* Berlin: Springer.

Wiedemeier, Marcel & Oliver Compagne (2017) Holacracy Verfassung 4.1 German, [Online] https://github.com/holacracyone/Holacracy-Constitution-4.1-GERMAN/blob/master/Holacracy-Verfassung-(in-construction).md [21.8.2022]

Wolf, M., Büning, N., Schmahl, H. et al. (2018) Studie zur Agilität in Unternehmen – Demystifizierung von Agilität. Studienbericht

Wolf, M., Büning, N., Schmahl, H. et al. (2018) Studie zur Agilität in Unternehmen – Demystifizierung von Agilität. Studienbericht

Wolf, Jochen, Bernd Bergschneider, Herbert Paul & Thomas Zipse (2019) *Erfolg im Mittelstand.* 2. Aufl. Wiesbaden: Springer Gabler.

Yusuf, Yahaya & Angappa Gundasekaran (2002) Agile manufacturing: A Taxonomy of Strategic and Technological Imperatives. International Journal of Production Research. S. 1357 – 1385.

Zerfass, Ansgar & Lisa Dühring (2018) The agile way. Communication Director 4/2018, S. 42-44.

Zukunftsinstitut (2022) Megatrends, [online] https://www.zukunftsinstitut.de/dossier/megatrends/ [20.8.2022]

# Register